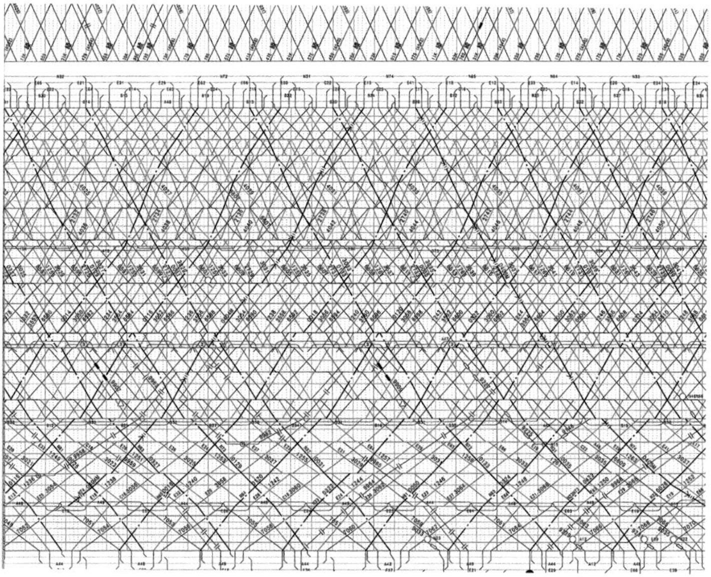

口絵１　都市圏鉄道のダイヤ図①

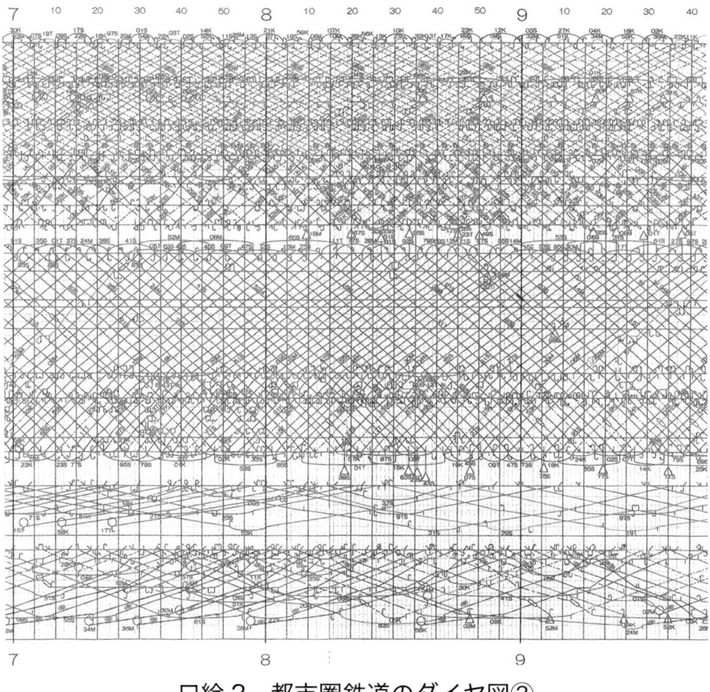

口絵２　都市圏鉄道のダイヤ図②

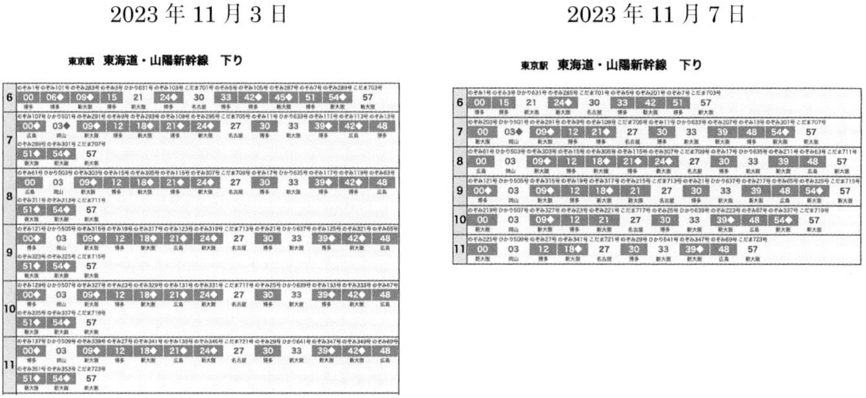

口絵３　東海道新幹線東京駅の時刻表［JR 東海］

その日の需要に合わせた数の列車が設定されている．
繁忙期には 1 時間に 16 本もの列車が運転されている

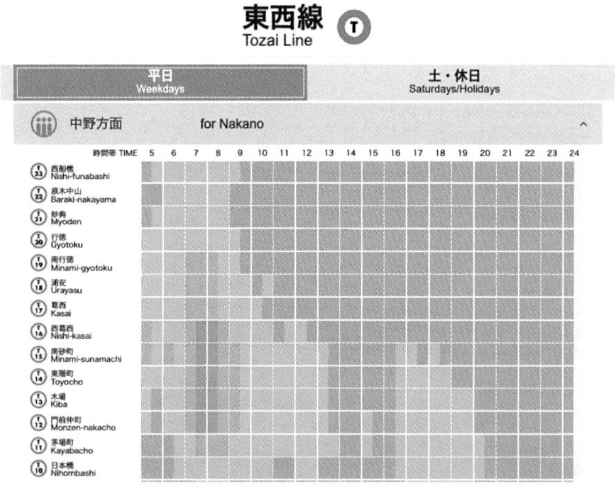

口絵４　電車の混雑の見える化［東京メトロ］

東京メトロ my! アプリでは，これから先の混雑の予測も表示される．

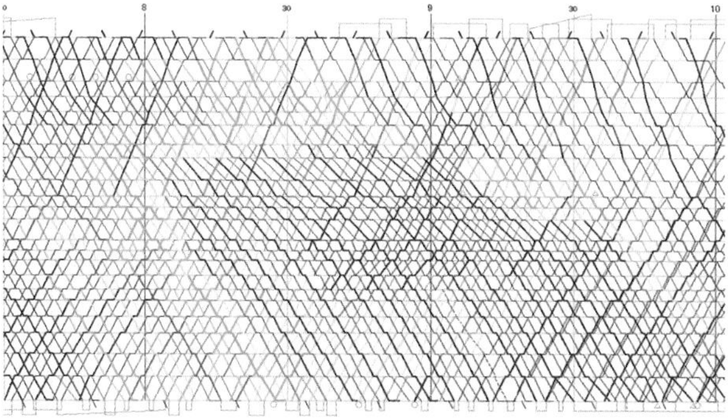

コロナ禍以前（2019年4月平日の平均遅延：3分以上の遅延が赤）

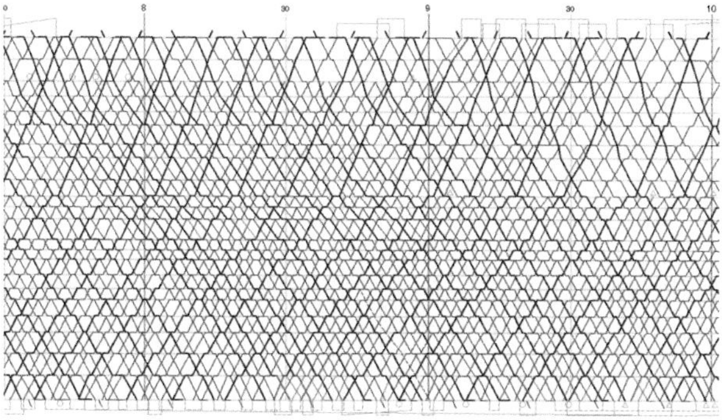

コロナ禍の頃（2020年4月平日の平均遅延：3分以上の遅延が赤）

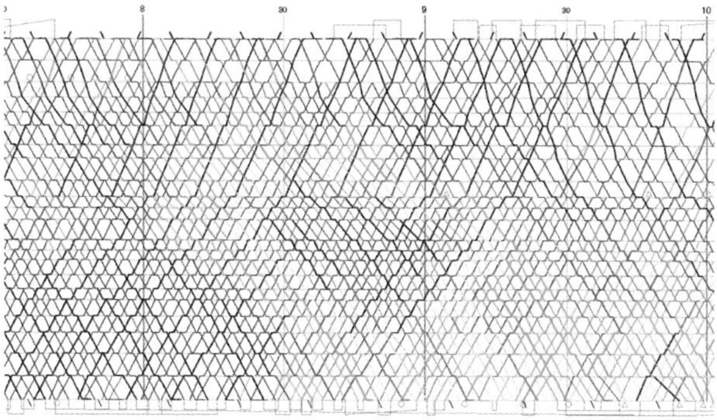

コロナ禍の影響が続く頃（2022年4月平日の平均遅延：3分以上の遅延が赤）

口絵5　クロマティックダイヤ図［東京メトロ］

列車の遅延の発生と波及の状況を直感的に把握することができる.

口絵６　運転司令［西武鉄道］
野球パターン運転の指令を出す．

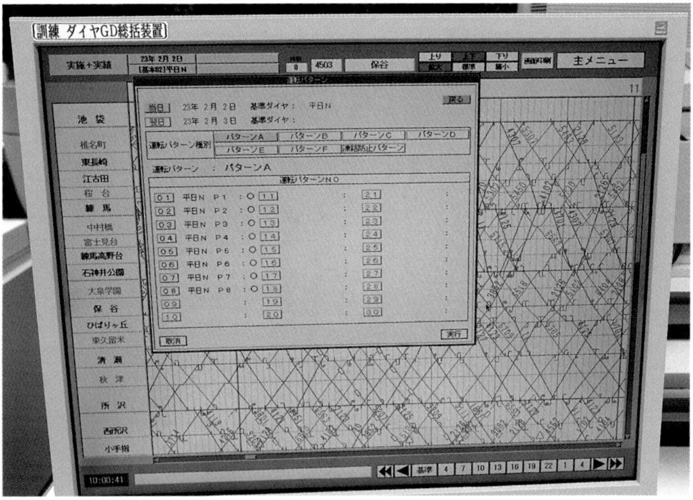

口絵７　運行管理装置の終了パターン指定画面［西武鉄道］
終了パターンは，あらかじめ運行管理装置に組み込まれている．

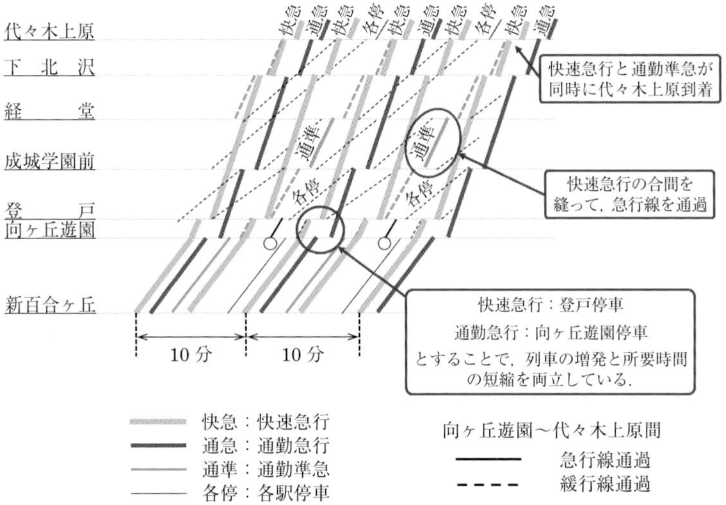

口絵 8　複々線化工事完成時の列車ダイヤの考え方［小田急電鉄］

口絵 9　京都駅の奈良線ホーム［JR 西日本］

口絵 10　線路切替え直前の光景［JR 西日本］
（桃山～六地蔵間．2023 年 2 月 23 日撮影）
列車は「右側」の線路を走行している．左の×は，この信号機が使用停止（実際には，使用開始前）であることを示す．

口絵 11　新千歳空港駅［JR 北海道］
どちらかの番線に必ず列車が止まっている

口絵 12　733 系：快速エアポートに使用［JR 北海道］

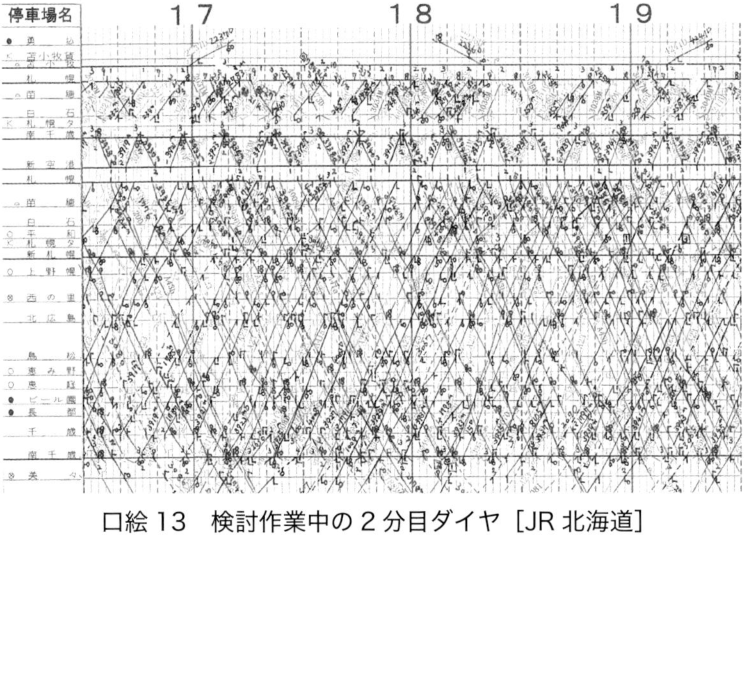

口絵 13　検討作業中の 2 分目ダイヤ［JR 北海道］

口絵 14　2700 系振り子式特急気動車［JR 四国］
JR 四国では，特急列車網を整備することも重要である．

口絵 15　牟岐線阿南駅発車案内．バスの時刻も鉄道の発車標で案内される．
［JR 四国］

口絵 16　鎌倉高校前駅付近の踏切［江ノ島電鉄］

海外からの利用者の人気が高く，非常に混雑する．
そのため，警備員を配置している．

口絵 17　江ノ島―腰越間では併用軌道区間を走行する．［江ノ島電鉄］

口絵 18　1976 年のユトレヒト中央駅の光景［オランダ］

口絵 19　2016 年のユトレヒト中央駅の光景［オランダ］

口絵 20　CitySprinter
（近距離を走る列車）［オランダ］

口絵 21　InterCity Train
［オランダ］

鉄道ダイヤのつくりかた

改訂2版

富井 規雄［編著］

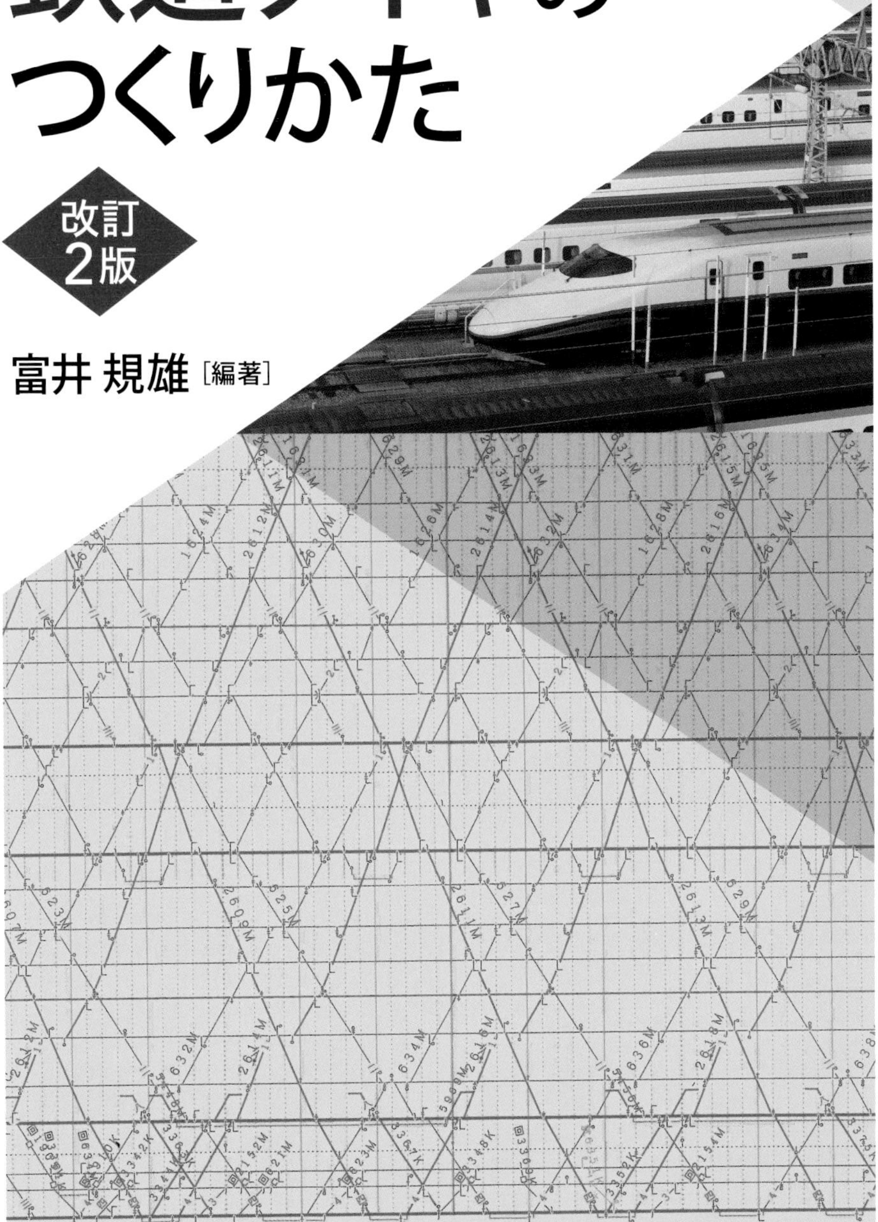

まえがき

本書の前著となる「鉄道ダイヤのつくりかた」を上梓させていただいたのは，2012年，いまから11年前のことであった．おかげさまで，この本は版を重ね，たくさんの方にお読みいただくことができた．この本は，その名のとおり，日本の鉄道における列車ダイヤのつくりかたを書いたものであった．その特徴として，列車ダイヤ作成時の制約や目的などの一般的な事柄を説明した章と，JR，民鉄各社のダイヤ改正の具体的内容を記述した章が組み合わされていたことが挙げられると思う．後者は，鉄道会社各社で実際にダイヤ作成に携わっておられる方にご執筆いただいたもので，ダイヤ作成上の課題やそれを解決するための工夫などが具体的に書かれていた．これが，前著が広く受け入れられた理由であったことは間違いない．

そこで，改訂版を出版するにあたっても，前著の枠組みを踏襲することとした．新たに，八つの鉄道会社にお願いし，やや大げさにいえば，北は北海道，西は四国まで，あるいは，大きな会社から小さな会社まで，日本全国に範囲を広げた．共通するキーワードとしては，パターンダイヤ化，単線区間でのダイヤ作成などが挙げられるだろう．もちろん，大都市圏における相互直通運転を成功させるための取組みや，都市圏・都市間における大量の輸送需要にどう応えるか，なども重要な課題である．あわせて，オランダにおける配線のシンプル化についても記述をいただいた．お読みいただければおわかりいただけるように，実は，この発想は日本発であるのとのことである．また，逆に，JR四国のパターンダイヤ化にあたっては，オランダ国鉄（正確には，旧オランダ国鉄の上下分離の結果誕生したProRail）の協力があったとのことだ．国際的に，よいものは取り入れる時代，あるいは，切磋琢磨する時代にすでに突入していると感じる．

いうまでもなく，この約3年間，鉄道の輸送は新型コロナウィルス（COVID–19）によって大きな影響を受けた．各社とも，消毒や窓開けなどCOVID–19への対応に追われた．もちろん，関係社員の感染の防止にも注意が払われた．乗務員が感染して列車が走らせられないなどといった事態が発生してはまずいからだ．一方で，輸送量も一時は激減した．コロナ前の2割とか3割まで減少した会社もあったようだ．これを受けて，終電繰り上げや減便などが行なわれたことを，まだご記憶かと思う．そして，在宅勤務の普及によって，鉄道の輸送，特に，定期券の利用者の数は，まだ，元には戻っていない．今後の鉄道のあるべき姿を再検討すべき時期に来ているということになるだろう．前著では，東日本大震災への鉄道側の対応について記述させていただいたが，本書では，COVID–19への対応について，1章を割いて記述させていただいた．

さらにいうと，最近世の中を騒がせているものは，ChatGPTに代表される生成AI，あるいは，大規模言語モデルだろうか．確かに，従来のAIとは一線を画す能力をもっているように見受けられる．今に，ダイヤもAIが作ってくれるのでは？と思っておられる方もおられるようだ．本書では「AIはダイヤを作れるか？」というタイトルで，ダイヤ作成の今後についても私見を述べさせていただいた．

鉄道の世界では，時の流れはゆっくりである．配線や車両などを即座には更新できないことがその理由の一つである．しかし，本書をお読みいただいて，そういう中でも，徐々に徐々に鉄道は変わっていく姿を読み取っていただけると思う．それぞれの路線・会社の置かれた環境のなかで，利用者によりよいサービスを提供し，かつ，コストをカットすることも念頭において，たゆまぬ努力が続けられている．そういう姿を感じ取っていただければと思う．

2023年10月

富　井　規　雄

目　　次

1章　列車ダイヤとは

2章　列車ダイヤの作り方

4章　ダイヤづくりの手順

5章　ダイヤづくりの実際

6章　AIはダイヤをつくれるか？

7章 新型コロナウィルスへの対応

1章 列車ダイヤとは

1.1 ダイヤ図を語る

1.1.1 ダイヤ図とは

ダイヤ図は，鉄道の象徴といってもいいだろう．しかし，その実物をごらんになったことのある方は意外と少ないかもしれない．

図 1.1 を見ていただきたい．これがダイヤ図[*1]だ．実際には，もっと縦横に大きいのだが，そのうちのごく一部 50 分間，6 駅分を載せた（本物は，24 時間分が 1 枚に描かれている）．

ダイヤ図の見方だが，横軸が時間だ．縦に細い線が何本もあるが，このダイヤ図は，細い線の間隔を 2 分として描かれている（2 分目《にふんめ》ダイヤという）．縦軸は駅だ．横に伸びた線が駅の位置を示している．横が時間，縦が空間を表していることから，英語では，このようなチャートを time space diagram という．斜めの線がそれぞれ 1 本の列車に対応している．つまり，ある駅をある時刻に発車して，次の駅にある時刻に到着するという計画だったとして，その発車時刻と到着時刻を直線で結ぶことによって駅間の列車の（だいたいの）位置を示している．この斜めの線を**スジ**という．ダイヤ[*2]を作ることを仕事にしている人を「スジ屋」というのだが[*3]，それはこのスジに起因している．

＊1　正式には「列車運行図表」という．なお，「ダイヤ」と「列車ダイヤ」は，ほぼ同義で使われる．

＊2　本来，ダイヤは，ダイヤグラムの略なのだが，今では，鉄道の列車計画（あるいは，運行計画全般）を「（列車）ダイヤ」と称している．本書でも，特に混乱のない限り，両方の意味で「ダイヤ」という言葉を使う．

ダイヤ図は，鉄道における列車運行の基本となるチャートだ．だから，ダイヤ図には，できる限りの情報を盛り込みたい．図 1.1 は，全体のダイヤ図のごく一部なのだが，この程度のダイヤ図からもいろんなことがわかる．順に説明しよう．

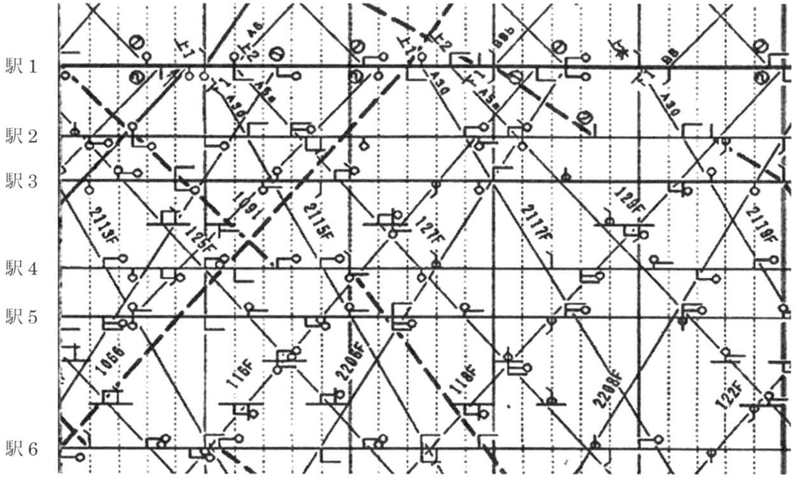

●図 1.1　ダイヤ図の例（一部）

1.1.2 スジの傾き

ある駅と次の駅の間のスジは，発車時刻と到着時刻を結ぶといった．となれば，スジの傾きがゆるい電車は，傾きのきつい電車よりもゆっくりと走っていることになる[*4]．このように，電車の（平均）走行速度を，スジの傾きから直観的に把握することができる．図 1.1 でいうと，2117F は 127F よりも速いことがわかる．念のために付記すると，スジの右に書かれた 2117F と 127F は，その電車につけられた番号だ（列車番号という．1.1.10 で詳しく説明する）．

＊3　映画「交渉人真下正義」では，ダイヤを作るベテランのことを「せんびきや」と呼んでいた．しかし，筆者の知る限り，「せんびきや」という呼び方は聞いたことがない．高級果物店かと思ってしまった．

＊4　このことから，余裕時分（3.2.3 参照）を加えて，ある列車の次の駅の到着時刻を遅くすることを「スジを寝かす」，逆に，余裕時分を少し削って，次の駅の到着時刻を早くすることを「スジを立てる」という．

1.1.3　追い越し（待避）

各駅停車（各停）が，ある駅で急行に追い越される場合には，各停は急行よりも先に着いて後に出ていく．となると，そのダイヤ図は，図 1.2 のようになるはずである（この図は，駅 X で，急行が各停を追い越すこと[*5]，急行は駅 X では停車せず通過することを表している）．図 1.1 では，1091 は駅 4 で 2115F を待避している．このように電車の待避関係を一目で把握することができる．

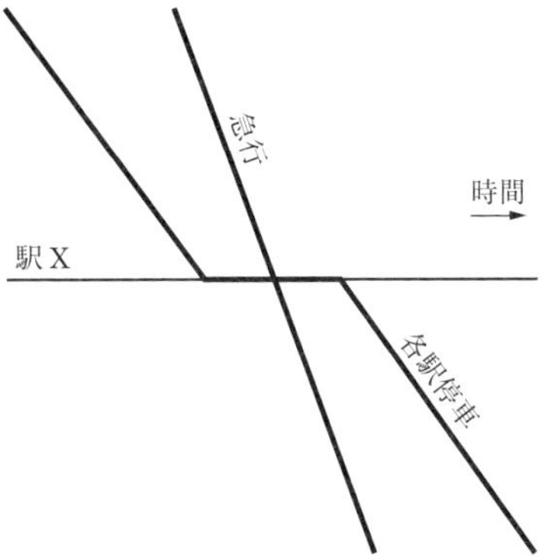

●図 1.2　ダイヤ図（待避の場合）

1.1.4　スジの太さ，形

これまで，「電車」といっていたが，実はこのダイヤ図には，貨物列車も走っている．鉄道業界では，駅の間を走る電車や貨物列車やディーゼルカーやらを総称して**列車**という[*6]．この本でも，それにならって以下では，列車という本来の用語を使う．今述べたように，列車にもいろいろな種類がある．旅客列車と貨物列車の区別もあるし，急行・特急と各停の区別もある．貨物列車の中にも速い貨物列車とそうでもない貨物列車の区別がある．そういった列車の種類（列車種別）をダイヤ図では，線の太さと形状で表す．

---

*5　各停が急行を「待避」するという．「退避」ではないので注意．
*6　「鉄道に関する技術上の基準を定める省令」によれば，列車とは，「停車場外の線路を運転させる目的で組成された車両をいう．」と定められている（国土交通省令第百五十一号）．

具体的に説明しよう．図 1.1 で左側に破線のスジが 2 本ある．これらは貨物列車だ．ダイヤ図では，貨物列車は破線で描く約束になっている．さらに，急行や特急など（「優等列車」という）は，各停よりも太いスジで描く．さらに，線にマークをつけることもある．例えば，回送列車は小さい四角形をスジが串刺しするように描く．このように，スジの形状や太さから一目でその列車の性格がわかるような工夫がなされている．

通常，スジの色は，ブルー，灰色，緑などが使われる．あまりどぎつい色は，通常は使われない．列車ダイヤに従って列車を運行させる業務を**運行管理**というが，運行管理にたずさわる指令員は，ダイヤ図と首っ引きとなる．あまりはっきりした色だと目が疲れるからだ．1 色刷りの場合が多いが，色を使って列車種別などを区別することもある．例えば，季節列車（毎日は走らず，多くの需要が見込まれる日だけ運転される列車）をオレンジで書くとか，複々線の場合，外側の線路を走る列車を黒，内側の線路を走る列車を緑で描くなどの例がある（より詳しくは，「列車ダイヤのはなし[*7]」などをご参照いただきたい）．

もうひとつ，これは，1.3 で述べる車両運用ダイヤ図の範疇に入るダイヤ図であるが，列車のスジに波線を使っている会社もある．この会社では，車両の種別が非常に多く，運行管理上それらをダイヤ図上で瞬時に識別することが望まれる．そのために，通常のダイヤ図のほかに，波線も使った運用ダイヤ図によって車両の種別や両数，連結・解放の可否等を識別できるようにしている．列車ダイヤ図を作る際には，このように各社の実情に応じてさまざまな工夫がこらされているのだ．

●●ダイヤ図を配る

列車ダイヤ図は，ほとんどの会社で非公開ということになっていて，これが一般に公開されることはない．ただし，「列車ダイヤ情報」（交通新聞社刊）などといった雑誌に折り込み付録としてつけられることはある（1 時間目ダイヤ図ではあるが）．筆者が知っている唯一の例外は，西日本鉄道（西鉄）だ．この会社では，駅で，ダイヤ図を縮小印刷して折り畳んだものを購入することができる．西鉄沿線の方々は，ダイヤ図を見ながら乗る列車を決めておられるのだろうか．感心することしきりである．

＊7　富井規雄：「列車ダイヤのはなし　—世界一正確なダイヤと定時運行のしくみ—」，成山堂書店，2022.

1.1.5 上り列車と下り列車

上り列車のスジは下から上に，下り列車のスジは上から下に描くのが原則だ．では，下り列車とか上り列車とかは，どうやって決めるのだろうか．東京駅を基準に考えて，東京駅方向に走っていく列車が上り列車，その反対方向に走る列車を下り列車とする．ただし，東京駅付近を横切る路線もある．そういう路線では，上り線，下り線ではなく，北行，南行とかA線，B線ということもある．

1.1.6 スジはまっすぐに

図1.1を見ると，スジが実にまっすぐに引かれていることに気づく．スジがジグザグでは美しくないし，また非常に見にくい．だから，スジはなるべくまっすぐに引く．そのための秘密が二つある．一つは，駅線（横方向の線）の間隔を所要時分に比例して決めることだ．しかし，速度が違う列車が混在している場合，ある列車の所要時分に合わせて駅線の間隔を決めても，別の速度の列車のスジはまっすぐにはならない．実は，これをまっすぐにする秘訣は，「ごまかす」だ．図1.1を見ていただくとわかるが，スジの中には，秒記号と秒記号を素直に結んでいないものがある．「そのあたり」を通ればよいことにして，スジをまっすぐにすることを優先するのだ．

1.1.7 秒　記　号

図1.1をみると，なにやら妙な記号のようなものが随所に見受けられる．これは「秒記号」といい，列車の発着時刻を5秒単位で示すことができる（図1.1のダイヤは15秒単位で作られている）．それを図1.3，図1.4に示しておこう．図1.3は，2分目ダイヤ図の場合，図1.4は，1分目ダイヤ図（次で述べる）に対

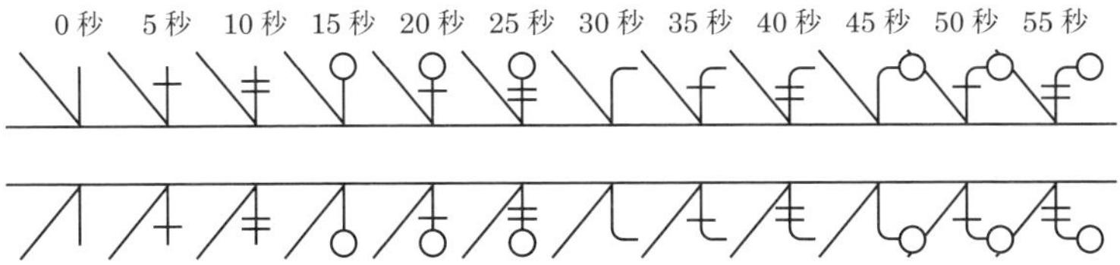

●図1.3　秒記号（2分目）

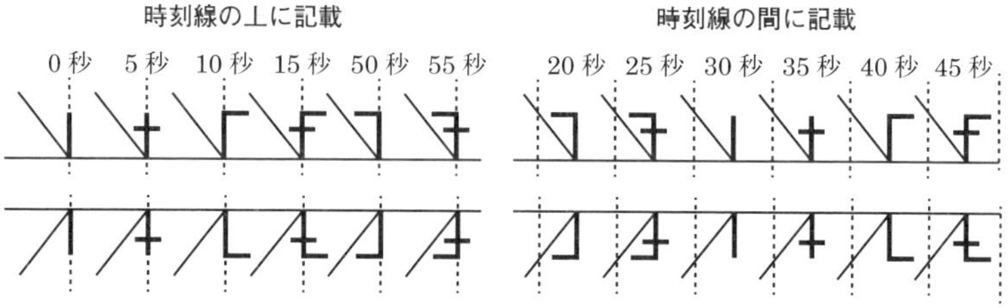

●図 1.4　秒記号（1 分目）

する記号だ．なお，これらの記号は，会社によって異なる場合もあることに注意をお願いしたい．ここで示したものは，JR のものである．

1.1.8　1 分目ダイヤ図

図 1.5 をご覧いただきたい．これは，1 分目《いっぷんめ》ダイヤと呼ばれているダイヤ図だ．図 1.1 では，縦の線の間隔が 2 分であったのに対し，このダイヤ図では 1 分であるので，1分目ダイヤという．都市圏では，実は，1分目を使っている会社が多い．

2 分目と 1 分目では，見た目に大きな違いがある．しかし，これは，2 分目ダイヤと 1 分目ダイヤの描き方に本質的な違いがあるというよりは，その線区のダイヤに合致した描き方がされているためだ．図 1.5 では，すべてのスジがほぼ平行だ．それから，半円形の線が随所に見られる．さらに，スジがまっすぐで，かつ，秒記号が記されていない駅がある．

すべてのスジが平行なのは，もうおわかりだろう．すべての列車の（平均）速度が同じであることを意味する．もともとスジが平行なのだから，スジを「ごまかす」必要はなく，駅線ときちんと交わるようにすればよい．また，半円形の線は，車両の折返しを表している．秒記号が記されていない駅があるのは，駅間の走行時分や停止時分にデフォルトの値が決められるからだ（それと違うところに秒記号を描く）．このダイヤ図は，都市圏のある路線のものだ．その路線では，走行する車両の形式は（細かい点を別にすれば）まったく同じで，したがって，性能も同一だ．こういう線区だと，ダイヤ図もこういう一見シンプルなものとなる．

かつては，都市圏の民鉄では 10 秒を単位として列車ダイヤが作られることが多かった．しかし，最近では，多くの会社で 5 秒単位でダイヤを作っている．それは，2 章で述べる時隔や基準運転時分などの制約をクリアし，かつ，適切な停

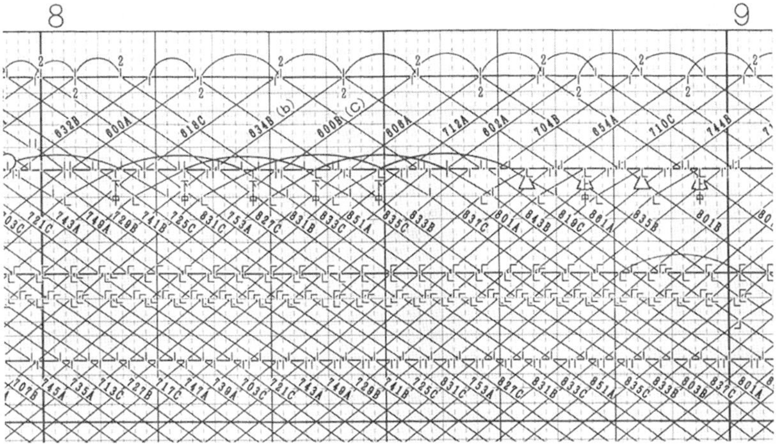

●図 1.5　1 分目ダイヤ図の例（その 1）

車時分を定めるなど，きめこまかい配慮をしてダイヤを作ろうとする気持ちの現れだろう．

なお，会社によっては，秒記号を記載するとあまりにもダイヤ図が複雑になって読みにくくなるという理由で，秒記号を記載しないとする会社もある（1 分目ダイヤ図の場合．その場合，別途，時刻表を作成して正しい時刻がわかるようにする）．1 分目の場合，少なくとも主要駅については，列車のスジと駅線との交点は正しい時刻となっている．例えば，45 秒なら時刻の線の間隔のちょうど 4 分の 3 のところで列車のスジが交わっている．ベテランになると，この交点の位置から列車の時刻を読み取れるという話を聞いたことがあるが，真偽のほどは未確認である．

1 分目ダイヤ図の例をもう二つあげる（本書冒頭の口絵 1，2 を参照）．これらのダイヤ図は，もう少し複雑で，列車種別も多く，待避もあることが見て取れる．都市の中心部と郊外を結ぶ路線では，こういうダイヤ図であることが多い．

これらのダイヤを見ると，なぁんだ，線を平行に引いただけじゃないか，という感想をおもちの方も多いかもしれない．しかし，ここに至るプロセスには大変な苦労が詰まっているということは，これ以降の章，特に 5 章を読んでいただければおわかりいただけると思う．

1.1.9　パターンダイヤ

同じパターンが，ある周期（例えば，15 分周期）で繰り返されるダイヤを**パターンダイヤ**という．利用者にとっては，覚えやすいし，どの時間帯でも均質なサービスが保証されているので安心して鉄道を利用することができる（ただし，朝・夕のラッシュ時は，より多くの列車が必要とされるので，パターンダイヤにはなっていないことが多い）．このようなメリットがあることから，都市圏では広く用いられている（口絵 1，2 も昼間はパターンダイヤである）．

一方で，路線によっては，どの時間帯も同じ列車本数とすると，ある時間帯はガラガラになる場合（輸送力過多という）も，可能性としてはありうる．また，スジ屋としては，利用者が望む時間にスジを引きたい（特に，それなりの長い距離を走り，かつ，頻度が高くない特急などの場合には）という思いがあることもあるだろう．この場合，パターンダイヤ化には反対されるかもしれない．

なお，パターンダイヤとはいっても，利用者の目から見て，つまり，分単位で見ればパターンダイヤになっていても，秒単位までパターンダイヤになっているとは限らない．貨物列車や特急列車が走るなどの種々の事情によって，秒単位で見ると厳密なパターンにはなっていないこともある．図 1.1 をもう一度見ていただきたい．この線区では，2113F, 2115F, 2117F, 2119F は，15 分周期のパターンダイヤを構成している．しかし，よくみると，どういうわけか 2117F の時刻は，他の 2 本とくらべて 15 秒ずれている．例えば，駅 4 を見てみると，2115F がこの駅を通過する時刻は 28 分 45 秒だ．2119F がこの駅を通過するのは，その 30 分後の 58 分 45 秒だ．しかし，2117F のこの駅の通過時刻は 44 分ちょうどだ．他の駅でも 15 分パターンからは 15 秒ずつずれている．なぜ，この列車だけが 15 秒ずれているのかは，このダイヤ図だけではよくわからない．おそらくは，次章で述べる種々の物理的制約を加味した結果であろうと思う．ここで，ご理解いただきたいのは，1 本の線路の上を走るという宿命，そして，利便性をなるべく高めたいという要請のはざまで，秒単位の時刻の調整が行なわれているということだ．さらにいうと，そういういろいろな事情がある中でも，分単位で見ればパターンダイヤとなるように，裏ではいろいろな工夫がなされているといえるだろう．

パターンダイヤは，本書の一つのテーマになっている．5 章の例をじっくりとお読みいただきたい．

1.1.10　列　車　番　号

先ほど書いてしまったが，スジの横に書かれている数字，1091 や 2115F が**列車番号**だ（「列番（れつばん）」と略す）．列車番号は，列車 1 本 1 本につけられた名前のようなものだ．だから，原則としては，始発から終着まで変わらず，折り返すと別の列車番号になる．列車番号は，多くは，4 桁程度の数字を基本とし（6 桁の会社もある），必要に応じて，その前に漢字やアルファベット，後にもアルファベット 1～2 文字程度を付け加えたものが使われる．

列車番号は列車の名前なのだから，それを聞いただけで，どういう素性の列車なのかすぐにわかるようにしたい．だから，列車番号は単なる数字の羅列ではなく，いろいろな情報がわかるような体系にする．この体系には，大きく分けて二つある．列車に関する情報を盛り込む体系と車両に関する情報を盛り込む体系だ．

列車に関する情報とは，運転方向，列車の種別（特急，急行，貨物，定期列車か季節列車かなど），運転区間などがある．まず，下り列車を奇数，上り列車を偶数とするのが原則だ（全国的に見れば，もちろん例外は多数ある．また，環状に運転される場合はどうなる？という疑問もあるだろう．ちなみに，山手線は，外回りが奇数で内回りが偶数．大阪環状線では，内回りが奇数，外回りが偶数だ）．これで運転方向がわかる．JR の標準では，4 桁の列車番号体系を使い，1000 の桁で定期列車か季節・臨時列車かを表し，100 の桁で線区や特急かどうかを表す（特急の場合，100 の桁は 0）．また，10 の桁は，50 以上が貨物列車，50 までが旅客列車となる（ただし，電車ばかりが走っている線区では，50 以上も旅客列車に使うこともある）．下 2 桁は，時刻順とするのが普通だ．

車両に関する情報というのは，運用番号のことを指している（運行番号ともいう）．編成の使い方のことを（車両）運用という．運用番号は，1 日の中の編成の使い方に対して付けられる．図 1.6 を見ていただきたい．図 1.6 の A～F の列車はすべて異なる列車（つまり，列車番号は異なる）だが，同じ編成が割り当てられる．そこで，これらの列車には，同じ運用番号が与えられる．

列車ダイヤを見て，あるいは，列車番号を聞いて，どういう種類の編成が使われているのかとか，どの列車とどの列車に同じ編成が使われているのかとかがわかると便利なことがある．その場合，運用番号をもとにした列車番号体系を使う．具体的には，上2桁を始発駅での発車時刻の時間（例えば，10時なら10）とし，下2桁は運用番号とする．こうすれば，1028なら，始発駅を10時台に発車する運用番号28の列車であることがわかる．このような列車番号にしておけば，おおよその時刻，そしてどの列車とどの列車が同じ編成を使っているかがすぐにわかる．あるいは，運用番号も車両の形式に応じて体系づけておけば，列車番号を聞いただけでどういう形式の編成が走っているのかがすぐにわかる．この場合，「下りは奇数，上りは偶数」という原則どおりにならないのではないかとご心配の方もおられるかもしれない．会社によっては，運用番号を奇数として，上りの場合はそれから1を引いて偶数とすることとして，下りは奇数，上りは偶数の原則を貫いている．

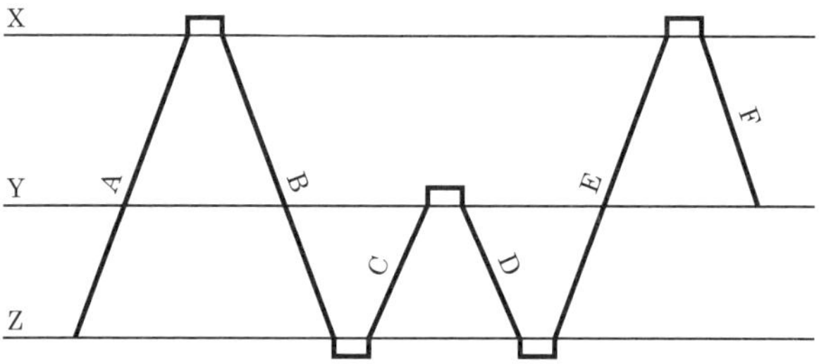

●図 1.6　運用番号の考え方

列車番号の後ろ（あるいは前）にアルファベットをつけることも多い．Mは電車，Dは気動車といったぐあいだ．運転方向，車両の種別，所属基地・所属会社を表すアルファベットをつけることもある．いずれにせよ，その路線の状況に合致した体系が使われる．例えば，JR東日本の中央快速線では，かつては，その車両が所属する基地を表すアルファベットを末尾につけていたが，所属する基地が1か所になってからは所属する基地を表す必要がなくなったため，今では，分割併合の可否を表すアルファベットを付している．あるいは，小田急のロマンスカーが東京メトロの千代田線に乗り入れているわけだが，列車番号（実は，運行番号）は，その列車がロマンスカーであることが直ちにわかるように工夫されているという例もある．

列車番号は，列車の固有の名前のようなものであるから，同じ線区で同じ列車番号をもつ列車が2本存在するようでは困ってしまう．だから，そういうことのないように列車番号を決める．JRのように範囲が大きくなると，会社の中では同じ列車番号の列車が複数存在することはある．しかし，ある線区（より厳密には，ある駅）では，同じ列車番号の列車が存在しないようにする*8.

列車番号の苦労

列車運行が自社線内で完結する場合は，各社のルールで自由に列車番号を設定できる．一方，他社と相互直通運転を行なう場合は，他社線内の列車との整合性や，運行管理システム上の制約等が生じるため，どのようなルールで定めるかは会社間の協議となる．相互直通運転区間の拡大により，複数社をまたいで列車が運行されるような路線では，「どの会社がどの番号を使うか？」「列車番号の後ろにつける車両の所属会社を示すアルファベットは何を割り振るか？」といった苦労がある．

車両の所属会社を示すアルファベットは，その会社のイニシャルを用いることが多い．東京メトロの場合，「S＝東京メトロ（Subway）」「T＝東武（Tobu），東京都交通局（Tokyoto）」などの例があるが，有楽町線，副都心線を見ると，「S＝東京メトロ」「T＝東武」に対し，西武所属車両は「M」となっている．これは，西武（Seibu）のイニシャルの「S」が，既に東京メトロの所属記号として使われていたことから，西武の旧社名「武蔵野鉄道（Musashino）」のイニシャルを用いたためである．

1.1.11 列車番号の使い分け

では，どういう場合に列車主体の列車番号とし，どういう場合に車両主体の列車番号とするのだろうか．これは，運行管理において，列車を対象として管理したいのか，車両を主体として管理したいのかによる（ここで，車両の管理というのは，例えば，時として検査や修繕のために車両を基地に入れる必要があるわけ

*8 山手線や環状線ではどうなんだ，環状運転の場合，どうしても同じ列車番号の列車が同じ駅に発着するのではないか？とおっしゃる方もおられるかもしれない．細かい話だが，列車番号の重複に関する条件は，厳密には，「ある駅で，同じ列車番号の着・同じ列車番号の発がそれぞれ二つ以上ないこと」というものになる．データベースの用語でいうと，キーになるのは，列車番号，駅，着発区分の組合せということだ．

だが，折返しになる列車を変更するなどして，臨時に基地に入れたりすることがある．そのような作業のことを念頭に置いている）．

一般論としては，列車の種別が多く，走行距離が長い場合には前者，その逆の場合には後者ということが多い（したがって，同じ会社でも，線区によって使い分けていることもある）．

JRの幹線線区が前者の例になる．そこでは，特急列車や貨物列車など，長距離を走る列車が存在する（動力種別が異なる—電車，ディーゼル，電気機関車など—列車が混在することもある）．言い換えると，自社（自支社）のダイヤ図の範囲外まで運転される列車が多いということだ．車両を管理するには，自社（自支社）の列車ダイヤ図だけでは用がたりない．車両が動く範囲はずっと広いからだ．この場合，次に述べる車両運用ダイヤ図を別に作る．一方，東京メトロの銀座線ではどうだろうか．銀座線の編成は，渋谷と浅草を行き来する．1枚のダイヤ図の範囲を外れることはない．だとすれば，車両運用ダイヤ図を別に作る必要もないし，また，そういうことなら，列車ダイヤ図の中で，列車番号からこの列車とこの列車は同じ編成を使うなどのことがわかると便利だ．

こういう話をすると，では，相互直通運転のときはどうなのか，といわれるかもしれない．確かに，相互直通運転の時には，自社のダイヤ図の範囲を超えて車両が動く．しかし，さきほど例にあげたJRの幹線線区とは違って，行った車両はすぐに戻ってくるし，行った先で編成が差し替えられることも（特に事情がない限り）ない．むしろ，相互直通運転の時こそ，運用番号をもとにした列車番号が有用だといえるだろう．

一口に「鉄道」といっても，その性格はそれぞれ違う．路線の長さ，利用者の数や移動パターン，それに伴って車両の長さや種別も異なる．そういう個々の路線の事情を反映して列車ダイヤは作られる．列車番号一つをとっても，その路線で最も使いやすい体系が考えられている．そういう事情をご理解いただければと思う．

1.2 ヨーロッパのダイヤ図

図1.7に示すのは，スイス連邦鉄道（SBB：Swiss Federal Railways）の列車

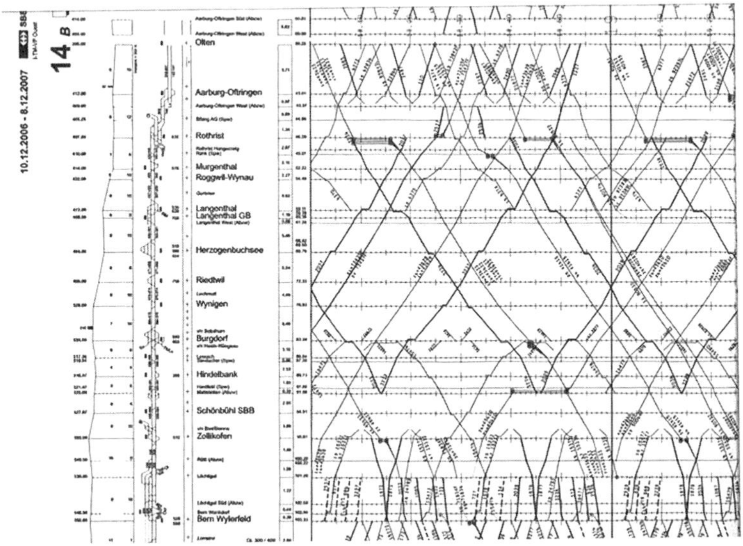

●図 1.7 スイスのダイヤ図（一部）

ダイヤ図である．ヨーロッパでは，EC（European Commision）の指令によって，それまでの国有鉄道は，インフラを管理し，その上でダイヤ作成と運行管理を行なう会社と，そのインフラの上で列車を運転する民間会社（TOC：Train Operating Company）に分離（いわゆる上下分離）されることになっている．スイスはECの加盟国ではないが，やはり同様に上下分離がなされている．このダイヤ図は，SBBのインフラ会社のものである[*9]．

細部はいろいろ違う（例えば，秒記号はない．ちなみに，SBBのダイヤは6秒単位で作られている）が，2次元の一つの軸が駅方向，もう一つの軸が時間という構造は，もちろん変わらない．ただ，このダイヤ図は，日本のスタイルから90度回転させて（つまり，縦横を反対にして）見ても違和感がないように作られているようだ．実際，指令室の運行管理システム[*10]に表示されるダイヤ図は，縦が時間，横が駅であることもある．日本では，列車ダイヤ図は，例外なく，縦方向が駅，横方向が時間なのだが，ヨーロッパでは国によっては，それが逆にな

＊9　このダイヤ図は，以前用いられていたもの．現時点（2023年）においては，スイス連邦鉄道では，紙のダイヤ図はもはや用いられていない．

ることもある．慣れの問題もあるだろうが，確かに，じっくりと見ていると，運行管理の際には，そちらの方が人間の直観にあっているような気がしないでもない．路線長（駅の数）や列車本数が関係しているのかもしれない．

日本に列車ダイヤ図を伝えたのは，明治時代のお雇い外国人技師ページであったといわれている*11．ページが伝えたダイヤ図はどのようなもので，それがどのように発展したのだろうか．ご存知の方がおられたらぜひご教示をいただきたい*12．

1.3　いろんなダイヤ図－箱ダイヤ，横棒，作業ダイヤ

鉄道では，時間にそって色々な作業をすることが最重要だ．だから，いろんなところで，ダイヤ図的な図表，すなわち，横軸を時間とした図表を使う．そのいくつかを紹介しよう．

1.3.1　車両運用ダイヤ図

車両運用をダイヤ図形式で描いたものである．車両が複数の線区をまたがって運行される場合には，それらの線区をまとめて1枚のダイヤ図に描くこともある．車両の動きを知ることが目的であって，秒単位での時刻を知る必要はないので，通常は，1時間目のダイヤ図を使う．また，編成ごとの動きがわかりやすいようにする．したがって，二つの編成が併合されて運転されている列車は，2本のスジで描かれる．さらに，検査や清掃などの計画もあわせて記載される．なお，都市圏のダイヤ図では，車両運用ダイヤ図を別に作るのではなく，列車ダイヤ図に車両の折返しを描くことが多い．

*10　（前頁注）列車ダイヤに従って，駅の信号機やポイントを自動的に制御するシステム．駅の発車標や案内放送などの制御も行なう．会社によって，PRC, TTC, PTC などと呼ばれる．それぞれ，Programmed Route Control, Total Traffic Control System, Programmed Traffic Control などの略．PRC は，狭義には，信号機やポイントの制御（進路制御）システムのことであるが，関連の機能を含んだシステムを指すこともある．

*11　ページの生涯については，石本祐吉「ページ先生の生涯：わが国時刻表の父」，石本出版，2010 に詳しく書かれている．綿密な取材と調査に基づいた労作である．

*12　ダイヤ図の「発明」者については，前掲の「列車ダイヤのはなし」をご参照いただきたい．

車両運用ダイヤ図の１種として，箱ダイヤがある．これは，ある一つの行路*13 を詳細に描いたものだ（図 1.8 に例を示す．これは，図 1.9 の行路を書き直したものだ）．詳細な作業（入換があるかどうか，検査・清掃を行なうかどうか）などもあわせて記入する．箱ダイヤは，横軸が駅，縦軸が時間だ！（ただし，縦軸は，時間の方向ではあるが，時間に比例しているわけではない）

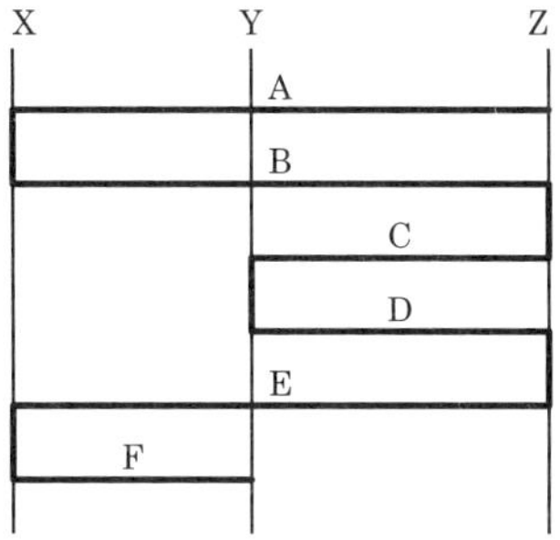

●図 1.8　箱ダイヤ（模式図）

1.3.2　構内作業ダイヤ図

列車が終着駅に着いた後，そのままその番線から折り返すこともあるが，引上線と呼ばれる別の場所に移動されることもある．この作業を（車両の）入換と呼ぶ．入換は，折返し列車の発車までに少し時間があるために，到着した番線にそのままでいると後続の列車のじゃまになる場合や，配線の都合で（駅の配線については，2.1 で詳しく述べる）その番線では折り返せない場合などに行なわれる．駅では，入換以外にもいろいろな作業が必要になる．駅にもよるが，例えば，分割併合作業，終着列車の車内点検（忘れ物がないかなどをチェックする），乗降が終了したことを知らせる合図などだ．これらの作業を誰がやるのかをあらかじめ定めておく．鉄道においては，とにかく，あらかじめ計画を立てておくのが大原則だ．「そのときに手があいている人が」という考え方はない．なんと融通がきかない，もっと臨機応変にやればいいのにと思われる方もおられるかもしれな

*13 「行路」：車両の一日の動きの計画のことをいう．「仕業（しぎょう）」ともいう．図 1.9，図 1.12 に示したものが一つの行路である．

い．しかし，おそらくは多くの読者もすでにご経験のとおり，「誰かがやる」は，「誰もやらない」につながりかねない．社会的使命の高い鉄道にそんなことが許されるはずもない．だから，誰が，いつ，どの作業をやるのかをあらかじめ決めておく．これをダイヤ図形式で描いたものが**作業ダイヤ**（あるいは，作業ダイヤ図）だ．

貨物駅では，特に作業ダイヤは重要な役割を果たす．貨物駅では，到着した貨物列車の貨車を，荷卸しをするための場所（荷役線）に移動させる（入換）．場合によっては，貨車を分割したり併合したりして，別の列車を組成する．また，必要に応じて，一時的に別の場所に貨車を留置するために再度移動する．貨物駅では，こういう作業が必要になる．これらの作業は，通例，運転士（機関士）と操車係と呼ばれる人（機関士に，移動せよとか止まれとかの合図を送る）によって行なわれる．したがって，これらの人の作業の計画，すなわち，作業ダイヤを作っておく必要がある．

駅だけでなく，車両基地についても同様だ．車両基地でも，清掃や検査，留置のために車両の移動（入換）が行なわれる．やはり，作業ダイヤが重要な役割を果たす．

作業ダイヤの例を図 1.9 に掲げる．これは，車両基地の作業ダイヤだ．上半分には，それぞれの番線への列車の着発状況，下半分には，担当ごとの作業の内容が記されている．

1.3.3 ダイヤ作成システム，運行管理システムのダイヤ図

今では，列車ダイヤは，ほとんどの会社でコンピュータの助けを借りて作られている．このときにコンピュータの画面に表示されるのもやはり列車ダイヤ図だ．コンピュータでダイヤを作るときの手順は 4.3 で述べるが，基本的には，人間が主体となって作業をする．列車を設定したり，列車の時刻や順序を変えたりといった作業をする．その作業の結果を見るのは，やはりダイヤ図である．

運行管理のうちの，信号機を制御するとか駅の発車標や案内放送を制御するなどといったことは，ダイヤどおりの運行であれば，近年では，多くの線区でコンピュータ（運行管理システム）によって行なわれている．しかし，列車が遅れてダイヤどおりではない場合（例えば，列車を運休したり，途中で折り返したり，番線や順序を変えたりすることがある）には，人間（指令員）がその旨を運行管

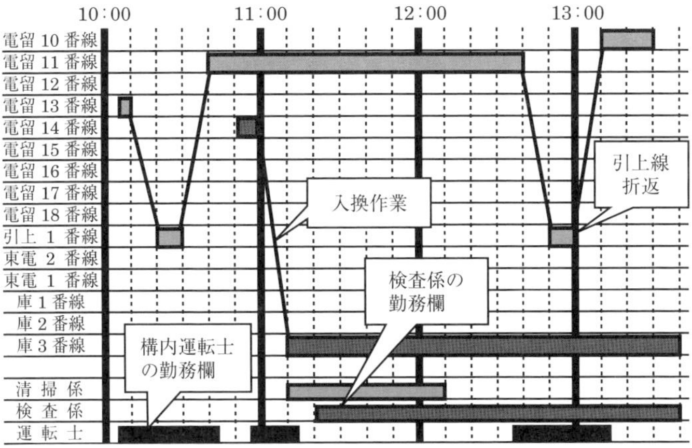

●図 1.9　作業ダイヤ（模式図）

理システムに入力する．そして，最近の運行管理システムでは，その入力は，やはり列車ダイヤ図を見ながら，画面上のスジをマウスで操作するという方式が主流だ．

結局，列車運行に関するさまざまな情報をコンパクトにかつ直観的にわかりやすく格納し，かつ，一番見慣れているという理由で，列車ダイヤ図によるインタフェースが広く用いられるということだ．

指令所（司令所）のジンクス

近年，コンピュータを用いた高度な運行管理システムを導入している鉄道会社が増えているが，多くの鉄道会社の指令所には，「これをやるとダイヤが乱れる」というジンクスが存在する．

筆者（牛田）は四半世紀にわたり，国内外の鉄道会社のジンクスについて調査（非公式）を行なっているが，ジンクスは概ね「当務者の組合せ」「指令室内での禁句」「夕飯のメニュー」の３項目に分類される傾向にある．

まず「当務者の組合せ」は，「このコンビが居ると何かが起こる」というものであり，これまで調査したほとんどの鉄道会社で存在するジンクスである．

次に「指令室内での禁句」は，「最近何もない」「今日は静かだ」といった言葉を発した途端に，トラブル発生の一報が入るというものである．

最後に「夕飯のメニュー」は，「これを食べると何かが起こる」というものである．ちなみに夕飯のNGメニューとして，多くの鉄道会社がカレーライスを挙げている．これは，「お手軽メニューなので食べる頻度が高い＝トラブル発生と重なる機会が多い」ということを意味し，これがいつしかジンクスとして定着したものと思われる．

また，一部の鉄道会社には「NG行動」が存在し，「日付が変わる前に指令日誌に“異常なし”と書くと，ダイヤ乱れが発生する」といった事例が数社で見られた．

このような傾向は国内のみならず，海外鉄道会社でも見られる点が興味深い．ある国の鉄道会社では，「ピンクのシャツを着て出勤するとトラブルに当たる」というジンクスがあるという．

もちろん，これらに明確な科学的根拠はないが，ジンクスの存在は，鉄道の安全の要は「システム」ではなく「人」であり，トラブルや遅れのない安定輸送を目指す鉄道員のマインドは，国内外問わず同じであることを示しているといえるのではないだろうか？

なお，これらの具体例については，４章末尾のコラムもご参照いただきたい．

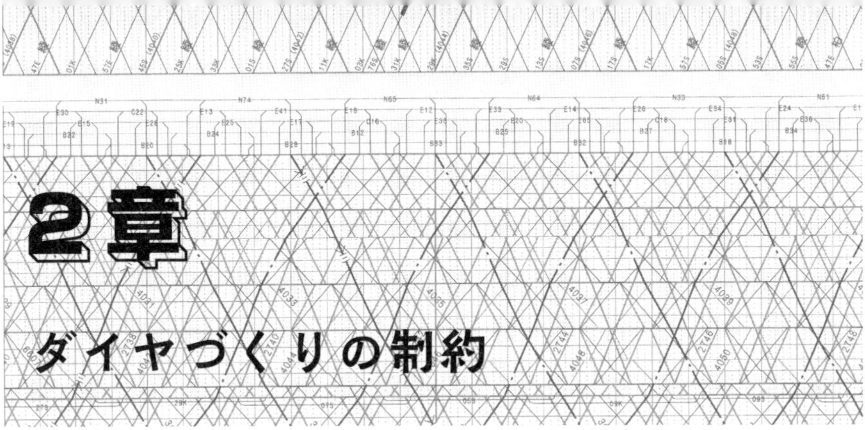

2章 ダイヤづくりの制約

2.1 線路と番線

2.1.1 番線の数

阪田貞之著「列車ダイヤの話」[*1]は，東北本線に列車を増発しようとすると，まず，上野駅の番線の空きを確認するところから始めなければならないというエピソードから始まる．この本が発行されたのは，新幹線が開業した昭和39年，主な対象としているのは国鉄の長距離路線ということで，都市圏の通勤線区を念頭に置いている本書とは，時代も対象も異なる．しかし，番線に空きがなければ列車を設定できないことは，今も昔も変わりがない．

番線は，大きく分けて，二つの場面で関係する．始発・終着駅と途中駅だ．

始発・終着駅の番線の数は，設定可能な列車本数に大きく影響する．始発・終着駅では，一般に列車は長く止まる．全乗客の乗り降りの時間，あるいは，運転士・車掌の乗換の時間（もし，折返し列車も同じ運転士が継続して担当するのなら，その運転士が先頭から最後尾まで移動する時間が折返し時間として必要だ．また，単に移動時間だけでなく，運転方向を変えるための作業，例えば，時刻表のセットや，運転台のスイッチ類の整備の時間も必要だ)，新幹線などの優等列車であれば，必要に応じて，車内清掃などの時間も見込んでおく必要がある．

図2.1を見ていただきたい．仮に，この駅には番線が1本しかなく，すべての

＊1　阪田貞之：「列車ダイヤの話」中公新書，1964年．一般向けとしては，おそらく日本で最初に書かれた列車ダイヤに関する本．列車ダイヤ担当者の苦労を軽妙な筆であざやかに描ききったまれに見る名著だと思う．1965年に第13回日本エッセイストクラブ賞を受賞している．

列車がこの駅で終着し，また，それらはすべて着いた番線で折り返すとする．さらに，信号設備の関係で列車の間隔（列車が発車してから次の列車が到着するまでの間）を最低 150 秒空けなければならないとする（なぜそうしないといけないかは，2.3 で説明する）．また，折返し時間は，最低 210 秒必要であるとする．この時，1 時間あたりに設定可能な列車本数の上限は何本かおわかりだろうか．簡単な計算で，1 時間あたりに設定可能な列車本数の上限は 10 本であることがわかる．しかし，もし番線が 2 本あるのならば，うまくすれば，列車本数の上限を 20 本にすることができる．つまり，番線の本数は，設定可能な列車の本数に大きく影響するのである．

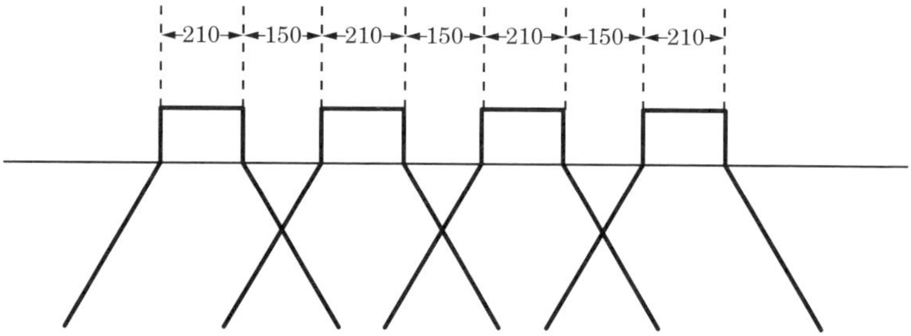

●図 2.1　設定可能列車本数と番線の数の関係

中間の駅（その列車にとって始発・終着ではない駅）では，1 本の列車を考えるときには，番線が 1 本あればよい．ただし，待避がある場合は別だ．追い越される列車，追い越す列車は別の番線を使うから，最低 2 本の番線が必要になる．しかし，待避がなくても 2 本の番線を使うことがある．順に説明しよう．まず，図 2.2 を見ていただきたい．これは，1 方向あたり 1 本の番線しかない駅（こういう配線の駅を棒線駅という）だ．この駅の場合，ダイヤを描くと，図 2.3 のようになる．2.3 で説明するが，信号設備の関係から，列車と列車の間には，最低限確保しなければならない時間（**時隔**）がある．時隔，列車の運転間隔，停車時分の間には密接な関係がある．これを次に説明しよう．

図 2.3 において，時隔（正確にいうと，ここでは，前の列車の発車と次の列車の到着の間に最低限確保しなければならない時間）が 90 秒であるとする．ここで，列車を 2 分 30 秒間隔で走らせるためには，停車時分は 60 秒以下にしなければならないことがわかる（この図は，都市圏の列車ダイヤを検討する場合の基本

を説明した図だ．これからも随所で出てくる）．つまり，中間駅であっても，駅での停車時分は，設定可能な列車本数に大きく影響するのだ．停車時分が 60 秒を超えると，後続の列車がこの駅に到着するときには，信号が赤になっていて，その分，駅の手前で待たされてしまうために（**機外停止**[*2]という）到着が遅れてしまう．

しかし，主要な駅については，乗降客数が多いため，停車時分を長くとりたい．その場合，図 2.4 のように，2 本の番線を交互に使う．2 本の番線を交互に使うことによって，設定可能な列車本数という点では，この駅での停車時分を（ほぼ）半分にしたのと同等の効果が得られるというのがからくりということになる．

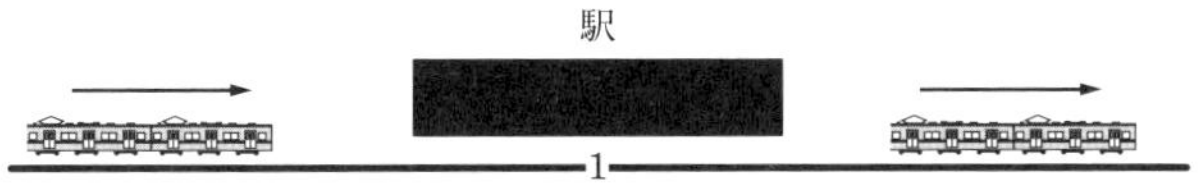

●図 2.2　駅の配線（番線が 1 本の場合）

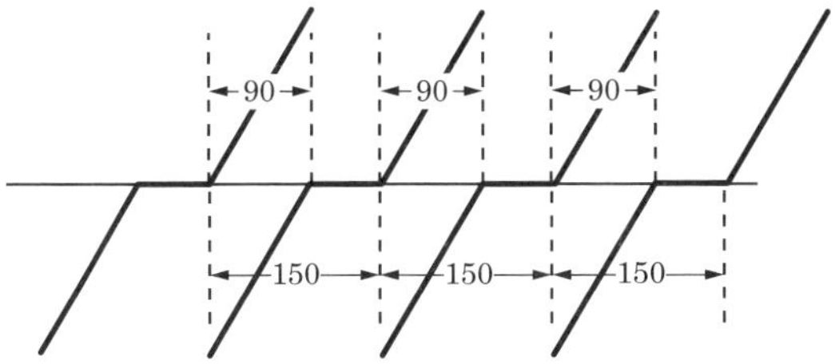

●図 2.3　時隔と停車時分

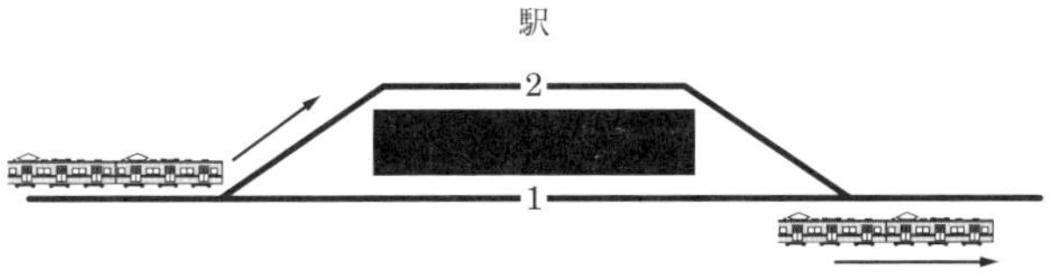

●図 2.4　番線の交互使用
1 番線と 2 番線に，交互に列車が到着する．

＊2 「駅間停止」と呼ぶ会社もある．

2.1.2　線路という制約

列車は線路の上を走る．したがって，線路は，ダイヤを作るうえで非常に大きな制約となる．まず，同じ線路の上では，前の列車を追い越すことはできない．速度の遅い列車のすぐ後ろに速度の高い列車を設定したりすると，後ろの列車はノロノロと運転するはめになる（もちろん，そうならないようにダイヤを作るわけだが）．単線であれば，駅の間で行き違うこともできない．

複々線というものもある．これは，上下2本ずつの線路を並べたものだ．複々線の場合，駅と駅の間で，追い越しができる．複々線には，図2.5と図2.6に示す二つのパターンがある．

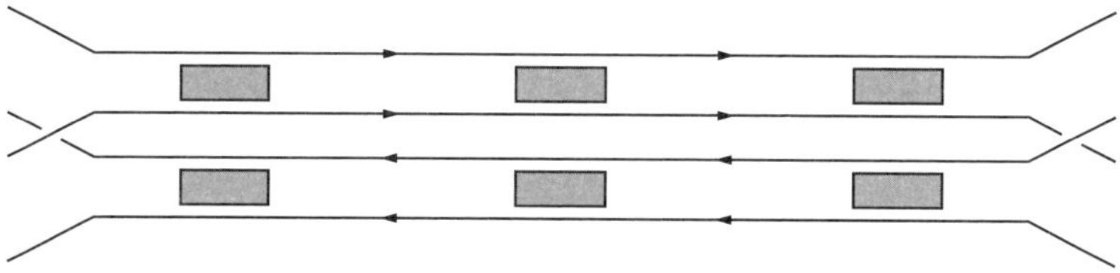

●図 2.5　方向別複々線

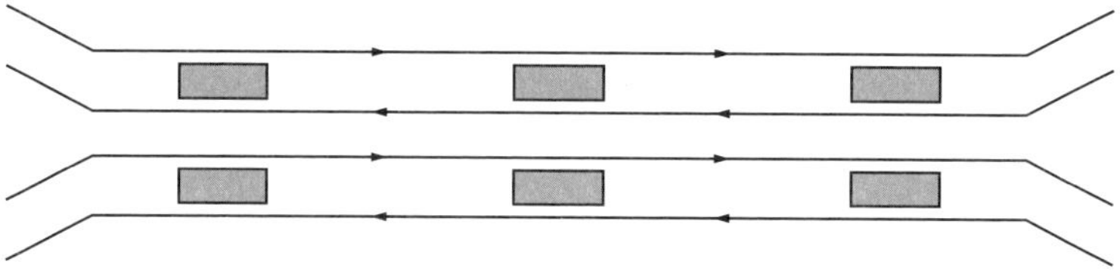

●図 2.6　線路別複々線

図2.5のパターンを，方向別複々線といい（方面別複々線ともいう），図2.6を線路別複々線という．複々線では，一般に，急行と各停とで走らせる線路を分けることが多い．その場合，方向別複々線では，同じホームで各停と急行の乗換ができる．ダイヤの作りによっては，降りたところに乗り換えるべき列車が待っているようにもできる．非常に便利である．例としては，JR西日本の草津～新長田間が方向別複々線になっている．あるいは，小田急（5.4に詳しく書かれているのでご参照いただきたい），京阪などもそうだ．方向別複々線の一つの問題

として，線路の工事費がある．方向別複々線では，二つの線路が始点から終点まで完全に平行ならともかく，二つの線路が合流・分岐して複々線になる場合には，合流・分岐の地点で一方の線路がもう一つの線路をまたぐか，くぐるかしないといけない．必然的に工事費がかかることになる．

一方，線路別複々線では，同じホームでの乗換はできない．いちいち，階段を乗り降りして乗り換えることになる．乗換は便利とはいえない．線路別複々線の例としては，JR 東日本中央快速線と中央総武緩行線の三鷹～四ツ谷間（四ツ谷の次の快速停車駅である御茶ノ水では，方向別複々線のようになっていて，同じホームでの乗換が可能になっている），総武快速線と中央総武緩行線の錦糸町～千葉間などがあげられる．

もう一つの形として，単線並列がある．文字どおり，単線を 2 本並べたものだ（図 2.7）．2 本の線路の両方で，双方向に列車を運転できる．どういういいことがあるのだろうか．普段は複線として使っていて，片方の線路が何らかの理由で使えなくなったとき（例えば，信号機の故障とか，故障した車両が立ち往生したとか），もう一方の線路を使って列車を走らせることができる．また，駅の間で別の列車を追い越すことができる．例えば，一方の線路を走る各停を，もう一方の線路を走る急行が追い越すといった運転も可能だ．実際，筆者がスイス連邦鉄道の指令室を訪問したとき，遅れている各停の後ろを走る急行が駅の間で各停を追い越すのを目の当たりにしたことがある．

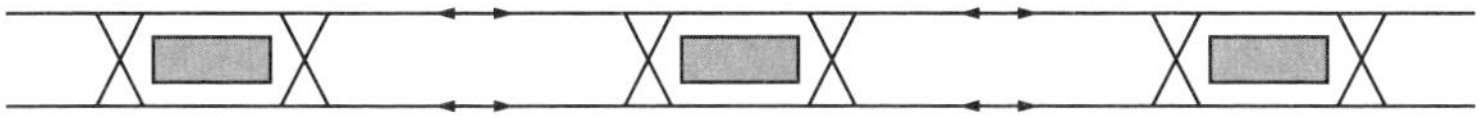

●図 2.7　単線並列

単線並列は，日本では例が少ない．JR 九州の関門トンネル内，JR 西日本の桜島線の西九条～ユニバーサルシティ駅くらいだ．一方，ヨーロッパでは，非常に一般的だ．

日本で単線並列が少ない理由は，一つはコスト，もう一つは，取り扱いを複雑にすることへの懸念だろう．コストは，主に，踏切関連を含む信号設備と渡り線[*3]のコストである．1 本の線路上で，双方向の信号機（およびそれを制御する機構）が必要になる．踏切も同様だ．双方向から列車が来ることに対応する必要がある．また，単線並列の機能を生かすためには，渡り線とそのポイントの設備も増えることになるだろう．こういう設備を作ればそのメンテナンスも必要だ．レールは，使わないと錆びる．錆びるとそこに列車がいることを検知[*4]できなくなって，信号がうまくでない．そうならないように定期的にレールを磨かなくてはならない．あるいは，ダイヤを工夫してそのレールの上を日に1回程度は，列車が通るようにしたりすることもある（「錆び取り列車」と呼ばれる）．また，ポイントのメンテナンスも必要だ．ということで，メンテナンスのコストや故障の可能性が増えるかもしれないことを考えると，不要な設備はなるべくもちたくないというというマインドが働きがちだ．

取り扱いを複雑にすることに懸念があるのは，鉄道では，取り扱いを誤ると大事故につながる可能性があるからだ．事故は人間が想定していなかった取り扱いをされることで発生することが多い．日本の鉄道の安全性はきわめて高いといって差し支えないと思うが，その安全性は，事故が起こるたびにそれに対して徹底した対策をとることによって守られてきた．例えば，三河島事故[*5]の後には，ATS[*6]の全国導入，防護無線[*7]の開発，労働科学研究所の設立などが行なわれた．それでも福知山線事故[*8]のような大事故が起こる（ちなみに，福知山線事故の後には，急曲線区間での速度超過を防止するためのATSシステムの改良が鉄道事業者に義務づけられるなどの措置が取られた．また，運輸安全マネジメント制度[*9]が導入された）．単線並列に話を戻すと，日本の都市圏では列車が稠密に

＊3　（前頁注）ある線路から別の線路へ渡って行くための線路のこと．

＊4　線路をある一定の長さの区間に区切り，その区間のレールに電流（軌道回路電流）を流す．その区間に列車がいたときには，列車の車軸によって軌道回路電流が短絡されることになる．これによって，その区間に列車がいるかどうかを検知する．そして，その区間に列車がいることを検知したときには，その区間の入り口の信号機を赤にして，別の列車が入ってこないようにする．鉄道における安全確保の最も基本的な仕組みである．

＊5　三河島事故：1962（昭和37）年5月3日発生．常磐線三河島駅で，脱線した下り貨物列車に下りの電車が衝突し，そこに上りの電車がさらに衝突した．死者160名，負傷者296名．

＊6　ATS：Automatic Train Stopの略．赤信号を無理に進むと，自動的に非常ブレーキをかける．

＊7　防護無線：周囲の列車に，危険を知らせる信号（発報信号）を無線で送る．この信号を受けた列車は，その場に停止しなければならない．

＊8　福知山線事故：2005（平成17）年4月25日発生．制限速度を大幅に超過してカーブを運転したため，列車が脱線し，沿線にあったマンションに突っ込んだ．死者107名，負傷者562名．

＊9　https://www.mlit.go.jp/unyuanzen/outline.html

走っているため，駅間で反対線路を使って前の列車を追い越すようなことは実際には難しいこと（反対側の線路にも頻繁に列車が走っている！），線路の片方だけが不通となることはあまりないこと（いい悪いは別として，人身事故などの場合，上下線とも運行を止めることが多い）という事情も確かにあるのだが，「ふだん滅多にやらないことをやらせると取り扱い誤りが発生する」とするマインドが働いて，拒否反応に近い対応になっているようにも感じる．昨今では，信号システムの革新的な進展も期待され，それを背景に，もう一度考え直すことも必要だろう．

電車はなぜ曲がれる？

電車はなぜ曲がれるのだろうか．ハンドルがないのに，という話ではない（余談だが，ハンドルのある電車もある．もっとも向きを変えるためではないが．図2.8）．カーブがあるのだから，それに沿って行くだけでは？という答えはもちろん誤りだ．電車の車輪は，車軸に固定されている．したがって，右側の車輪と左側の車輪の回転数は常に同じだ．カーブでは，カーブの外側の方が距離が長い．ということは，左右の車輪径は同じなのだから，カーブの外側の車輪の方が回転数が多くなければならないことになる．しかし，右・左とも車軸に固定されているのだから，もちろん，それはできない．となると，カーブを曲がれないことになるはずだ．実は，車輪には，テーパーがついている（図2.9に車輪の断面図を示す．これを車輪の踏面形状という）．カーブを曲がるときには，レールに接触

●図2.8　ハンドル？のある電車（フランス・TGV）

力行とブレーキの操作をハンドルで行なう．日本のワンハンドル車の（ハンドルが横向きになった）ようなものと考えていただいてよいだろう．

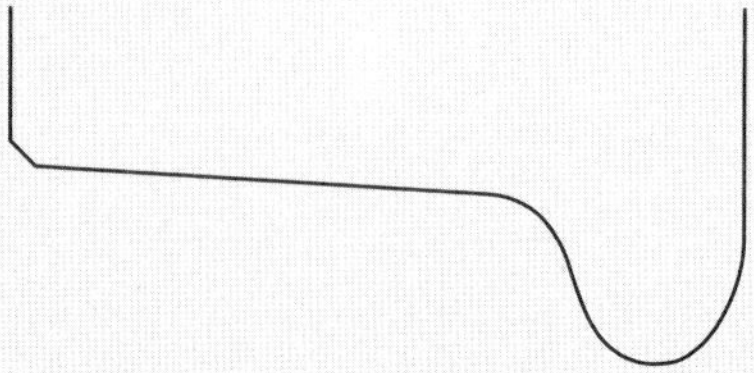

●図 2.9　踏面形状

する箇所が右と左で異なることによって，左右の走行距離の差に対応し，うまくカーブが曲がれるのである．いわれてみれば当たり前のように思われるかもしれないが，よく考えたものだと思う．

●● 列車は左側通行

日本においては，複線の場合，列車は左側の線路を走る．では，これは，どこで決められているのだろうか．列車の左側通行は，かつては，国土交通省令「鉄道運転規則」で定められていた．その第六十五条には，「上下列車を区別して運転する一対の線路においては，列車は左側の線路により運転しなければならない.」とする条文があった．しかし，2002 年に，鉄道運転規則やその他の省令をまとめて「鉄道に関する技術上の基準を定める省令」（技術基準）が施行された．技術基準は，「安全等を確保しつつ，できる限り新技術の導入等に際しても障害とならず，事業者の技術的自由度を向上させることができるよう」，「原則として備えるべき性能を規定したいわゆる性能規定とする」（技術基準運転編監修者の序）という考え方のもとに定められた．そのため，「左側通行」の規定は，技術基準にはない．実際には，列車は左側を走っているわけだが，それは，技術基準を受けて各社で定められる規定「実施基準」の中で定められている．

2.1.3　駅　の　配　線

番線と線路については，数だけでなく，その配置も重要である．駅の配線だ．駅の中で，列車[*10]が進むことのできるルートを**進路**という（あくまでも駅の中の話であることにご注意をいただきたい）．ただし，ここで，「進むことができる」とは，分岐器があって，あるところからあるところまで（通常，「向きを変えな

*10　厳密には，「列車もしくは車両」だが.
*11　標識を含むはずだという議論もあろうが，本書ではそこまでは触れない.

いで」），物理的に移動できるということ，そして，信号機[*11]があって，それに従って進めば安全が確保されている（つまり，他の列車や車両と衝突したりすることはない）ということを意味している．

進路と進路が交差している状況のことを，**平面交差**という．平面交差の関係にある二つの進路は，当然のことながら同時に使うことはできない．一方の進路が使われているときには，もう一方の進路を使おうとする列車は，ある時間だけ待たなければならない（信号が赤になっている．もし，赤信号を無視して進めば，ATS などの保安装置が働いて非常ブレーキがかかる）．進路の交差によるこの支障のことを**交差支障**と呼ぶ．

このことをご記憶いただいて，次に駅の配線の例を示そう．図 2.10 を見ていただきたい．これは，ある駅の配線図だ．この駅は，ある会社の路線の端の駅で，この駅で折り返す列車と隣接する別の会社の路線に直通する列車が運転されている．ごらんのように，2 番線と 3 番線は行き止まりになっている．一方，1 番線は，隣接する別の会社の路線に直通で行くための番線，4 番線はその逆で，隣接会社の路線から直通で列車が入ってくる番線だ．この駅で終着になって折り返す列車は，2 番線か 3 番線に到着させなければならない（さもないと折り返せない）．また，直通する列車は，1 番線に到着させなければならない．ダイヤ作成時には，このような条件をよく頭にいれて列車の番線を決めなければならないということだ．

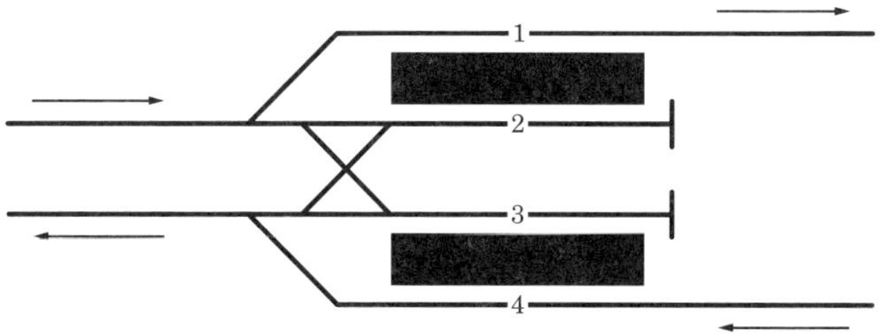

●図 2.10 駅の配線

少し話が横道にそれるが，この駅の配線は，ダイヤが乱れた時には少し厄介だ．ダイヤが正常であれば，特に問題になることはない．しかし，ダイヤが乱れた（つまり，列車に遅れが生じた）ときには，ちょっとややこしいことになる．ダイヤが乱れたときには，相互直通運転を中止することが多い．一方の路線のダイヤ乱れを隣接する路線に持ち込まないためだ．相互直通運転を中止すると，この駅の場合，2番線と3番線だけを使ってすべての列車を折り返さなければならない．つまり，この駅の配線の場合，列車を1番線に入れてしまうと，そこで折り返すことはできない（やむをえず行かせるか，さもなくば，復旧するまでずっと1番線に止めておくはめになる）．ラッシュ時などは，ふだんに倍する本数の列車をこの2本の番線だけではおそらくさばけないだろう．前の列車が出て番線が空くまで駅の手前で待たされる．列車に遅れが生じて，いわゆる団子運転になる可能性が高い．それを避けるために列車を運休することになるかもしれない．また，番線を変更して2番線か3番線に入れるためには，運行を管理するコンピュータ（運行管理システム）にその旨の入力をすることが必要だ．それなりの時間がかかる．つまり，十分前もって相互直通運転の中止を決定しなければ，1番線で列車が立ち往生してしまう．逆に，中止していた相互直通運転を再開するときには，直通する列車は，なんとしても1番線に入れなければならないのはもちろんである．1番線〜4番線のどの線路でも折返しができたり，隣接線区との直通ができたりするような配線であれば，このような問題はないのだが，それはそれで，次に述べる交差支障の問題が発生したり（図2.10の配線には，1番線への到着と2番線からの発車が同時に可能だというメリットがある），あるいは，引上線を作ろうにも，そもそも用地が確保できないなどの問題があり，さらには，歴史的経緯による紆余曲折があることもあり，なかなか理想どおりにはいかないという問題がある．

次に，図2.11と図2.12を見ていただきたい．これらの駅は，ともに終着駅で，すべての列車がここで折り返す．図2.11では，左側から来た列車が2番線で折り返す場合を示している*12．このとき，もし，1番線から発車しようとしている列車がいる時には，少々厄介だ．進路が交差している（平面交差！）．どちらかが待たなければならない．列車ダイヤは，もちろん，交差支障による待ちが発生しないように作る（ただし，実際に列車を運行させるとき，列車に遅れが生じてちょうど時刻が重なることになった場合には，交差支障によって待たされることになる．そのような場合，指令員と呼ばれる路線の運行を管理する役割の人たちは，

*12 こういうバッテン形の線路をシーサスとかシーサスクロッシングという．シーサスは，scissors（ハサミ）から来ている．それにしては発音が変だが，訛りみたいなものだろう．

ダイヤ図をにらみながら，なるべく列車がスムーズに着発できるよう，列車の着と発の順序に神経を使い，状況に応じて着発順序を調整する）．一方，図 2.12 ではどうだろうか．この駅で折り返す列車は 1 番線に到着する．そして，折り返すためには，いったん引上線に移動する．そして，そこから 2 番線に移動する．交差支障が発生することはない．ただし，デメリットもある．まずは，引上線までの移動時間がかかることだ．図 2.11 では，到着後すぐに折り返せるのだが，図 2.12 では，引上線との間の移動時間が必要になり，折返しまでの時間が長くなる．これがなぜデメリットになるかというと，車両の使用時間が長くなり，必要な車両や乗務員の数が増えるかもしれないからだ（詳細は，2.5 をご参照いただきたい）．さらに，引上線を作るためには土地が必要だ．そもそも用地が確保できなければ引上線は作れない．実は，ほかにもある．繰り返すが，図 2.11 では，列車の到着後，すぐに折り返せる．しかし，図 2.12 では，ある作業をしてからでないと引上線に車両を移動できない．おわかりだろうか．図 2.12 では，乗客が全員降りたことを確認してからでなければ，車両を移動できないのだ（人を乗せた電車を引上線に止めるわけにはいかない！）．したがって，車内を点検して乗客が残っていないことを確認する係員とそのための時間が必要になる．特に，ダイヤが乱れた時に急遽行き先を変更して途中の駅で折り返す場合など，駄々をこねてすぐには降りてくれない乗客も（こういうわがままな乗客は，それほどはいないと思いたいが）実際にはいる．その人たちを説得する時間の間，列車はホーム

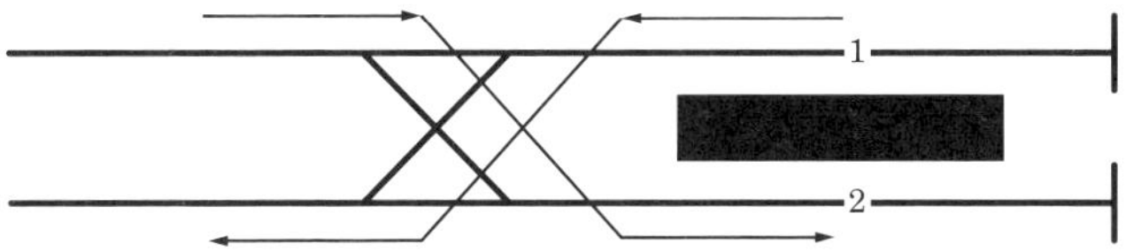

●図 2.11　終着駅の配線（1）

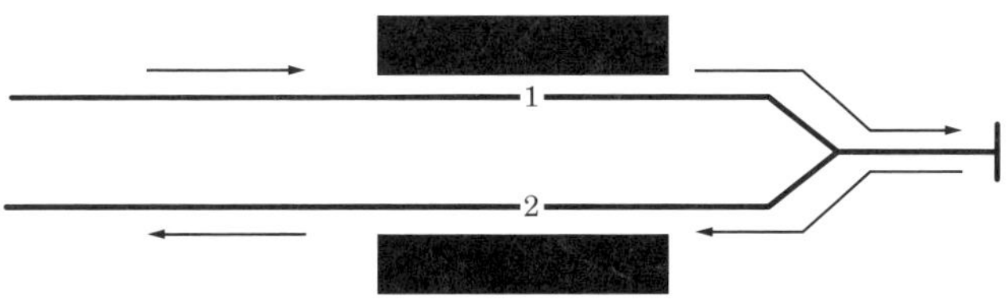

●図 2.12　終着駅の配線（2）

に止まることになり，後続の列車は駅の手前で待たされ，それは，さらにその後続の列車にも影響し，線区全体の列車の遅れが増すことになる．しかし，一方では，この配線は，列車が遅れた場合，折返し時間の中に余裕があれば，それを使って遅れを回復できるというメリットもある．また，ダイヤは，その駅だけで考えればいいわけではなく，路線全体として考える必要があるという事情ももちろんある．というわけで，図 2.11 と図 2.12 のどちらがよいかは，簡単に判断できることではないのだ．

2.1.4 平面交差ふたたび

図 2.11 での 2 番線への到着の進路と 1 番線からの発車の進路は，確かに平面交差の関係にあるのだが，平面交差というと，異なる路線の列車の進路が交差する状況をまず思い浮かべる人が多いかもしれない．例えば，図 2.13 に示すような状況だ．二つの路線が分岐・合流する駅である．○の箇所が平面交差だ*13．

この図から，路線が違う列車に対しては，平面交差は広範囲に影響を与えるであろうことをご理解いただけるだろう．すなわち，二つの路線のダイヤを独立に作ることはできず，この駅については，常に両方の路線の列車の時刻と進路を注意しながらダイヤを作らなければならないこと，また，一方の路線のダイヤを変えれば，おそらくはもう一方の路線のダイヤも変えざるを得ないことになるだろうからだ．

このように，異なった路線間の平面交差はダイヤ作成上の大きな支障となるため，平面交差をなくすことが望ましいのは間違いない．しかし，そのためには，配線を大幅に変更して列車が使う番線を変えてしまうとか，あるいは，平面で交差させずに立体交差となるようにするということになるのだが，いずれにしても，莫大な投資が必要になる．

平面交差の考慮が現実のダイヤ作成においてどれくらい重要かは，次の節（「小竹向原の教訓」）を読んでいただくとご理解いただけると思う．

---

*13 実は，これは，かつての JR 東日本池袋駅の配線（の一部）だ．今では，配線が変更されて，平面交差が解消され，かつ，ホームも方向別になっている（この図の配線だと，左側方向＝新宿方向に行く列車の順序が何らかの事情で変更になった場合，乗客は，階段を昇り降りしてもう一つのホームに移動しなければならなかった）．

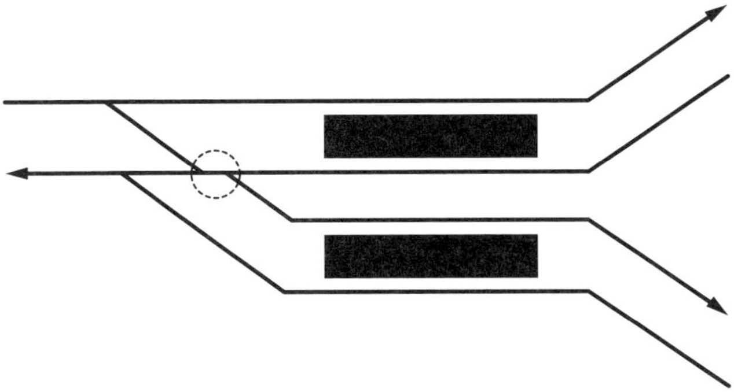

●図 2.13　平面交差の例

2.1.5　小竹向原の教訓

平成 20 年（2008 年）6 月 14 日，東京都心に新しい路線が開業した．計画段階では，運輸政策審議会*14 の答申にあった 13 号線と呼ばれていた路線，開業後は，副都心線と呼ばれることになった路線だ．副都心線という線路は，池袋から渋谷までだが，列車の運転経路としては，和光市と渋谷を結び，一部列車は，東武東上線，西武有楽町線・池袋線と相互直通を実施している（図 2.14 参照．太線は線路を，細線は列車の運転経路を示す）．

副都心線開業後は，列車の運転系統としては，それまでにすでにあったものも含めて，

・和光市方面から副都心線池袋を経由して渋谷まで（およびその逆方向）
・和光市方面から東京メトロ有楽町線池袋を経由して新木場まで(およびその逆方向)
・西武線練馬方面から副都心線池袋を経由して渋谷まで（およびその逆方向）
・西武線練馬方面から東京メトロ有楽町線池袋を経由して新木場まで（およびその逆方向）

となった*15．

*14　運輸政策審議会：旧運輸省内に設けられた審議会．運政審と略す．現在は，その役割を継承した交通政策審議会（交政審）が同様の役割を果たしている．鉄道路線の整備は，これからの答申に基づいて進められることが多い．最近のものとしては，交通政策審議会による「東京圏における今後の都市鉄道のあり方について」（2016 年）がある．

*15　その後，平成 25（2013）年 3 月 16 日には，東急東横線，横浜高速鉄道みなとみらい線との相互直通運転を開始した．

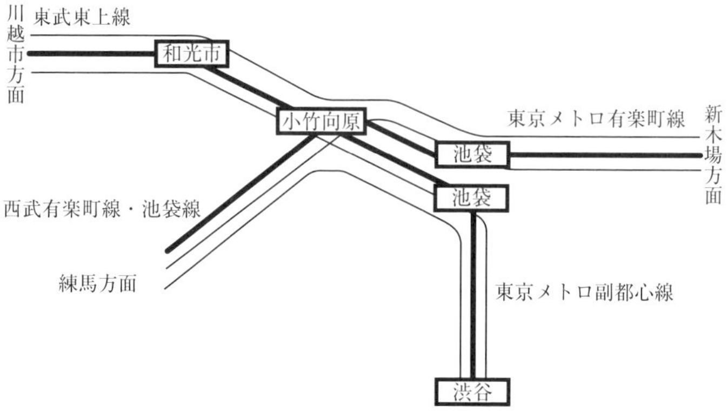

●図 2.14　副都心関連線区路線図（開業時）

しかし，開業当日から副都心線のダイヤは，乱れに乱れた．当時のニュースでは，「首都圏の新たな大動脈として期待されながら，初日からトラブル続きで利用者の敬遠が危ぐされる事態となっている」とまで書かれている[*16]．

このようにトラブルが続いたのには，さまざまな原因があったのだが，その中でも事態を複雑にしたのが小竹向原駅の配線であることは，疑いの余地がない．図 2.14 をもう一度見ていただきたい．小竹向原では，4 系統（上下で数えれば 8 系統）の運転経路が交錯する．その配線は，図 2.15 のようになっている．プラットホームが二つ，1 番線～4 番線の 4 本の番線がある（2 面 4 線という）．

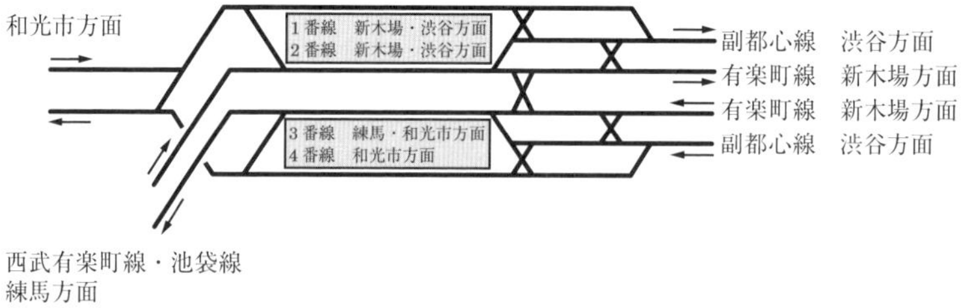

●図 2.15　小竹向原駅の配線

＊16　2008 年 6 月 22 日中日新聞

ここで問題になるのは，1 番線から有楽町線新木場方面に行く列車の進路と 2 番線から副都心線渋谷方面に行く列車の進路が平面交差していることだ．また，反対方向の，有楽町線新木場方面から 4 番線に到着する列車の進路と副都心線渋谷方面から 3 番線に到着する列車の進路も同様に平面交差している．もちろん，列車ダイヤは，平面交差による支障が発生しないように注意深く作られている．しかし，例えば，1 番線からの有楽町線への列車の発車が何らかの理由で遅れた場合，平面交差部分を通過する 2 番線からの副都心線の列車が待たされることとなり，副都心線の列車が遅延することとなる．そうなると，さらに後続の列車も駅の手前で待たされることになる．こうやって，団子運転状態になり，後続の列車に遅延が波及していくことになる．列車の遅延は，直通運転を行なっている会社から持ち込まれることも多い．その結果，東武が遅れると，その遅れが西武に波及する（もちろん，その逆も）という現象が発生する．

実は，まだある．1 番線から副都心線渋谷方面の列車が発車しようとしているときに，2 番線に有楽町線新木場方面の列車が来たとする．この場合，進路は交差しないのだが，接続待ちをすると遅れが発生する．発車しようとしたときにもう一方の番線に列車が入ってくれば，乗務員や駅員としては，人情として接続をとってあげたくなる．しかし，それは，列車を遅らせることを意味する．その列車の乗客にとってはよかったかもしれないが，結果的に後続の多数の列車に遅延を引き起こしたかもしれない．反対方向の 3 番線と 4 番線についてもまったく同じだ．

このようなことを考えて，その後，東京メトロは，いろいろな対策を打ったわけだが，究極の対策として，小竹向原駅の配線を改良することとした．具体的には，小竹向原から池袋方の次の駅である千川駅の間に連絡線を上下に設置して，前述の平面交差をなくすこととしたのだ．もちろん，このようなことが簡単にできるわけはない．完成したのは，上り方向が平成 25（2013）年 2 月，下り方向が平成 28（2016）年 2 月，総工費は，約 200 億円とのことだ[*17]．

この件から，いろいろな教訓をくみとることができるだろう．筆者が一番強く感じたのは，鉄道のダイヤ改正，特に，新線開業や新しい設備の使用を開始する際には，事前の練習や訓練ができないということだ．もちろん，副都心線の場合

＊17　https://www.tokyometro.jp/corporate/profile/scheme/pdf/plan_h23_2.pdf

も，開業前に運転士の訓練は，十分にやられていたはずだ．しかし，それは，乗客を乗せてのものではなかった．乗客がいなければ，停車時分が延びることもないし，接続をとろうという話にもならないだろう．しかし，乗客が乗れば事態はまったく変わる．乗降時間が延びたり，接続待ちで遅延が発生したりするかもしれない．そして，平面交差の箇所では，その遅延が伝播，増幅しやすい．とはいえ，では，乗客を乗せて練習できるかというと，それはほぼ不可能だろう．鉄道の宿命ということになるのかもしれないが，事前の練習や訓練ができなくても，このような不具合を回避する方策を考えなければならないと思う．

2.2　基準運転時分－次の駅までの時間

ダイヤを作るうえでの基礎となる数値が**基準運転時分**だ．基準運転時分は，列車が，ある駅と次の駅の間を走る時に最低これだけはかかるという時間のことをいう．もう少し詳しく説明しよう．

列車は，もちろん，なるべく速く走りたい．しかし，列車の性能には限界があるから，いくらでも速く走れるわけはない．いくらノッチ[*18]を入れてもある速度以上にはならないし，また，加速度や減速度にも限界がある．また，列車が走るときには，いろいろな理由で課せられる速度制限を守らなければならない．例えば，線区の最高速度の制限，信号による制限，分岐器による制限，曲線による制限，下りこう配による制限などだ．それぞれ，その箇所での最高速度が決められていて，その速度以下で運転しなければならない．

ということで，「最高速度に関する制限を守って，列車の性能をフルに発揮して走ったときの駅間の所要時分」を最小運転時分という．そして，これをダイヤ作成の単位である，15 秒や 10 秒，5 秒に（原則として）切り上げたものが基準運転時分と呼ばれる数値だ．ダイヤを作るときには，ダイヤ上の駅間運転時分は，当然のことながら，基準運転時分以上でなければならない．さもなければ，ダイヤ通りの運転ができないからだ．これは厳密なルールだ．5 秒くらいならいいではないかということは絶対にない．

---

*18　ノッチ：アクセルのようなもの，というと当たらずとも遠からずだろうか．

基準運転時分は，駅間ごとに，さまざまなパターンに対してあらかじめ計算しておく．具体的には，車両形式（JRの例をあげると，E235系，223系，821系とか），両数，必要に応じてMT比[*19]などごとに算出しておく．さらにいうと，どの番線を使うかによっても異なる．駅に複数の番線がある場合，まっすぐに入って行ける番線（本線）と分岐器で曲がって行く方向の番線（副本線）がある．分岐器で曲がって行くときには速度制限が課される．細かいことをいうと，走行距離も少し長いかもしれない．その分，運転時分は延びる．したがって，本線と副本線とで基準運転時分は異なる．そこで，本線用，副本線用の基準運転時分を算出しておく．ただし，副本線がたくさんある駅に対してこれを厳密に準備するために，番線ごとに基準運転時分を計算しようとするととんでもない数のパターンを計算しなければならないことになる．発駅側の番線と着駅側の番線の組合せに加えて（実際には，かけ算になって），さきほどの車両形式やMT比，両数ごとに計算しなければならない．膨大な数になる．そこで，簡易的な算出方法として，副本線の場合には，本線の基準運転時分にある一定の秒数を足すことによって副本線の基準運転時分とするという方法も使われている．さきほどの「厳密なルールだ」という話から急に雑駁になってしまったという印象をもたれた方もおられるかもしれない．ただし，ここで足す「一定の秒数」は余裕を含んだものであって，実際の運転時にこれでは足りないということのないように定められている．

鉄道用語：時分と時秒

鉄道業界人は，何の疑問を感じることもなく使っているのだが，実は，鉄道業界でしか通じない言葉がたくさんある．「時分」もそうだろう．基準運転時分とか停車時分とか到達時分とか余裕時分とか，ごく日常的に使う．「じぶん」ではなく「じふん」と読む．「時秒」といっている会社もある．停車時分など秒単位だから，「停車時秒」の方が適切だという考えだろう．もちろん，仮名漢字変換はできない（「持病」とでてくる！）．

＊19 MT比：電車の場合，モーターを備えている車両をM車（Mは，motorから），モーターを備えていない車両をT車（Tは，trailerから）という．例えば，12両編成で，M車が8両，T車が4両の場合，MT比は，8M4Tとなる（「比」ではないではないかというツッコミもあるかもしれないが）．

2.3 運転時隔－電車と電車の間隔

2.3.1 運転時隔の種類

基準運転時分とならんで，ダイヤ作成上の最も基礎的な数値となるのが**運転時隔**，略して，**時隔**だ．鉄道の輸送関係者は，ごくあたりまえのようにこの言葉を使うのだが，どうやら，これは鉄道用語らしい．時隔は，「時間間隔」，「時間的間隔」を略したものだろう．したがって，（運転）時隔は，列車と列車の間の時間的間隔のことをいうのだが，「（信号システムなどの理由で）最低限確保しなければならない時間的間隔」，言い換えると，「これ以上は小さくできない時間的間隔」というニュアンスで使われるのが普通だ．だから，例えば，1時間ごとに発車する特急列車があったとして，「この特急列車の時隔は1時間です」とはいわない．

さきほど，時隔は，列車と列車の間の時間的間隔であるといった．しかし，時間的間隔であるからして，それは，列車などという抽象的なものではなく，物理的に明快な，ある「事象」とある「事象」の間の時間的間隔として定義される必要がある．次の4種類が代表的なものだ．

（1） 同じ番線を続けて使う2本の列車A，Bについて，列車Aの発と列車Bの着の間の時隔．これを「**続行時隔**」（より正確には，「発着時隔」）という（図2.16）．

（2） 待避関係にある2本の列車A，Bについて（BがAを追い越すとする），列車Aの着と列車Bの着（または通過）間の時隔．これを「**追い込み時隔**」（より正確には，「着着時隔」），あるいは単に「**追い込み**」という[*20]（図2.17）．

（3） 待避関係にある2本の列車A，Bについて（BがAを追い越すとする），列車Bの発（または通過）と列車Aの発の間の時隔．これを「**開通時隔**」（より正確には，「発発時隔」）という[*21]（図2.17）．

（4） 互いに交わる進路を使う到着列車Aと発列車Bについて，Aの着とB

＊20 会社によっては，続行時隔のことも「追い込み」といっているので，注意が必要である．
＊21 「追い込み」に対比して，「追い出し」といっている会社もある．

の発の間の時隔．これを「**交差支障時隔**」という．なお，Aの着が先の場合とBの発が先の場合があり，それによって交差支障時隔の値も異なることに注意をお願いしたい（図2.18．なお，この図は，図2.11の配線に対するものだ）．

時隔の値は，軌道回路の長さを含む信号システムのスペックはもちろんであるが，列車の長さ，その時の速度（駅の近辺では，停車直前であること，また，先ほど述べた分岐器による速度制限を受けることが多いので低速であることが多い）も関係する．都市圏の高頻度で列車が運転されている線区の場合，続行時隔の値は，おおむね60秒から120秒程度だ．

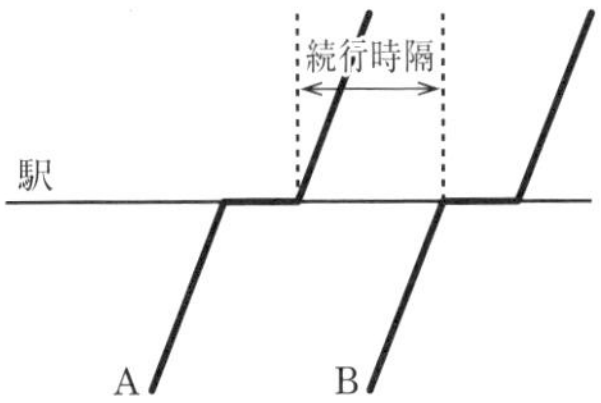

●図2.16　続行時隔

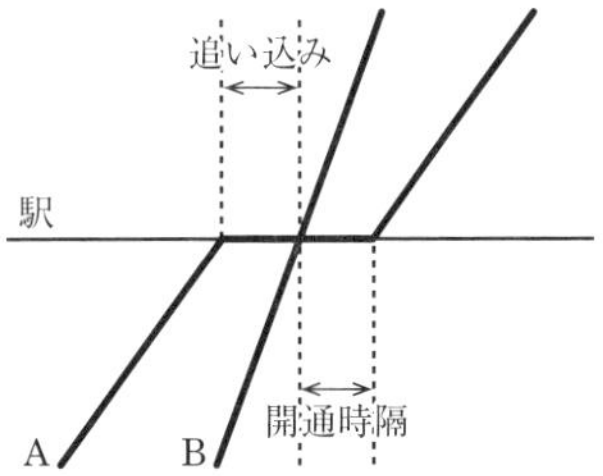

●図2.17　追い込みと開通時隔

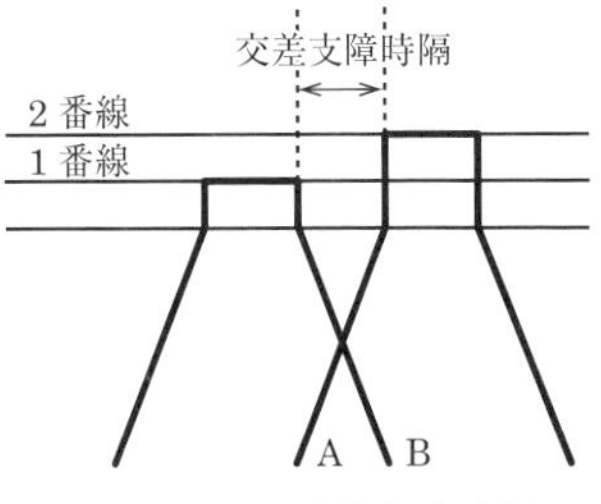

●図2.18　交差支障時隔

ダイヤを作るときには，これらの時隔の値をすべて守って列車の着発時刻を決めなければならないことはいうまでもない．例えば，開通時隔を守っていないダイヤの場合，発車時刻になってもなかなか信号が青にならず[*22]，発車が遅れてしまうことになる．だから，列車ダイヤでは，文字どおり，秒きざみで時刻を決めているのだ．

ちなみに，これらの時隔の値をすべて守ってダイヤを作ることの大変さをご想像いただけるだろうか．すべての列車，すべての駅について，チェックしなければならない．特に交差支障の場合，どの番線を使うかによって交差支障を考慮しなければならない場合とそうでない場合があって，実に複雑だ．最近では，コンピュータによる支援もあるとはいえ，スジ屋は，各駅の配線をすべて頭に入れ，基準運転時分と時隔の制約（そして，次に述べる停車時分）を考慮しながらダイヤを作るのである．

2.3.2 最小運転間隔－理論上の上限値

特に，朝ラッシュ時間帯などには，列車をなるべく高頻度で運転したい．列車をぎりぎりまで詰めて運転できる最小の時間的間隔を，（列車の）**最小運転間隔**という．もし，列車の種別がすべて同じで，かつそれらが等間隔に走っているのなら，60分をこの最小運転間隔で割った値が，その路線で1時間の間に設定可能な列車の本数の理論上の上限ということになる．例えば，最小運転間隔が2分なら，1時間の間に設定可能な列車の本数の上限は30本，もし，最小運転間隔が2分30秒（150秒）なら，設定可能な列車の本数の上限は，24本ということになる．

最小運転間隔を決定づける一つの要因が，先ほどの時隔であることはいうまでもないが，もう一つ重要な要素がある．それは，停車時分だ．図2.3をもう一度ご覧いただきたい．図2.3において，ある列車の発と次の列車の発（停車時分が同じである場合には，ある列車の着と次の列車の着でも同じ）の間隔が，列車の運転間隔ということになる．そして，とりあえず，終着駅や待避を無視するとすれば，この運転間隔を決めるのが，続行時隔と停車時分であることは，図2.3から明らかだろう．つまり，運転間隔≧最小運転間隔＝続行時隔＋停車時分という関係が成立している．これは，停車時分を変えれば，最小運転間隔，すなわち設定可能な列車本数が変わることを意味している．1時間あたりの列車本数をある値にするためには，最小運転間隔をある値以下にしなければならない．そして，続行時隔は先ほど述べたように信号システムのスペックによって決まっているの

＊22 （前頁注）比喩的な表現．実際には，黄色（注意信号）で発車することもあるし，車内信号式では，許容速度が数字で表示される．

だから，信号システムの改良を行なわない限り，あらかじめ定められている値以下にはできない．となると，停車時分には，自ずと上限があるということになる．停車時分を大きくしすぎると，設定したい本数の列車を設定できないことになる．そこで，列車の設定本数を確保しながら停車時分を大きく取りたい場合，図2.4のところで述べたように，その駅では2本の番線を交互に使うようにする（もちろん，「そのような番線があれば」だが）．

さらに，注意する必要があるのは，運転間隔と最小運転間隔の差についてだ．仮に，運転間隔＝続行時隔＋停車時分だったとする．これは何を意味しているのだろうか．これは，運転間隔に全く余裕がないこと，つまり，列車の発が遅れれば，その遅れは，直ちに後続の列車に影響することを意味している．したがって，列車の運転間隔は，信号システムなどの設備条件から決まる最小運転間隔（設備上の最小運転間隔）になにがしかの余裕*23を加えた値とする．先ほど，「理論上の上限」といったのは，このことを意味している．

参考までに，JR東日本のいくつかの路線における最小運転間隔と実際の列車本数（ピーク時1時間あたり―コロナ禍前の数値）を挙げておく*24．

■表2.1　最小運転間隔と実際の列車本数

線　区	設備上の最小運転間隔	列車本数（ピーク1時間）	平均の列車間隔（ピーク1時間）
中央快速線	1分40秒（東京～中野）	10両×30本	2分
中央総武緩行線	2分10秒（東中野～津田沼）	10両×26本	2分18秒
東海道線	2分30秒（東京～国府津）	15両×19本	3分9秒

乗降客数の多い駅の場合，十分な停車時分をとりたい．しかし，運転間隔は決まっている（混雑率をある数値以下にするためには，ある本数の列車を設定しなければならないという要請があるわけだ）．このあたりに，スジ屋の苦労がある．

*23　これを，英語では，buffer timeという．

*24　列車ダイヤ研究会：「列車ダイヤと運行管理」，成山堂書店，2008による．JR東日本におけるダイヤの考え方，設備との関連，運行管理の手法などが詳述された良書である．

2.4 停車時分の考え方

前節で述べたように，都市圏の稠密に列車が運転されている線区では，停車時分は，列車の運転間隔を決定づける非常に重要な要素である．しかし，基準運転時分や時隔が，いわば物理的な条件から算出できるのに対して，停車時分は物理的な条件から導き出せる性格のものではない．確かに，扉が開く時間と扉が閉じる時間は物理的に決まる．しかし，それ以外にも，乗客の乗降に要する時間はもとより，車掌が安全を確認してからドアを閉めるまでの時間なども必要だ．

肝心の乗降にかかる時間は，そもそも何人の人が乗り降りするのかで決まる．その人数は，日によっても変わるだろう．人数がわかったとしても，人の動きの速さでも違うだろう．また，乗降に要する時間は，すべての扉で同じではない．目的駅あるいは乗換駅の階段・エスカレータに近いところに乗車する人が多いことが調査の結果からわかっている．そのため，編成の中の特定の車両（あるいは扉）が非常に混雑し，その結果，その扉での乗降時間がその列車の停車時分を決定づけることになることが多い．さらにややこしいことをいえば，扉に荷物などが挟まったときの対応がある．その場合，扉をもう一度開く．それはいいのだが，そこをめがけて無理やり乗ろうとする人（いわゆる駆け込み乗車）も時にはいる．そこで，扉がまた開いて，となると停車時間がさらに延びる．

混雑しているとき，車内の奥にいる人は，なかなか出られない．そこで，扉の付近にいる人はいったんホームにでて，奥から出る人を通すことになっている．これはこれでいい習慣だ．しかし，必ずしも混雑のために降りるのではなく，ホームを歩いて別のドアから再び乗り込むために降りる人も，駅によってはかなりいる（「乗り移り」，「乗り渡り」などと呼ばれる）．自分の下車駅で，なるべく階段に近い扉から降りられるように移動するわけだ．鉄道会社から見れば，見かけ上の乗降人数が倍になるわけだし，また，そういう人は，再度乗車する人なのか降りた人なのかの見分けがつきにくいから，扉を閉めるタイミングもつかみにくい．必然的に停車時分は延びる．ということで，鉄道会社にとっては，乗り移りはぜひやめてもらいたい行為なのだが，確かに利用者からの言い分もあるだろう．最初に乗車する駅では，混雑しすぎていて乗りたいところに乗れない，降りる駅の乗換通路が混雑しすぎて，行列の後になると時間がかかるなどだろうか．

さらに，運転士・車掌が交代する駅では，それに必要な時間を考慮した停車時分とする必要がある．特に，直通運転を行なっている路線の境界駅では，必ず乗務員は交代する（全国的に見れば，例外はあるが）．そうなると，時刻表をセットする時間，保安装置（ATC など）や列車無線などを切り替える時間などを見込んだ停車時分としなければならない．

ということで，停車時分は，こういうさまざまな事情を勘案して決められる．実際に駅に赴いて実情を調査することもよくある．停車時分の実態は，線区や駅によってさまざまだが，都市圏の場合，短い駅では 20 秒程度，大きな駅では 1 分程度，多くの駅はその中間というところだろう．

停車時分が，設定可能な列車本数と密接な関係があることは，前節で述べたとおりであるが，それに加えて，停車時分を延ばすことは，必要な編成数とも密接な関連がある．これについては，次節で説明しよう．

2.5　ない袖は振れぬ－リソースの制約

「リソース」とは，ここでは，車両と人のことをいっている．人の中でも特に，乗務員（運転士と車掌）のことをいっている．列車を 1 本運転しようとすれば，確実に，車両を 1 編成，運転士と車掌を最低でも 1 人ずつ準備する必要があるからだ（ワンマン運転なら，運転士だけでよいが）．

前節の話の続きとして停車時分の話をする．図 2.19 を見ていただきたい．ここで，スジ A′ は，スジ A の各駅の停車時分を 5 秒ずつ延ばしてできたスジだとする．また，この路線には都合 29 の駅があるとする（都合により，図 2.19 にはすべての駅を描いてはいないが）．駅 X から駅 Y までの到達時分を比較すると，スジ A′ の方が 140 秒（5 秒×28 駅）大きい．スジ A′ では，駅 X から駅 Y に通勤する利用者は，毎日 2 分 20 秒ずつ（往復なら 4 分 40 秒ずつ）損をすることになる．しかし，それだけではない．スジ A′ では，スジ A に比べて最低 1 本の編成が余計に必要になる．それは，スジ A′ では，スジ A では折り返せていたスジ B の発時刻に間に合わない（「飛びつかない」といういい方をする）から，スジ B に充当する編成をどこかからもってこないといけないからだ．どこかからといっても，そこらに転がっているわけはない．通常は新造することになる．10 億円以上の規模の投資になる（上り下りの両方なら，さらに倍！）．運転士・車掌についても基本的には同様だ．

さらに，この編成を留置する場所も必要だ．夜には，すべての編成が基地に戻る（一部，駅で留置する編成もあるが）．となると，1 編成といえども，それを置く場所がない，となる可能性は高い．運転士・車掌でいえば，仮眠するベッドの数（最近は，女性運転士・車掌も増えているので男女ごとの）が問題になることもありうる．

少し話はそれるが，最近，ホームからの転落事故を防ぐなどの理由で，ホームドアの設置が進んでいる．しかし，ホームドアを導入すると，通常，導入前よりも停車時分を長くすることになる．ホームドアの開閉と列車のドアの開閉のタイムラグの分だけ停車時分を延ばすことになる．わずか数秒とはいえ，駅の数をかけるとその影響は小さくない．そのため，ホームドアを設置すると，到達時分が延び，そして，その結果，余分に編成が必要になることもありうる．

もうおわかりいただけると思うのだが，もちろん停車時分だけではなく，結局効いてくるのはトータルの運転時分だ（ある 1 日の列車の運転時分の総和をトレインアワーと呼ぶ．必要な編成数や乗務員数の目安になる）．遅延対策のために停車時分を延ばしたことに伴って，編成を増備した例もある．

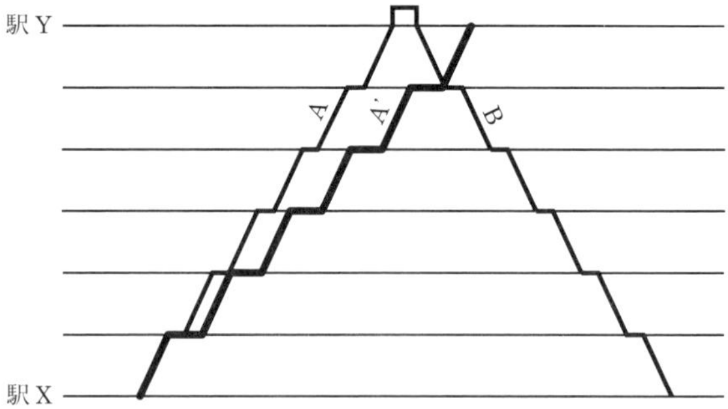

●図 2.19　停車時分を延ばすと必要な編成が増える

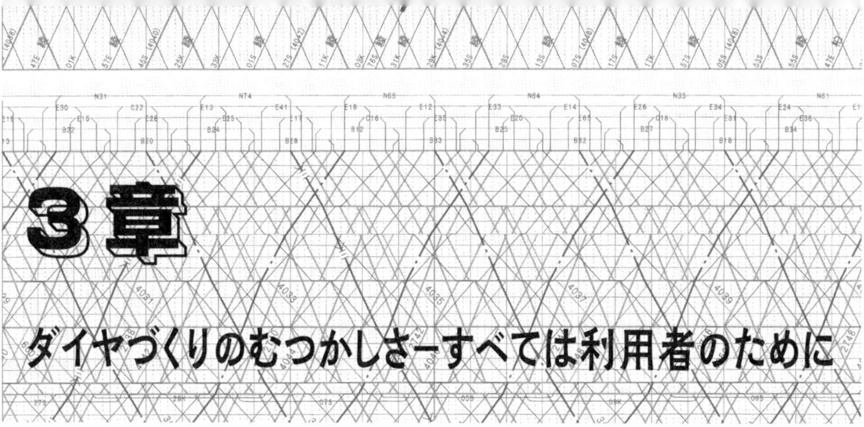

3章 ダイヤづくりのむつかしさ–すべては利用者のために

2章では，主に，列車ダイヤを作るときに守らなければならないこと，いわゆる制約について述べた．しかし，列車ダイヤは，利用者のためにあるのであって，そういうさまざまな制約を守ったうえで利用者の要望に応えるものでなくてはならない．本章では，利用者の要望に応えるための列車ダイヤのつくり方を具体例をあげて解説しよう．

3.1 高頻度運転を実現するために

3.1.1 安全第一

鉄道に求められるものは，何をおいても安全だ．もちろんダイヤ作成にあたっても安全に対するきめ細かい配慮が行なわれる．例えば，混雑が危険につながることはないか——具体的には，乗客が気分が悪くなるほど列車が混雑することはないか，ホームが列車を待つ乗客であふれて列車の到着・出発のときに危険になることはないか——などについて十分な配慮がなされる．また，乗降時間に加えて安全確認の時間を見越した停車時分が確保されたダイヤになっているかどうかも重要だ．さらに，係員の取扱いミスを誘発しかねないダイヤになっていないかという点も重視される．特に，乗務員は，ダイヤに沿って列車そのものを動かす重要な役割を担っている存在であるため，安全面についても，細心の注意が払われる．例えば，折返し時には，移動に加えて各種の機器の切換えなどの操作を行なうわけであるが，そのための時間がちゃんと確保されているかどうかなどについても十分な配慮がなされている．

3.1.2 高頻度運転を

次に求められるものは，利便性だろう．利便性にもいろいろあるが，速達性と快適性が代表的な要望だろう．速達性とは，なるべく速く目的地に行けることをいう．待ち時間や乗換のための時間も含む．快適性としては，都市圏の場合，混雑が特に重要だろう．混雑を軽減するためには，まずは，列車を高頻度で走らせることを考えなければならない．

日本の都市圏においては，鉄道のシェアは非常に大きい．日本全体では，鉄道のシェア（輸送人員）は，およそ4分の1だが，三大都市圏（首都圏，京阪神，名古屋）では，鉄道のシェアはおよそ2分の1である．首都圏だけをとってみるとさらに大きく，およそ60％にも達する．また，1日あたりの鉄道の利用者は，4,200万人にも達している*1.

このような大量の利用者に輸送サービスを提供するためには，高頻度で列車を運転することが求められる．2分程度の間隔で列車を運転している路線も多い．1時間あたり30本だ．しかし，2分という短い間隔で列車を運転するには，さまざまな工夫が必要になる．それらの工夫をJR東日本の中央快速線を具体例として紹介しよう．

3.1.3 中央快速線の2分間隔の運転

中央快速線は，元々は，明治時代に四ツ谷～八王子間に開業した甲武鉄道の路線を1906年（明治39年）に鉄道国有法によって国有化したのが始まりである（路線図を図3.1に示す．●は，列車種別ごとの停車駅である）．今では，東京と高尾の間に通勤列車を走らせている（一部は，大月や河口湖まで行く．また，立川で分岐し，青梅線に直行する列車も多い）．通勤列車は，各停（中央総武緩行線の各停と対比して，中央快速線では「快速」と呼ばれているが，ここでは各停と呼ぶことにする）と一部の駅のみに停車する特別快速（「特快」と呼ばれる）が運転されている．また，甲府などに行く「かいじ」，松本などに行く「あずさ」などの特急が1時間に1～2本運転されている．さらに，一部区間では，貨物列車も

---

*1　数字でみる鉄道2022にある2016年度の首都交通圏の利用者数を365で割った値．ここで首都圏とはおおむね東京駅から50 kmの範囲を指している．

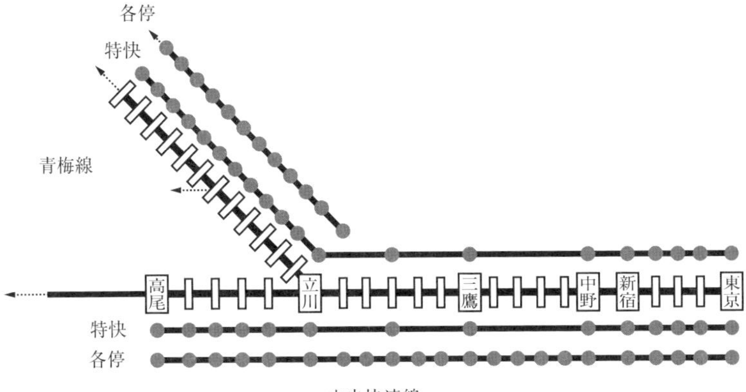

●図 3.1 中央快速線路線図

運転されている．このように，列車の種別が多様で，その結果，ダイヤも複雑なものとなっている．

特快は，立川から新宿の間では，国分寺，三鷹，中野のみに停車し，国分寺と三鷹では各停と接続する．この両駅では，同一ホームで双方向の乗換が可能だ．

コロナ禍のために減便されてしまったが，それ以前の列車本数は，朝のラッシュ時間帯では，1 時間に 30 本だった．1 編成 10 両 200 m の長さの列車を，実に 2 分間隔で運転していたことになる．

立川，国立，国分寺，武蔵小金井，東小金井，三鷹，中野，新宿の各駅では，上り方向の番線が 2 本ある．これらの駅では乗降客数が多く，必然的に停車時分を長くとる必要がある．そのため，これらの番線を交互に使って列車間隔を保ちつつ，停車時分を確保している（図 2.4 を思い出していただきたい）．

中央快速線の設備上の一番のネックは東京駅だ．東京駅で中央快速線が使える番線は 2 本しかない（図 3.2）．引上線もない．この時に問題になるのは，折返

●図 3.2 中央快速線東京駅の配線

し時間だ．列車が2分間隔で来て，2本の番線で折り返すということは，列車は，次の次の列車が来る4分後までには番線を空けておかなければならないことになる．

この折返し時間の中で乗客の乗降と乗務員の交代を行なわなければならない．この時間では，到着後，反対方向まで歩いて行って自分の乗ってきた列車の折返し列車を担当するわけにはいかない．反対側に着く前に列車の発車時刻が来てしまう．したがって，折返し列車は，別の乗務員が担当することになる．引継ぎ事項を伝えるために乗務員の交代は対面で行なうのが原則なのだが，東京駅の場合，その時間がない．そこで，折返し列車の乗務員は，最初から自分の乗務位置（つまり，到着した乗務員と反対側）で待っていて，引継ぎは車内の電話で行なうこととしている．

ダイヤの面では，平面交差（交差支障）を考える必要がある．図3.2を見るとわかるように，1番線に到着する列車と，2番線から発車する列車の進路は競合する（左側通行であることを思い出していただきたい）．これがどういう現象を発生させるかというと，例えば，2番線から出発した列車があったとして，その列車がポイント（分岐器）を渡って神田方向に出発し，列車の最後尾がポイントを渡りきってしばらく経った後，このポイントは，おもむろに反対方向に開通する．そして，信号（正確にいうと，1番線の場内信号機）が変わって，1番線に到着する列車が到着可能になる．当然のことながら，この間隔（交差支障時隔：ダイヤ図で示すと，図3.3の α．この逆の，1番線到着の後，2番線出発というパターンの場合も，もちろん交差支障となる）はなるべく短くしたい．そのときの一つの要素は，このポイントの上を列車が通過する速度だ．ポイントを曲がる方向に進む場合は，速度制限が課せられる．低い速度でのろのろと進むことになって，渡りきるまでに時間がかかる．となると，交差支障時隔の値も大きくなる．東京駅では，曲がる角度が小さいポイント[*2]を使い，ポイントを渡るときの制限速度を60 km/hと通常に比べて高くして，交差支障時隔の値を小さくするように考えられている（図3.4）．

＊2　16番分岐器と呼ばれる分岐器．16番は，おおざっぱにいうと，分岐する箇所から16 m進んだときに二つの線路が1 m離れていることを意味する．この数字が大きくなるほど曲がる角度が小さいので，通過の際の制限速度を高くできるが，その分，分岐器が大きくなり，コストがかさむ．また，設置のために，広いスペースが必要になる．

さらに，もう一つ工夫がある．東京駅のホームの中ほどに，信号機（第二場内信号機）が設けられている．この信号機は，東京駅のように行き止まりの駅で，先に十分な距離（過走余裕距離と呼ぶ）がとれない駅では，列車が入ってくるときには，25 km/h の速度制限（「警戒信号」と呼ぶ．黄色が二つ）を出すのが普通だ．しかし，25 km/h でとろとろと入ってくるようでは，時隔が延びてしまう．実は，25 km/h というのは，どのような列車でも確実に止まれるように，という速度であって，よりよいブレーキ性能をもった列車（高減速車）であれば，もう少し進入速度を上げても問題ない．しかし，そのためには，高減速車かどうかを判別する必要がある．東京駅では，ATS-P[*3] の機能を使って，これを判別している．具体的には，各停・特快に使われている E233 系車両の列車は高減速車であるので，これを判別し，第二場内信号機を 55 km/h の速度制限（「注意信号」

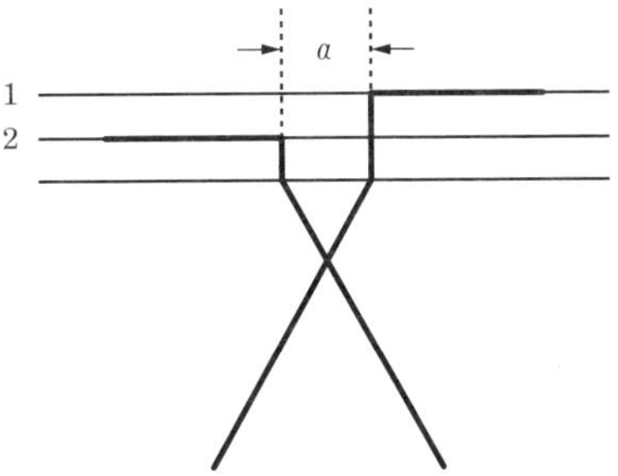

●図 3.3　中央快速線東京駅での交差支障

●図 3.4　東京駅中央快速線のシーサスクロッシング
60 は制限速度 60 km/h を意味する．

と呼ぶ．黄色が一つ）として，警戒信号よりも高速で進入できるようにして時隔を縮めている．

　ということで，なにげない通勤風景でも，その裏には，いろいろな苦労があるということをご理解いただけただろうか．

3.1.4　急行・快速運転と緩急接続

　図3.5を見ていただきたい．少し前に撮った写真だが，JR東日本中央線の立川駅ホームの所要時間の案内だ．各駅停車，快速，特別快速の3種類の列車の所要時間が記されている．ここから，東京駅までの所要時間と停車駅の数を抜き出すと，表3.1のようになる．注意深く観察すると，きれいな法則が成り立っていることに気づく．東京駅までの各駅停車の所要時間は58分で，快速の所要時間は50分．その差は8分だ．一方，各駅停車の停車駅の数は25で，快速の停車駅の数は17．その差は8だ．快速と特別快速を見てみると，所要時間の差は9分，停

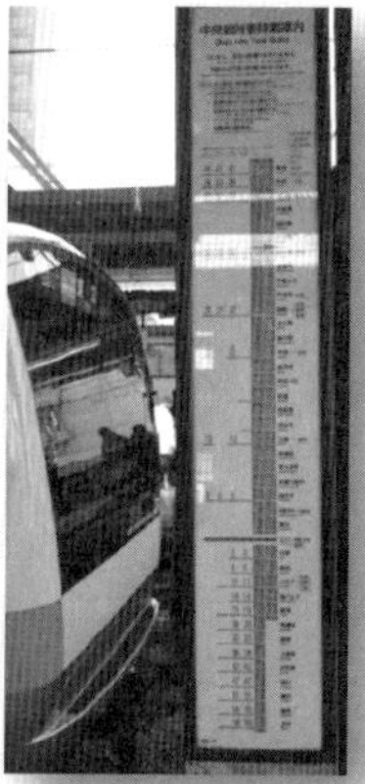

●図3.5　所要時間の案内（JR東日本 立川駅）

■表3.1　立川から東京までの所要時間

種別	東京までの所要時間	停車駅の数
各駅停車	58分	25
快速	50分	17
特別快速	41分	8

＊3　（前頁注）ATS-P：赤信号までの停止パターン（停止するための各位置での許容速度．ブレーキパターンともいう）を車上で発生させ，速度が停止パターンを越える場合には，自動的にブレーキをかける．詳細は，（一社）日本鉄道電気技術協会　編：「鉄道信号技術」，オーム社，2020参照．

車駅の差は9だ．つまり，停車する駅を一つ減らすと，所要時間を1分縮めることができるという法則が成立している．むろん路線によって細かな違いはあるが，都市圏の鉄道においては，一つの駅に停車すると，停車時間，停車前後の加減速の影響などで，おおむね1分程度の時間を余分に要する．言い換えると，駅を一つとばすことにすれば，1分程度の時間を短縮することができる．

遠方から通勤・通学する人には，なるべく短い時間で通勤してもらいたい．そのために有効なのが，一部の駅にしか止まらない列車を設定することだ．会社によって呼び方が異なるが，特急，急行，快速などと呼ばれる（本書では，速達列車と呼ぶことにする）．一方で，速達列車が止まらない駅の利用者にとっては不便になる．そこで考えられたのが，緩急接続ダイヤ（緩急結合ダイヤとも）である．ここで，「緩」は緩行列車の最初の文字で，各駅停車（各停）のこと，「急」は急行列車の最初の文字で，速達列車を意味する．そして，緩急接続ダイヤとは，各駅停車と速達列車の便利な乗換えを実現したダイヤのことをいう．具体的には，図3.6を見ていただきたい．

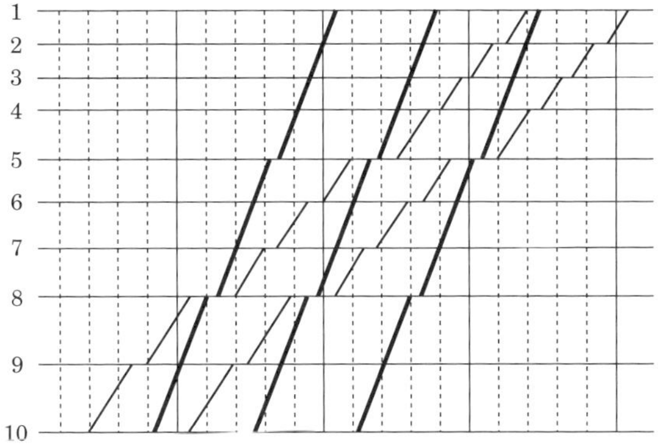

●図3.6 緩急接続ダイヤ

今，駅9から駅1に行きたいとする．駅9には，速達列車は止まらない．この場合，各駅停車（細線）で駅8まで行って，そこでほんの少し待てば，ホームの反対の番線に速達列車（太線）がやってくる．そして，それに乗り換えれば，そのまま各駅停車に乗って行くよりは，ずっと早く駅1に着けるだろう．また，駅10から駅4に行く場合には，駅10から速達列車に乗って駅5まで行き，向かいの番線ですでに待っている各駅停車に乗り換えればよい.

特に,大都市圏の民鉄の路線は駅が多い. 駅の間の距離を短くして鉄道を利用しやすくしている. 駅の間の距離が1kmに満たないケースも少なくない. その分,もし,それらすべての駅に列車を止めると,目的駅までの時間(到達時間)がかかりすぎる. そこで, 速達列車を設定し,かつ,速達列車の止まらない駅を利用する人が不便にならないように緩急接続ダイヤを導入している. 図3.6は,列車種別が二つの場合の基本的な緩急接続ダイヤだが,大都市近郊の民鉄では,列車種別(＝停車駅のパターン)がもっと多い,きわめて巧妙な緩急接続ダイヤが実現されている.

緩急接続ダイヤは, 日本の大都市圏の鉄道の大きな特徴といっていいだろう. 諸外国では, ほとんど見られない. 緩急接続ダイヤは, 都心に向かう鉄道の利用者が多く, 人が住んでいる場所が連続して存在するような場所に適している. 今後, 東アジアのような人口が多い地域で都市開発やそれに伴う鉄道の敷設が行なわれるようになったときには, ぜひ導入するべきだろう*4.

3.1.5　過ぎたるは猶及ばざるがごとし－便利すぎる電車

都市圏の場合, 速達性と快適性は裏腹の関係になることがある. 速達性を実現する有効な手段は, 停車駅をなるべく少なくすること, すなわち快速運転だ. これによって, 停車時間と停車のための加減速で余計にかかる時間を節約できる. ところが, ここに落とし穴がある.「便利な列車は混む」という格言（？）だ. 所要時間の差がたとえ2～3分であっても, 快速（会社によっては, 急行）は混む. 多忙なビジネスマンとしては, たとえ2～3分であっても早く行きたいということなのだろう.

そうなると, 車内の快適性の問題はもちろんのこと, 乗降時間が伸びて快速が遅れる. そして, それは後続のほかの列車に波及する. となって, 全員に不幸が及ぶ. 線区全体の利用者の幸福という観点からは, 快速運転をとりやめて, 全員のサービス水準をそろえることも, 混雑が問題となる都市圏においては有効な手段となる場合もある.

特に1本の列車だけ便利という場合には, さらにまずいことになる. 図3.7の

*4　緩急接続ダイヤには, 他にも検討すべき事項がある. 詳細は, 拙著 列車ダイヤのはなし, 成山堂書店, 2022をご参照いただきたい.

ダイヤを見ていただきたい．これはかつて実際にあった例をアレンジしたものだ．とにかく朝の通勤は混む．鉄道会社としてはそのなかで，なんとかサービスを向上しようとして目玉ともいうべき列車を設定した．それが図 3.7 の列車 4 だ．この列車は非常に便利である．乗っている時間は短くて済むし，乗換も便利だ（駅 B で，先行する各停に乗り換えられる）．しかし，このダイヤは残念ながら成功したとはいいがたかった．その理由は，おわかりだろうか．この列車 4 があまりにも混雑してしまったのだ．車内の混雑もさることながら，混雑のために乗降時間が延び，しょっちゅう遅延することとなり，それは後続の列車にも及ぶこととなった．サービス向上の目玉になるはずだったのが，遅延の元凶になってしまったのだ．スーパーの目玉商品なら並んで待ってもらうことができるが，鉄道ではそうはいかないという難しさがある．

このような例は他にもある．例えば，2.1 で述べた複々線．方向別複々線の場合，同じホームで急行と各停が接続するダイヤにしておけば，利用者にとって非常に便利である．しかし，多数の利用者が急行に乗り換えれば，急行が混雑しすぎるかもしれない．混雑によって乗降時分が延びて遅延する可能性がある．また，接続待ちのために列車に遅延が生じる可能性もある．そして，それらの遅延は全線に影響するだろう．全体が迷惑をこうむることになりかねない．このような観点から，せっかくの方向別複々線ではあるが，朝のラッシュ時間帯はあえて接続をとらないこととし，昼間時間帯のみ接続をとるようなダイヤにしている会社もある．

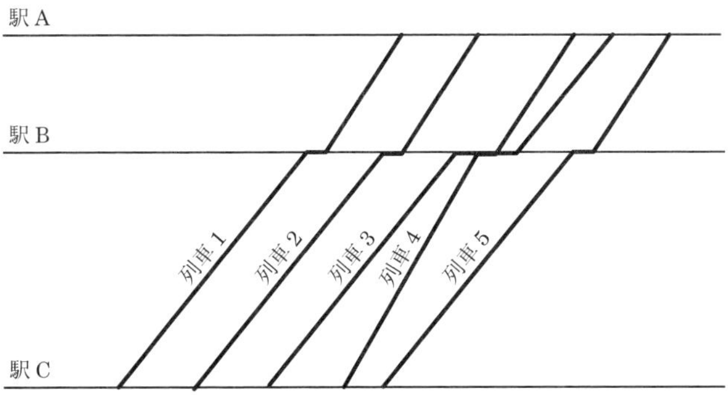

●図 3.7　便利な列車は混む：過ぎたるは…

繰り返しになるが，このように，都市圏においては，混雑やそれに伴って発生する問題をどう扱うかは，極めて重要だ．前述のとおり鉄道の利用者は多い．部分的に突出したサービスは，実は，全体を不幸にすることもあると考えなければならないという難しさがある．

7章で述べるが，新型コロナウィルス蔓延以降，テレワークが普及し，都市圏の鉄道の利用者は減少した．混雑も，従来（コロナ前）ほどではないという声も聞かれる．今後は，利用者の数を考慮して，遅延対策を実施していくことが必要になるだろう．

乗換案内と携帯電話

この頃，都に流行るものは，スマートフォンに乗換案内だろうか．しかし，これらが鉄道の利用者の行動を変えてしまったような気がして仕方がない．観察していると，列車を待っている人のほとんどがスマートフォンを見ている．中には，画面をみたままのろのろと列車に乗り込んだり，ホームを歩いている時も画面を見続けの人もいる．かつて，都市圏の電車がいまよりずっと混んでいたころ，とにかく何とかして乗り込まなければという切迫感があった．しかし，今は，その頃ほどの混雑はない．したがって，そこまでの切迫感もない．だから，スマホの画面を見ながら歩く．時間がかかるだけでなく，場合によっては危険でもある．鉄道会社としては，もうすこしきびきびと歩いてくれないものかと思っているだろう．

乗換案内の情報提供サービスも近年急速に普及した．確かに，非常に便利だ．しかし，弊害もある．まずは，現実の列車が案内どおりに走らないという苦情だ（例えば，少し列車が遅れたために，案内されたような乗換ができなかったなど）．乗換案内を盲目的に信じるという考え方はいかがなものかと思う．さらに，おそらく，乗換案内で案内された経路（だけ）が非常に混雑するという現象がみられるのだろう．このあたりも，十分な検証と対策が必要だと筆者は考えている．

3.2　乱れに強いダイヤ－列車ダイヤの頑健性

3.2.1　列車ダイヤの頑健性

近年，都市圏のラッシュ時において，慢性的に発生する小規模の遅延に対する関心が高まっている．実際，国土交通省の調査[*5]によると，三大都市圏において平成19年度には，支障時間が10分未満の輸送トラブルが2,000件近く発生していること，および，それらは全輸送トラブルの60％以上を占めていると報告されている．また，10分未満のトラブルの原因としては，急病人の救護，踏切支障，線路内への人の立ち入り，混雑などであることも示されている．

都市圏のラッシュ時間帯では，多くの列車が稠密に運転されており，いったん発生した遅延は，後続の列車や直通先の線区の列車に伝播し，結果として広範囲のダイヤ乱れを引き起こすことがある．ここで，最初に発生した遅延を一次遅延（primary delay）といい[*6]，それによって引き起こされた遅延を二次遅延（secondary delay）と呼ぶ．また，二次遅延のうちでも，先行列車の影響を受けて後続列車に発生した遅延をknock on delay（訳語はまだない…「頭打ち遅延」？）という．

一次遅延がなるべく発生しないダイヤ，一次遅延が発生してもそれが他の列車になるべく伝播しないダイヤを「頑健なダイヤ」といい，この性質を（列車ダイヤの）**頑健性**という[*7]．英語では，「頑健な」はrobust，「頑健性」はrobustnessだ．では，頑健なダイヤはどうすれば得られるのだろうか．

それを検討する前に，そもそも，一次遅延はどういう原因で起こり，それは，どういうメカニズムで他の列車に伝播するのかを知らなければならない．

一次遅延の発生理由は多岐にわたる．小規模な一次遅延のほとんどは，停車時分の増加による．理由がはっきりしているものとしては，急病人の救護，ホームの非常停止ボタンが押された，ドアに荷物などがはさまった，駆け込み乗車があったなどだ．雨の日は電車が遅れるという経験をおもちの方も多いだろう．ホームに屋根のない箇所があると，乗客は屋根のあるところで列車を待つ．そのドアが混雑して乗降時分が延びる．あるいは，列車が来てから屋根のないところまで走っていく．走る時間だけ，やはり乗降時分が延びる．

＊5 http://www.mlit.go.jp/common/000047882.pdf 東京圏については，より新しい数値が次で見られる．https://www.mlit.go.jp/report/press/content/001328948.pdf

＊6 外部から持ち込まれる遅延を初期遅延（initial delay）と呼んで区別する考え方もある．

＊7 筆者らは，単に遅延だけで頑健性を評価するのは不適切で，利用者がこうむった迷惑をもとに頑健性を評価すべきであると主張しているが，ここでは，議論を簡単にするために，遅延だけに着目することにする．

理由のはっきりしないものとしては，「混雑のため」というものがある（車内放送でそう言っている）．今いったようなちょっとした原因で少しの遅れが発生する．そして，そのために列車の間隔が開く．そうすると，ふだんより多くの利用者がそこで列車を待っている．そうなると，その駅での乗降時分が延びてさらに列車が遅れる．そうなると，また次の駅では…となって，雪だるま式に遅延が増大していく．図2.3をもう一度見ていただきたい．ここで，列車の遅れが列車間隔の余裕以上になると，後続の列車にも遅延が伝播する．

さらに，停車時分が延びると，後続の列車は機外停止となり*8，いったん止まってからまた動くので，駅での列車の到着間隔がふだんより開く．ますます遅延が大きくなることになる．それに加えて，2.3で説明した交差支障などによって，反対方向の列車にも遅延が伝播するし，直通運転区間では，直通列車によって遅延が持ち込まれ，同様のメカニズムで他の列車に遅延が伝播する．

3.2.2　一次遅延の発生の防止

頑健性を増すためには，一次遅延の発生を抑える対策をとるか，あるいは，二次遅延が起きないダイヤにすればよい．

以下では，鉄道会社がラッシュ時間帯の一次遅延の発生を防止するために行なっている必死の努力のいくつかを紹介しよう．

ダイヤの変更

ダイヤが原因となって発生する一次遅延としては，停車時分にかかわるものがもっとも多いだろう．例えば，前の列車との間隔が広い場合には，乗車客が多くなることが考えられる．その場合は，停車時分を少し延ばしたほうがよさそうだ．また，急行が混むという場合や，その逆に各停が混むという場合には，すべてを各停にしてしまうという方策もありうる．例えば，本書第1版5.2にあったように，東急電鉄田園都市線において，混雑を平準化するために，急行列車を，一部区間において各駅に停車させるというダイヤの変更が実施されている．

ワイドドア車両

その言葉のとおり，ドアの幅が広い電車だ．例えば，東京メトロ東西線に導入されている15000系と呼ばれる電車では，ドアの幅は，1,800 mm（畳を横にした長さと同じだ）である．通常

*8　駅の手前で列車が止まってしまうこと．2.1.1参照．

の車両のドアの幅は，1,300 mm なので，ずいぶん広いことがわかる（図 3.8）．ドアの幅を広くする理由は，乗降に要する時間の短縮を狙ってのことだ．ホースの口径を太くすれば流量が増えるというたとえは失礼だろうか．ただし，単にドアの幅を広くすればいいわけではない．この車両の特徴は，すべてのドアの幅が広いことだ．実は，ワイドドア車両といっても，それまでの車両（05 系）では，乗務員室扉との関係から，運転台の後ろのドア，つまり，一番前とか，一番後ろのドアの幅は，通常と同じだった．ところが，階段がホームの前後にある駅では，当然のことながら，一番前と一番後ろのドアからの乗降が最も多い．となると，せっかく他のドアの幅を広くしても，宝のもちぐされということになっていたわけだ．ということで，15000 系では，設計を工夫して，すべてのドアの幅を広くしている．

かつては，ドアの数を多くした車両（多扉車―1 両あたり片側に四つの扉がある電車が多いが，それに対して，扉の数を 5 とか 6 とかにした車両）も見られたが，ホームドアへの対応が困難であることと，かつてよりは混雑率が低下したなどの理由で，今では，淘汰されつつある．

●図 3.8　ワイドドア車両（手前が 15000 系（東京メトロ））

◎ ホーム上の旅客流動の改善

ホームが身動きできないほど混雑していると乗降がスムーズにできず，結果的に乗降時分が延びる．降りようにも前がつかえていると，降りられないからだ．だから，ホーム上の流れをよくすることも実は非常に重要だ．ホーム上の利用者の流れをうまく「さばいている」例として，大阪市営地下鉄御堂筋線の例を紹介させていただこう．御堂筋線は，非常に歴史がある路線で，開業は1933年（昭和8年）だ．現在，列車は，千里中央から新大阪，梅田，心斎橋，なんば，天王寺などの大阪の中心街を通って，なかもず（中百舌鳥）に至る[*9]．

図3.9を見ていただくとわかるが，一つの特徴として駅でのトンネル断面が非常に大きいということがある．トンネル断面が大きいと工事費がかさむはずなのだが，そこは戦前の建設だからだろうか，とにかく，東京では見られない開放感がある．その空間を使って，ホームの流動をよくするためのくふうがなされている．中二階とでもいうべき位置に渡り廊下のような通路がある．そして，図3.9

●図3.9　大断面のトンネル空間を利用して通路と階段を増設した大阪市交通局御堂筋線（牛田貢平氏撮影）

＊9　厳密にいうと，江坂～千里中央は，北大阪急行との相互直通区間．

にもあるが，ホームから渡り廊下に上る階段を随所に設け，とにかくホームから早く人がいなくなるように考えられている．御堂筋線では，1両19 m，10両編成の電車が2分間隔で走っている．また，非常に混雑している路線でもある．そういう路線でありながら，かなり定時性は高いとのことだ．その秘密の一つは，ホームの流動をよくすることにあるのかもしれない．

◎列車の停止位置の変更

いろいろな調査から，降車駅もしくは乗り換える駅での階段・エスカレータに近い場所に乗車する人が多いことがわかっている．となると，例えば，ある路線で，主要駅には一番前にしか階段がない（主要駅なのにそんなはずはないだろうと思われるかもしれないが，旅客流動の関係で，ほとんどの人が一番前の階段を利用するなど，これに近い状況になることは実際にはある）場合，編成の一番前が常に混雑していることになるだろう．また，そこまで極端でなくても，乗降の多い駅が複数ある場合，それらの駅での階段の位置は少しずつずらしたほうが編成内の混雑を平準化できるだろう．特に，駅によっては，階段の横など，ホームが少し狭くなっている場所もあり，そこが混雑しすぎないようにしたいということもある．もちろん，安全の問題があるし，ホームが混雑すると降りる人がスムーズに降りられなくなるからだ．しかし，階段やエスカレータの位置は簡単には変更できない．そこで，列車の停止位置をずらす．ただし，ホームの長さに収まっていないといけないことはもちろんだ．だから，停止位置を変更するといっても，数メートル程度が限度であることも多い．しかし，その程度でも効果があることも少なくない．

◎出発合図方式の検討

列車が駅を発車するまでの手順は，会社や駅，時間帯によって少しずつ違うのだが，ラッシュ時間帯の一般的な手順としては，乗降が終了したことを駅員が確認して車掌に合図（閉扉合図）を送り，車掌がドアを閉めた後，駅員が車掌に，再度，合図を送る，そして車掌が運転士に合図（出発合図）を送るというものになる．もちろん，それぞれのステップで安全が十分確認されるのはいうまでもない．

ここで，本当に細かい話なのだが，駅員が車掌に合図を送る方式と手順についても検討がされている．例えば，合図器（ホームの上に設置されたランプのようなもの．図3.10参照）を使う方が早いのか，あるいは，合図灯（手提げ式の懐中電灯のようなもの）を使う方が早いのかなど．また，ラッシュ時で駅員が複数いる場合には，バケツリレー式に合図を送った方がいいのか，前後から中央の一人

●図 3.10　合図器

に合図を送った方がいいのかなどだ．少し前の事例（ホームドアが設置される前の事例）になるが，実例を紹介しよう．東急田園都市線と東京メトロ半蔵門線の境界駅である渋谷駅の朝ラッシュ時には，従来は，「ホームに 3 名の駅係員を配置し，まずホームの前・後に 1 名ずつ配置した駅係員から，合図灯により中央の駅係員へ合図を送り，これを受けて合図器により車掌へ知らせる」という手順だったのだが，これを，「（駅係員を）1 名増やして中継合図者 3 名と最終合図者 1 名の体制とし，各合図者はいずれも列車に向かって自分の右側一方向のみを確認して旗で合図を送るやり方」にし，そして，「最後に車掌の直近に立つ駅係員が，合図灯で車掌に知らせる体制とした.」とのことだ．その結果，ホーム要員増強などによる効果と合わせた結果ではあるが，1 列車あたりの停車時分を平均 10 秒短縮できたそうだ*10．普通に考えると，前後から同時に送った方が伝達距離が半分になって速そうだが，その方式だと，「自分の左右の状況を確認しなければならず，わずかながらも時間にロスが生じていた」とのことだ．なかなか難しい．普通に考えれば，ほんのわずかの差なのだが，そこまで気を使うのである．

なお，ホームドアが設置されて，ワンマン運転になった場合には，事情は少し異なる．ワンマン運転の場合，運転士が安全を確認してから，ドアを閉める．し

＊10　仮屋﨑圭司：「都市鉄道の列車遅延の拡大メカニズムに関する研究」運輸政策研究 Vol.13 No.1 2010 Spring の中にある，小野尚 東急電鉄鉄道事業本部運転車両部統括部長のコメントによる．

たがって，車掌からの連絡を待つ時間は不要になる．そのため，一般的には，ワンマン運転の方が停車時間は短くてすむ．

地下鉄のエスカレータはどこから入れた？

かつて，「地下鉄の電車はどこから入れた？」という漫才があった．似た疑問だが，地下の駅にエスカレータを新しく入れる場合，どうやって運び込むかご存知だろうか．地中深くにエスカレータを増設する場合，地上から運び入れるのが困難なこともある．その場合，エスカレータを車両基地で組み立ててから運搬用の台車に載せてレールの上を運んでくることがあるそうだ．もちろん，運ぶのは夜中だ．車両基地も近ければよいが，遠い場合には，2晩かかることもある．そういうときには，昼間は，保守用の留置線に止めておく．最近では，ホームドアを新設する路線が増えているが，こちらも，列車で運ぶことがあるとのことだ．

3.2.3 余裕をつける

二次遅延の発生を防止するためには，列車間隔，列車の運転時分，列車の停車時分などに余裕[*11]をもたせることが考えられる．そうすれば，一次遅延が伝播するのを防げる．また，いったんは伝播したとしても，その余裕で遅延を回復することができる．

ダイヤを作るときに，駅間の運転時分を，基準運転時分に若干の余裕を加えた値とする．そうすれば，何らかの理由で発車が遅れたとしても，その余裕の範囲内であれば，次の駅の到着までに遅延を回復することができる．停車時分についても同様だ．ダイヤ上の停車時分を，最低限必要な値よりも少し大きな値としておけば，到着が少し遅れても発車は定時にできるだろう．列車間隔についていえば，ダイヤ上の列車間隔を最小運転間隔より大きい値としておけば，列車の発車が遅れても次の列車の到着に影響を与えずに済む．余裕をつけることは，確かに，遅延の回復に効果がある．

しかし，余裕をつけることが万能であるわけではない．余裕をいくらつけても

*11 細かい話だが，筆者は，ダイヤ上の駅間運転時分と基準運転時分との差を「余裕時分」，基準運転時分の中に元々含まれる余裕や，停車時分，列車間隔の中に含まれる余裕を，単に「余裕」と呼んで区別することにしている．

遅延を回復できない例はありうる．図 3.11 をごらんいただきたい．この図は，同じダイヤに対して，異なる個所で同程度の遅延が発生した場合の結果を示している．点線が基準運転時分での走行，細い方の実線が所定のダイヤ，太線が実績である．このダイヤでは，駅 3 と駅 2 の間の運転時分に余裕時分がつけられているが，駅 2 と駅 1 の間には余裕時分がつけられていないとする．今，駅 3 で何らかの理由でこの列車が遅延したとする．この時，駅 2 以降では，駅 3～駅 2 の間の余裕時分によってある程度遅延を回復することができるだろう（左図）．しかし，駅 2 で遅延が発生した場合はどうだろうか．駅 3 と駅 2 の間にいくら余裕があっても，この遅延を回復することはできない（右図）．あたりまえであるが，「**未来の遅延は，過去の余裕では補償できない**」のである．

図 3.11 からは，余裕時分は後の方につけた方が効果的であるように思える（駅 2 と駅 1 の間に余裕をつけておけば，右のケースに対しても駅 1 の着遅延をある程度回復できる）．実際，かつて国鉄時代の長距離列車に対しては，終着駅の手前にかなりの余裕時分をつけることがあったという．確かに，そうしておけば途中の駅で遅れても「終着駅定時」ということになるだろう．ヨーロッパの鉄道のダイヤ担当者からも同様のことを聞いたことがある．しかし，通勤区間の列車に対しては，このやり方はどう考えてもまずい．通勤線区では，全員が終着駅まで行くわけではない．終着駅の手前にも多くの乗降がある駅がいくつか存在するだろう．そのような場合，終着駅の手前では意味もなく急にのろのろと運転する反面，手前の駅では遅延したままという状況になってしまう．

ただし，余裕のつけすぎは，利用者にとって利便性の低下を招く．例えば，列車間隔に余裕をつけすぎると設定列車本数が減少する可能性がある．また，運転

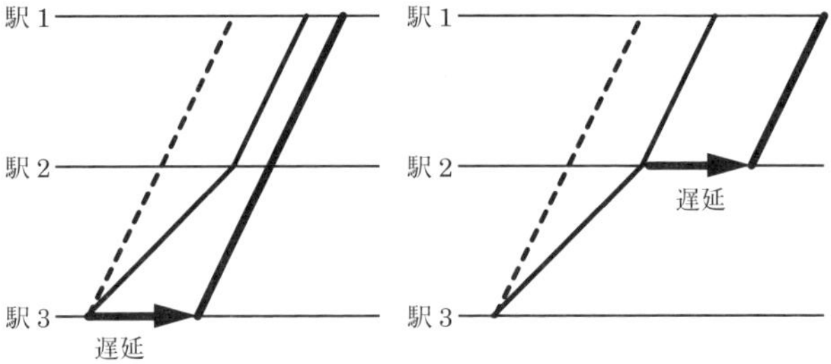

●図 3.11　余裕時分のつけ方とその効果の違い

時分や停車時分に余裕をつけすぎると，到達時分が延びる．また，それによって必要な編成や乗務員の数が増加するためにコスト増となることがある（2.5 を再度ご参照いただきたい．話としては，2.4 で述べた停車時分を延ばす話と共通点が多い）．だから，ただ単に余裕をたくさんつければいいという話ではない．余裕をつけるにしても，もっとも効果が現れるように場所と量を考えなければならない．あるところ（特定の駅間や特定の列車など）に集中するのか，平均してつけるのかとか，あるいは，走行時分よりは，むしろ停車時分に余裕をつけた方がいいのかなどの検討事項がある．

3.2.4　鼎の軽重を問う

実は，頑健性に関係するのは，列車ダイヤだけではない．番線などの駅の配線・設備，車両運用計画，乗務員運用計画，車両基地や乗務員基地の場所，車両や乗務員の予備のもち方・あり方，そもそもの運行管理のやり方などが深く関連する．

例えば，車両運用計画のうち，ダイヤに関連する話としては，折返し時分がある．折返し時分がギリギリであれば，到着列車が遅れるとその折返し列車にも遅延が波及する．乗務員運用計画についても基本的な事情は変わらない．折返し時間や乗継時分がギリギリであれば，折返し列車や乗継列車にも遅延が波及するだろう．また，車両運用計画と乗務員運用計画を一致させるべきか（JR では「AB ともまわり」などと俗称する．A は車両，B は運転士のことで，ある駅に到着した列車の折返し列車を同じ運転士が担当することをいう）も悩ましい課題である．図 3.12 をご覧いただきたい．直線が車両の運用，円弧が乗務員の運用を示す．左側が AB ともまわりの例，右側がそうでない例である．折返し時間がギリギリ（編成長分の距離を移動する時間＋スイッチ類の整備などに要する時間）で

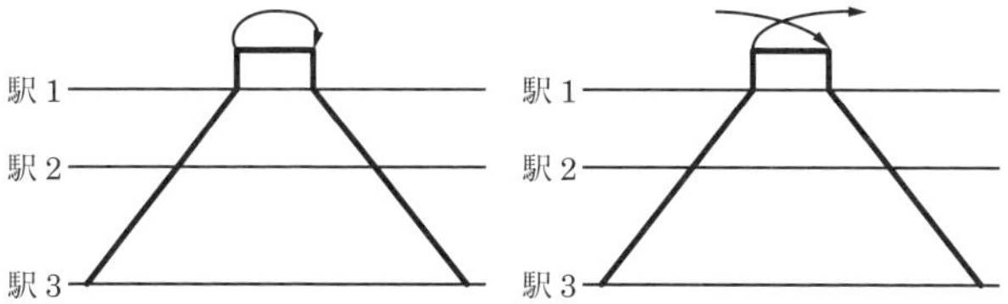

●図 3.12　乗務員運用も頑健性に関連する

ある場合，左側では，上り列車が遅れると間違いなく下り列車も遅れる．右側ではそうでもないだろう．その意味では，左側は頑健とはいえないように思える．しかし，ダイヤ乱れが大きいときには少し事情が変わってくる．例えば，ダイヤが乱れてこの列車を駅2で前途運休とし，そこで折り返すことになったとする．その場合，左側なら運転してきた乗務員を折返し列車にそのまま充当すればよいのに対し，右側ではそれぞれの列車の乗務員を次に担当する列車まで送り込むという作業が余分に必要になる（無論，右側においても，運転してきた乗務員を折返し列車にそのまま充当することはできるが，その場合には，その乗務員が本来担当するはずだった列車の乗務員がいないことになり，その手配をしなければならない）．また，右側の場合，下り列車を担当する乗務員の到着が何らかの理由（例えば，その前に乗務していた列車が遅延したなど）で遅れた場合，「車両はあるが乗務員がいない」という状況が発生する．車両は，ないと困るが，あると邪魔になる．ダイヤ乱れ時に乗務員不在の列車に番線を占有されるのは何としても避けたい事態なのである．

頑健性の議論をする場合，数分程度の遅れを念頭に置いている．しかし，小乱れのときにいくら頑健でも，大乱れには脆いというのではまずかろう．このあたりにも，頑健性の議論の難しさがある．

もう少し話を発展させると，運転系統の話がある．特に首都圏では，複数の線区をまたがって列車を直通させて運転するケースが増えている（相互直通運転，いわゆる相直）．相直を行なっている線区の場合，一方の線区のダイヤ乱れが容易にもう一方の線区に伝播する．その意味では，相直は頑健性を損なっているように見えるかもしれない．しかし，相直を行なわない場合はどうなるだろうか．相直をしない場合，各線区の列車はおそらく，境界駅でそれぞれ個別に折返しをすることになる．そうなると，今度は，折返し列車が境界駅の番線を塞ぎ，番線の競合の問題，交差支障の問題などが発生しやすくなるだろう（場合によっては低速で進入しなければならないことによる到達時分の増加などの問題もあるかもしれない）．このあたりの事情をきちんと比較してからでなければ，相直が頑健性を損なっていると結論付けるのは性急すぎる．

頑健性の議論に登場させなければならないプレイヤーはまだまだいる．例えば，駅のホーム，より正確にいえば，駅のホームの屋根がある．3.2.1でも触れたが，雨の日にホームで列車を待つとき，屋根があるところで待ちたいというのは人情だろう．もし，ホームの一部にしか屋根がなければ，そこがふだんより混雑し，乗降に時間がかかって，列車が遅れる．

これまではハード的な問題であるが，さまざまなソフト面，オペレーション面の要因も関連する．いくつか例をあげると，車掌の閉扉タイミング，扉付近の駅係員の有無，あるいは，乗客がどの程度整然かつ迅速に乗降するかなど．また，近頃では，編成のどのあたりに乗ると乗換が便利かなどの情報を駅のホームに掲げている会社があるが，利用者がこのような情報を知って行動するかどうかも編成の中やホームなどの混雑の偏りにつながり，頑健性と関連することになるだろう．

さらに，オペレーション面では，ダイヤの変更が行なわれることを考慮に入れる必要がある．例えば，列車の間隔調整*12である．間隔調整が行なわれるとするのか，行なわれないとするのかによって，ダイヤの頑健性は大きく違ってくるだろう．もちろん，そのほかにも，ダイヤ，車両運用・乗務員運用・構内作業計画等の変更の可能性を考慮する必要がある．

ということで，結局のところ，ダイヤの頑健性とはいっても，ダイヤそれだけを対象とすることはほとんど意味がなく，ハード，ソフト，オペレーションを含めて，そのダイヤが実施される環境の中での頑健性を考えなければならないという結論に達する．筆者は，これを，「システムとしての頑健性」と呼んでいる．

一般論としては，頑健にしようとするとコストがかかると考えられている．なにがしかの余裕をもつ必要があるからだ．しかし，コストをかけなくても頑健性を向上できる場合もある．また，同じコストをかける場合でも，最小限のコストで最大限の効果を得たい．このような点にこそ注目すべきであると考えている．

こういう意味で，頑健性は，実は，鉄道運営そのものの鼎の軽重が問われる課題だと考えるべきだろう．

---

*12 列車が遅れたとき，そのまま放置すると，列車の間隔が開くために，その列車に乗り込む乗車客が多くなり，その列車が混雑し，また，停車時間が延びるために遅延する．それを防ぐために，その先行の列車を前の駅でしばらく止めておき，列車の間隔がなるべく等しくなるようにする．**延発**ともいう．

3.3　絵に描いた餅ではない－実行時への配慮

3.3.1　ダイヤを守る

これまで述べてきたとおり，さまざまな条件を加味したうえでいろんな苦労をして列車ダイヤは作られる．そしてそれに従って列車は走る．1年365日，雨の日も風の日も休まずに列車は走る．とすると，列車をダイヤどおりに動かす日々の努力が必要だ．大都市圏の稠密に列車が運転されている線区では，ちょっとしたことで遅れが起こり，それが伝播する．場合によっては，他の線区にも遅延が伝播する．列車が遅れそのものも迷惑ではあるが，列車の遅れは列車の混雑を増大させるという要素もある．つまり，列車が遅れて列車の間隔が開くということは，ある時間（例えば，ラッシュ1時間）をとってみると，運転される列車の本数が減少していることを意味する．ということは，混雑度はその分増加しているだろう．

そうならないように，ダイヤを守る努力が必要だ[*13]．それには，主として，指令員，駅員，運転士，車掌が関連することになる．

3.3.2　停車時分を守る

朝ラッシュ時間帯のホームは，人でごった返している．乗る人と降りる人が錯綜する．安全面に十分注意しなければならない．そこで，そういう駅では，多数の駅員が配置され，安全面に留意している．しかし，彼らには，もう一つの役目がある．それは，停車時分を守ることだ．つまり，乗降時間をダイヤで定められた範囲に納めたいということだ．そのときに障害となることの一つは，人や荷物がドアに挟まってドアが閉じなくなることだ[*14]．その場合どうするか．駅員が駆け寄って，手で少しドアを開け，挟まった人や荷物を中に押し込む．どのドア

＊13　筆者はカーリングを観戦するのが好きなのだが，カーリングを見ていると，ダイヤとの共通点が思い浮かぶ．ストーン（石）が投げられた後も，それが望ましい位置に止まるように，チームのメンバーが必死に氷の上を掃く（スイープする）．ストーンを投げるのがスジ屋で，スイープするのが運転士，車掌，駅員，指令員などだ．

＊14　かつて，電車が殺人的に混雑していた時代には，押し屋などといわれる係員がいて乗り切れない人を押し込む（場合によっては，引きはがす）という光景も見られた．

で挟まりが起こるかはわからない．だから，駅員がたくさんいた方がいち早くそのドアに駆けていって対応することができる．最近では，ホームドアが急速に普及してきたが，ホームドアが設置される前は，多くの駅でこういう光景が見られた．

また，ホームでの輻輳を避けるための案内・誘導が行なわれることも多い．具体的には，列車種別（あるいは，次発，次々発，始発など）ごとに列を変えるとか，いったん降車して再度乗車する人のための場所を確保するように列車との間を少し空けて並ぶように案内するなどの工夫が行なわれている．

3.3.3　乗客の協力

噂話として聞いた程度なので，話半分に聞いていただきたいのだが，あるヨーロッパの国の鉄道会社のエクゼクティブ一行が日本の鉄道の視察に来た．いろいろと感心するところがあったようなのだが，その中でもホームで利用者が整然と列を作って列車を待っている光景には感銘を受けたようだった．しかし，そのためには，停止位置を決めて列車を正確にそこに止めなければならない．そこで，エクゼクティブは，帰国するや，「これからはプラスマイナス 50 cm の精度で列

●図 3.13　停止位置目標

×が都合六つ見えるが，それらが停止位置目標．番線，車種，両数によって停止位置が異なるため，それぞれに対して設けられている．

車を止めろ」と命じたそうだ．しかし，ブレーキの性能も違うし，そもそも，停止位置目標[*15]も（たぶん）ないし，また，ホームに乗車位置をマークしてあるわけでもない．ということで，実現には至らなかったようだ．

確かに，あらためていわれるまでもなく，乗客の協力は定時運行にあたって非常に重要だ．その意味では，日本の利用者は，きちんと整列するし，また，きびきびと動く．しかし，かなり前のことになるが，地域によっては，乗車時のマナーは必ずしもよくはなく，そのために朝などに鉄道会社の社員が駅のホームで整列乗車をお願いしたり，実際に誘導したりすることもあった．そういう地道な努力のおかげで，ホームで列車を待つ人たちがきちんと整列するという姿勢は，今ではほぼ浸透しているように思える．

また，乗客の動きも機敏といっていいのではないだろうか．例えば，筆者がかつて利用していたJR中央快速線御茶ノ水駅では，反対側の番線に中央総武緩行線の列車がすでに止まっているときなど，ほとんどの乗客は小走りに乗り込んでいく．

筆者は，これは，きびきびと動くことは自分だけでなく社会全体を効率的にすることを個々人が認識していることの証左かと思っていた．しかし，どうやらこれは買いかぶりだったようだ．あるいは，時代は変わったということかもしれない．3.1.6項のコラムで書いたように，最近では，スマートフォンを見ながらのろのろと歩く人が目立つ．きびきびと動くのは，自分が置いて行かれると思うときだけなのだろうか．ヨーロッパの利用者は，日本ほどきびきびと動かないように思えるのだが，それは，後から乗っても座席があるからだろうか．とすると，のろのろと動く人に対しては，さっさとドアを閉めて発車してしまうという荒療治も有効かと思わなくもない．しかし，そこには，安全という問題があるので，なかなかそうもいかないという難しさがある．

鉄道会社では，マナーキャンペーンなどと称して，利用者のマナーの向上を求めるポスターを貼りだしたりということをよくやっている．イヤフォンからの音漏れやキャリーバッグの持ち方や座り方などについてが多いが，整列乗車やスムーズな乗り降りを求めるもの，駆け込み乗車をしないように，というものもあ

＊15　停止位置目標：駅での列車の停止位置の目標とするための看板類（「停目（ていもく）」と略す）．図3.13参照．

る（図 3.14）．これはこれでいいのだが，こういう「自分だけよければいい」という考え方が，その列車や路線だけでなく，社会全体に迷惑をかけ，社会全体を非効率にしているということをなんとかうまく知らしめられないものかと思う（そこまでやってもむだなのだろうか？）．

●図 3.14 マナーキャンペーンのポスター（東京メトロ）

3.4 相互直通運転の苦労

3.4.1 相直は伸びるよ

近年，相互直通運転（以下，慣例に従って，相直と略す）がずいぶん伸びた．例えば，東急の田園都市線の中央林間から半蔵門線を経て東武の久喜・南栗橋までという相直とか，関西でも，近鉄の奈良から阪神の三宮などがある．おかげで，「溝の口で忘れ物をしたら見つかったのはよいが栗橋まで取りに行く羽目になった」とか，「車内の広告がどうも沿線とはかけ離れたものになっている」とか，「電車の行き先表示が聞いたこともない駅になっている」などという話を耳にするようになった．また，「西武のダイヤが乱れると東武も乱れる」というよく知らない人にとってはなぜそういうことになるのかさっぱり理解できない現象も発生している．

とはいえ，相直は便利である．乗換なしで都心に行ける．乗換に伴う肉体的ロス，時間的ロスがなくなる．また，都心側を考えてみると，相直がない場合，ターミナル駅は大量の乗換客でごった返すであろうが，相直すればそういう混雑も解消できる．コンコースの広さなどを含めてターミナル駅をコンパクトにできる．一部の列車を路線の途中から相直させることによって既設線側の混雑を緩和しているケースも多い．

相直は，事業者にもメリットがある．ターミナル駅での折返しがなくなるから，ターミナル駅の番線の数が少なくて済む．また，折返し時間のロスがなくなるから，その分，車両の使用効率が上がる．結果として編成数が少なくて済む．

一方で，相直をやろうとすると，いろいろ考えなければならないことがある．相直は，性格の異なる路線をつなぐことになる．利用者からは1本の列車としか見えないが，路線としてのねらうところも違えば，その結果として車両や設備も違う．それを無理やり（ということはないが）つなごうとすれば，さまざまな食い違いが表面化し，それらを一つずつ解決していくことが必要になる．

例えば，車両である．乗務員は境界駅で乗り換えるが，車両は運営主体の異なる複数の路線を直通する．したがって，いろいろな留意点がある．特に安全面は重要だ．当然のことながら，ATC，ATSなどの保安システムの車上装置は，すべての路線に対応できるものでなければならないし，列車無線も周波数の点で乗り入れるすべての路線に対応できなければならない．また，建築限界*16と車両限界*17のチェックも忘れてはならない．わずか数十ミリ違っても相直はできない．さらに，車両側の電気機器から発生する電気的なノイズが地上側の通信機器や信号設備などへ悪影響を与える「誘導障害」のチェックも重要だ．逆にいえば，これらの条件を満たしていない車両を直通させないように注意していなくてはならない．なお，乗り上がり脱線など万一の危険を防止するため，輪重*18と横圧*19

*16　建築限界：レール周囲の構造物と列車が接触することがないように，構造物を設けてはならない限界が定められている．これを建築限界と呼ぶ．

*17　車両限界：車両の断面が収まるべき限界のこと．建築限界よりもわずかに小さい．

*18　輪重：車両とレールの間に作用する力のうち，レールに対して垂直方向の力．

*19　横圧：レールと車輪間に働く力のうち，レールと直角方向の力．「おうあつ」と読む．

を自社の車両の乗入れ側線路，他社の車両の受入れ側線路で測定している会社もある．

このようなことから，相直用に新造した車両ならともかく，そうでない場合には，相直のために車両改造を行なうことになる．しかし，改造はコストがかかる．また，そもそも改造ではすまない場合もある．とはいえ，相直を始めるからといって，いったん作った車両をおいそれと廃車にできるわけもない．そこで，将来，相直の可能性が考えられる場合，それを念頭に置いた設計としておくこともある．

車両は替わらないが，乗務員は替わる．よその会社の車両を運転することになる．そこで，機器の操作方法の違いが問題になる．それを原因とする取扱誤りが心配されるからだ．車掌スイッチの開き方向の違い，（操作方法そのものではないが）乗務員室の鎖錠スイッチの有無など，詳細にわたって一つひとつを詰めていく必要がある．

3.4.2 タフ・ネゴシエーター

さて，相直のダイヤはどのように作られるのだろうか．相直に関する基本的な合意がとれた後，スジ屋はダイヤの調整にかかることになる．ダイヤの調整は会議や個別の打合せを通じて行なわれる．しかし，ここでも，路線ごとの性格の違いに起因して色々な思惑の違いが表面化することになる．そのいくつかを紹介しよう．

路線ごとの性格の違いは，要は，目指すサービスに対する考え方に違いがあるということだ．そこで，異質な性格をもつ線区のダイヤをなんとかつながなければならないことになる．例えば，郊外の路線では，急行と各停を組み合わせた速達サービスに重点が置かれているだろう．一方，都市圏側では，各停を等間隔で走らせるというサービスが重視されるだろう．となると，これらをつなぐのは，木に竹を接ぐようなもので，それでも利用者の利便性を損なわないようにするために担当者はダイヤの調整に苦労することになる．図 3.15 をごらんいただきたい．郊外からの B 社の路線と都心側の A 社の路線とで相直を実施するとして，待避できる駅が境界駅に近い場合，そのままだと A 社側で列車の間隔がアンバランスになってしまう．これは，A社にとっては，とても許容できる話ではない．おそらくこの場合には，境界駅での列車間隔をなるべく均一にするように B 社

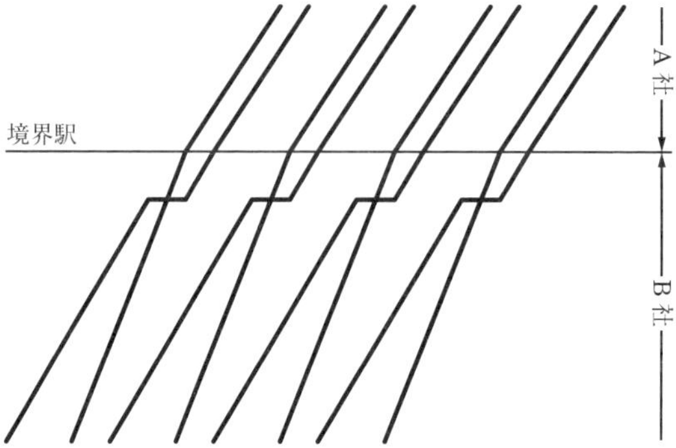

●図 3.15　列車間隔がアンバランスに

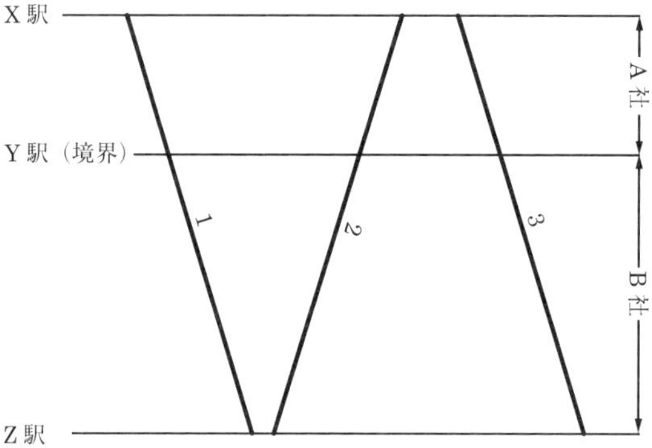

●図 3.16　さまよえる列車 2

のスジ屋に要請をかけることになるだろう．

また，列車の時刻の変更はあちこちに飛び火することがある．例えば，乗務員運用面での軋轢を生じさせることもある．当然のことながら，各社ともなるべく効率的な運用にしたいからだ．図 3.16 をごらんいただきたい．Z駅で列車 1 から列車 2 に乗務員を乗り継がせようとすると，列車 1 の着時刻と列車 2 の発時刻の間には，ある定められた時間（乗継時間：おおまかには，1 編成分の距離を歩く時間）が確保されていなければならない．そうでない場合，同じ乗務員を乗り継がせることはできず，別の乗務員をもってくる必要があって運用効率が落ちる．B社としては，「それはちょっと…」というわけで，列車 2 の Z駅の発時刻を少し遅くしたい．しかし，そうすると，X駅の着時刻も遅くなり，X駅での乗継時間が不足して，今度はA社側で新たに乗務員を増やさなければならないことになる．A社としては賛同できない．ということで，この場合，列車2の時刻をめぐって，A社のスジ屋とB社のスジ屋の間に喧々諤々の議論が起こることになるだろう．

これらはごくシンプルな例だが，多数の列車や他の事情が絡むもっともっと複雑なケースは枚挙にいとまがない．また，もっと基本的なところ，例えば，すべての列車を直通させるのか，あるいは一部の列車だけにするのか，その場合，優等列車を直通させるのか各停を直通させるかなどのところで思惑の違いが出てくることももちろんある．

さらに，その裏には，車両キロ*20を合わせるという苦労もある．これは鉄道会社側の事情だといってしまえばそれまでだが，2社の相直くらいならともかく，3社，4社の相直ともなると，各社ごとの車両キロを合わせたダイヤを作ることは不可能に近い．また，それができたとしてもそのためにいびつな車両運用となってしまっては本末転倒だ．

相直のダイヤ作成の難しさと苦労については，5.2に，より詳細かつ具体的に述べられている．あわせてお読みいただきたい．

さて，スジ屋は，自分の会社の看板を背負って交渉に臨んでいる．おいそれと引き下がるわけにはいかない．かといって，じゃんけんで決めるというわけにもいかない．どこかに双方が満足できる妥協点がないか，プロどうしの真剣な交渉が始まる．妥協できるダイヤを探して，頻繁に電話でやりとりしたり直接打ち合わせをしたりすることを何十回も繰り返すのである．

さらに，3社，4社の相直の場合には，当然，3社，4社の交渉となる．こうなると，一段と複雑な交渉になる．どこかの会社がイニシアチブをとることになるのか，A社とB社が賛成してC社が反対した場合，C社の立場はどうなるのかとか．

＊20 すべての列車の走行距離の和（1日分や1年分などの列車に対する総和）を**列車キロ**と呼び，列車の走行距離にその列車の車両の数を乗じたものの総和を**車両キロ**という．相直を実施している会社間では，車両の相直他社への貸し分，借り分を相殺するために，A社の車両がB社線内を走る車両キロの合計と，B社の車両がA社線内を走る車両キロの合計が，ほぼ等しくなるようにすることが求められる．

一般の世界では，交渉する場合，自分の手の内をさらけだすことはない．どこまで降りられるかが相手に知られてしまうと決して有利な交渉はできないからだ．しかし，スジ屋どうしの交渉はちょっと違う．自分の会社の案ダイヤを作ってきて，それを交渉相手に見せてしまう．もちろん交渉相手のダイヤも見る．そのうえで，全員が納得できる妥協点がどこかにないか皆で知恵を絞る．相直が行なわれる会社というのは，いわば運命共同体である．相手の会社が何を狙っているのかある程度はわかる．また，その背後の事情もなんとなくはわかる．だから，自社の主張を通しつつも，相手のことも考えたダイヤを作ろうとするのだ．

こういうタフな交渉をしょっちゅう続けていれば，確かにスジ屋どうしの仲がよくなるというのも納得できる話ではあるのだが，おそらく，真相は逆なのだろう．こういうシビアな交渉をなんとか落ち着かせるためには，仲が悪くてはどうしようもない．そのために，普段から仲良くしておくということだと筆者は考えている．

仲の良い人たち

鉄道会社のスジ屋の人たち，特に，民鉄各社のスジ屋さんたちは会社が違っても本当に仲が良い．常に連絡をとりあっているみたいだし，しょっちゅう飲みにも行っているようだ．2か月に1回くらいの頻度で勉強会をやっていて，昼間はもちろんだが，夕方も懇親を深めているようだ（さすがに，コロナ禍のころは自粛されていた）．こんな話もある．A社の運転課の人たちが旅行会で郊外の温泉にでかけた．B社のスジ屋Xさんの家が近くであることを思い出して連絡してみたところ，Xさんは，わざわざA社の人たちが泊っている旅館に一升瓶を提げてやってきたという．他の会社の人の住所や電話番号を知っていることもさることながら，休日の夕方に他社の旅行会の宴会にわざわざ出かけていくというのも，普通はあまりないような気がする．この手の話は本当に枚挙にいとまがない．そして，これほどまでに仲が良い理由の一つが相互直通運転にあることは間違いなかろう．本文で書いたように，相互直通運転の実施にあたっては，タフな交渉が必要になる．仲が良くなければとてもそういうシビアな交渉はできないと思う．

3.4.3 ダイヤが乱れたら？

そのようにして苦労して作った相直のダイヤであるが，さまざまな事情でダイヤが乱れることがある．ご承知のとおり，相直の場合，1か所のダイヤ乱れが広範囲に影響する可能性が高い．そこで，遅れの度合いや復旧見込み時刻などを勘案しつつ，利用者の迷惑をなるべく少なくするためにさまざまな手立てがとられることになる．一方の線区で長時間不通になる場合には，相直を中止して，境界駅で列車を折り返すことが多い．ただし，元々境界駅の番線の数が限られているなどの理由で折返しが困難である場合には，そのまま継続するケースもある．また，直通列車の小規模の遅延に対しては，境界駅で列車の順序変更を行なって対応するケース，運行変更*21で対応するケース，境界駅での折返し変更で対応するケース，列車の経路を変更するケースなどがある．ダイヤが乱れたときに，それを元に戻すために列車ダイヤを変更する業務を運転整理と呼ぶが，相直を含む運転整理の詳細については，「鉄道ダイヤ回復の技術*22」をご参照いただきたい．

計画ダイヤを設定する場合，このような事態を想定し，可能な範囲で「整理しやすくダイヤ乱れの影響が波及しにくい組み立て」を行なっている場合もある．スジ屋の仕事はダイヤを作るだけではなく，自分が作ったダイヤが計画どおりに実行されなければ意味がないのである．

＊21　運行変更：編成の行路（1.3.1 参照）を変更すること．ダイヤ乱れ時には，二つの編成の行路を途中で振り替える形の運行変更がよく行なわれる．

＊22　電気学会 鉄道における運行計画・運行管理業務高度化に関する調査専門委員会：「鉄道ダイヤ回復の技術」，オーム社，2010.

鉄道神社と安全祈願

指令室には，まずまちがいなく神棚がある．事故が起こらないようにお祈りをするのだ．そして，これは指令室だけではないが，筆者が旧国鉄に勤めていたころを思い出すと，日を決めて「安全祈願」なる行事があった．安全を祈願するわけだが，実は，飲み会だった（筆者のいた職場だけかもしれない）．今では完全に死語かとも思うが，当時の言葉でいうと「飲みニケーション」の場であった．時代の変化とともにいろいろな意見があるのは当然だが，上司と部下がわけへだてなく議論できる場だったと思う．さらに続けると，当時丸の内にあった国鉄ビルの屋上には「鉄道神社」という神社があった（最近では，博多駅に新しくできた駅ビル JR 博多シティの上にもある）．当時の国鉄では，部署によっては，新年最初の出勤の日には，うち揃ってそこに初詣でに行っていたという話を聞いたような記憶もある．

●図 3.17　鉄道神社の写真（鈴木聖史氏撮影）

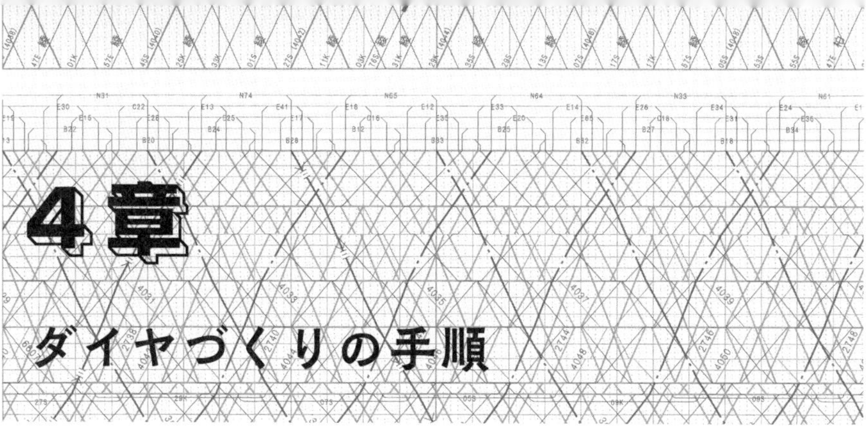

4章 ダイヤづくりの手順

4.1 ダイヤ改正

鉄道では，あらかじめ定められたダイヤがあって，日々の列車はそれに沿って走る．このダイヤを基本ダイヤ，計画ダイヤという．今では，都市圏では，平日用と土休日用の2面を用意することが多い．かつて週休2日制が今ほど普及していなかったころには，平日・土曜日・休日という3面を用意していたこともあったが，今では，ほとんど2面になっている．

ダイヤ改正は，会社のさまざまな施策を反映するために行なわれる．具体的には

・新線の開業，新しい線路の使用開始など
・輸送改善，サービス向上．具体的には，混雑緩和，速達性向上，運転頻度の増加など
・相互直通運転を行なっている会社のダイヤ改正

などだ．

二つの列車番号をもつ列車

都市圏を離れた路線では，平日と土休日の区別がなく，ダイヤは1面のみということも多い．こういう路線に列車が都市圏から直通する場合，ちょっとややこしいことが起こることがある．それは，直通する列車の列車番号が平日と土休日で異なる場合があるということだ．この場合，都市圏を離れた路線では，ダイヤはあくまでも1面－よって時刻は同じ－なのに，曜日によって列車番号が違うという現象が生じることになる．そこで，この路線の列車ダイヤ図には，1本のスジに列車番号が二つ記載されることになる．

いずれにせよ，利用者へのサービスの向上を目的として行なわれる場合がほとんどだ．

4.2 ダイヤを作る

ダイヤ改正時の列車ダイヤは，おおむね，図 4.1 のような手順で作られる．会社によって細部は異なるが，基本的な流れはそれほど変わらない．以下に，それぞれの概略を説明しよう．

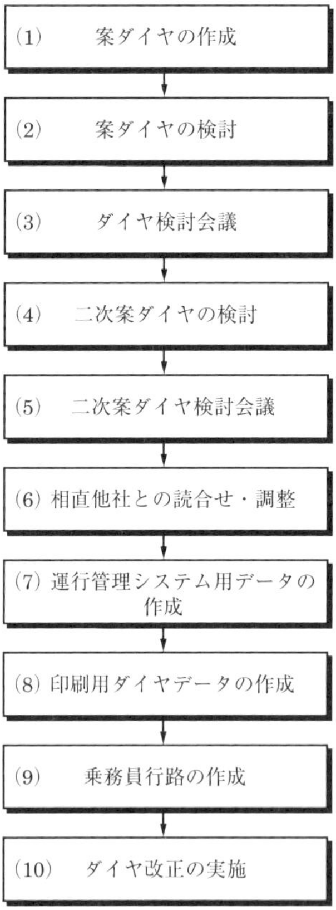

●図 4.1　ダイヤ作成の手順

(1) 案ダイヤの作成

会社として定めたダイヤ改正の方針をもとに，スジ屋が案ダイヤを作成する．その後，この案ダイヤについて，相互直通運転（相直）を行なっている会社と接続駅での時刻と車両運用をすりあわせる．車両運用については，車両キロがバランスしているか，自社の車両が最終的に自社の車両基地に入庫するかなどを確認する．ここでうまくつながらなければその次に進めないからだ．

(2) 案ダイヤの検討

現業部門（指令室，車両基地，乗務員基地，駅，信号所など）に，取扱い上の問題がないかどうか，検討を依頼する．例えば，交差支障は大丈夫か，入換の時間がちゃんととれるか，列車の運転間隔は適切か，実状にあった接続時間や停車時間が確保されているかどうかなど．また，車両運用の観点から見て，検査周期の範囲内で検査がなされるようになっているかなどもチェックする．これらのうちの多くは，(1)の案ダイヤ作成時にももちろん考慮はされているのだが，やはり，その立場立場の視点から眺めればいろいろ改善点がある可能性がある．そこで，現業部門にも広く検討を依頼し，要望をすいあげる．

(3) ダイヤ検討会議と二次案ダイヤの作成

(2)であげられた要望をとりまとめ，関係する現業部門などを招集して要望事項を確認する．さまざまな要望がある可能性があるが，それらをすべて反映できるとは限らない．互いに矛盾する要望もあるかもしれないし，そもそもどうやっても実現できないものもある．また，別の視点から見ればちょっと…というものもあるかもしれない．確認したそれらの要望をもとに，一次案ダイヤを微調整して二次案ダイヤを作る．

(4) 二次案ダイヤの検討

(3)で作成した二次案ダイヤを関係現業部門などに示し，ダイヤ検討会議で整理された要望が反映されているかどうか，これまでの要望に漏れはないか，あわせて全体的な視点からの確認を再度依頼し，また，要望を吸い上げる．

(5) 二次案ダイヤ検討会議と二次案ダイヤの調整

再度，関係する現業部門などを招集してダイヤ検討会議を開催する．要望内容を確認し，それに基づいて二次案ダイヤを微調整する．

(6) 相直他社とのダイヤの読み合わせ・調整

相直他社と二次案ダイヤに基づいてダイヤの読合せを行なう．先方から時刻修正などの要望があれば，検討して修正することもあるし，また，こちらから要望を出すこともちろんある．

この段階で，列車ダイヤは，ほぼ完成する．これをもとに，駅，信号所，車両基地などは，作業ダイヤの作成を始めることになる．

(7) 運行管理システム用データの作成

運行管理システム用のデータを作成する．会社にもよるが，(6)までに作成した列車ダイヤには，入換部分（引上線に移動するなど）は含まれていないことがある．入換も運行管理システムで制御する場合には，その部分のデータを追加することになる．

(8) 印刷用ダイヤデータの作成

ダイヤ図は印刷されて関係箇所に配布される．運転士も携行することになっている．相直他社にも配布される．そういう事情もあり，この段階でダイヤ図の印刷用原稿の調整を行なう．具体的には，列車番号などの位置を微調整（コンピュータのディスプレイ上で，マウスを使って人手で！）して，ダイヤ図の見栄えがよくなるようにする．ダイヤの複雑さにもよるが，この作業にはかなりの時間と労力をかけて，なるべく見やすいダイヤ図を提供できるようにしている．

(9) 乗務員行路の作成

作成された列車ダイヤをもとに，乗務員の行路を作成する．乗務員の行路は，本社が作成する会社もあるし，現業部門（乗務員基地）で作成する会社もある．乗務員が充当されない列車があってはならないのは当然だが，それ以外にも，労働時間や休憩時間などにさまざまな規約があり，それらを守った計画としなければならないという難しさもある．また，乗務員基地が複数ある場合，それらの間の公平性を考慮することが求められることもある．いずれにしても，乗務員行路は，乗務員の勤務にかかわることであるので，労働組合との協議事項となる．

(10) ダイヤ改正の実施

いよいよダイヤ改正を実施する．それに先立って，新聞社などプレスに概要を発表することもある．また，ダイヤ改正当日までに，駅に掲示する時刻表を作成したり，最近だと，ホームページでのダイヤ検索機能に使うデータを入れ換えたりという作業が必要になる．時刻表を出版している会社にもデータを渡す．また，もし，列車の運転区間が変わった（例えば，相直列車の行先が変わったなど）の場合には，駅や電車の行先表示もそれに合致した案内が表示されるようにシステムなどを改修する必要もあるだろう．ダイヤが変わると，意外といろいろなところにアタリがある．ダイヤ改正当日になって，アレッ？ということにならないように，手落ちのないように，細かい部分まで慎重に考えておかなければならない．

長々と書いてしまったが，ここまで読んでいただいて，ダイヤはスジ屋だけで作るわけではないこと，何度も調整を繰り返すことに意外な感をもたれたかもしれない（国鉄時代には全国のダイヤを作っていたので，調整の必要な関係者も多く，温泉旅館で全国規模の会議を開いていた*1）．いまさらいうまでもないが，特に都市圏の場合，ダイヤは非常に複雑である．一つの路線で数百本の列車と数十の駅が存在する．それらのすべてにおいて，2章で述べた制約をきちんと守っているかどうか，そして，その中で利用者にとって便利なダイヤになっているかをチェックしなければならない．しかも，チェックの視点もさまざまだ．スジ屋だけでは，どうしても目が行き届かないこともありうる．そこで，現業部門を巻き込んでそれぞれの視点からのチェックを依頼する．そして，さまざまな視点からの要望を受け付け，細部の改良を繰り返してなるべくよいダイヤになるように努力を続けるのだ．

スジ屋と裁判員制度

裁判員制度はご存じだろう．平成21年5月21日に始まった制度で，「国民のみなさんに裁判員として刑事裁判に参加してもらい，被告人が有罪かどうか，有罪の場合どのような刑にするかを裁判官と一緒に決めてもらう制度」（最高裁判所ホームページ）だ．裁判員は，国民の中からくじで選ばれる．しかし，正当な理由があるときには，裁判員を辞退できるのはご存じだろうか．平成20年4月，最高裁は，裁判員への就任辞退を考慮する事例をまとめた事例集を作って各地方裁判所に送っている．その事例の中に，「ダイヤ改正時の鉄道会社の担当者」が含まれている．ダイヤ改正の社会的重要性が認識されてのことだと思いたい．

---

*1 ご興味をおもちの方は，前掲の阪田貞之「列車ダイヤの話」，（中公新書，1964）をお読みいただきたい．

4.3 コンピュータでダイヤを作る

今では，多くの会社では，コンピュータを使ってダイヤが作られている．ただし，コンピュータがダイヤを作ってくれるのかというとそれは違う．そもそも，列車を何本運転するのかとか，始発列車を何時にするのかとか，快速や急行の停車駅をどこにするのかとか，そういうダイヤの基本的な部分は人間が決める．では，コンピュータは何をしてくれるのかというと，（半）自動で，列車の各駅の時刻を計算してくれる．例えば，始発駅，終着駅，列車種別，始発駅の発時刻または終着駅の着時刻を入力すると，途中駅の時刻を決めてくれる．そのとき，すでに設定済の列車と競合するようであれば，競合を避けるように時刻を決定してくれる（運転時隔や基準運転時分を考慮して，ということだ）．また，同じパターンの列車を複数本，一気に設定する機能もある．さらに，運転時隔が不足していないかどうか，番線が競合していないか，駅間で追い越しするなどの矛盾を含んだダイヤになっていないかなどのチェック機能をもっている．あわせて，各種の帳票類や統計データ，例えば，列車ダイヤ図や列車運転時刻表の出力，列車本数や列車キロ・車両キロ[*2]の計算機能などを有している．また，作成された列車ダイヤ情報を他のシステム（運行管理システム，車両・乗務員運用計画作成システムなど）に渡す機能をもつのが普通である．このように，比較的単純な作業については，ダイヤ作成システムの導入によって大きく労力が軽減された．

コンピュータがなかったころは，紙の上にスジを引いてダイヤを作っていた．ダイヤを作るときには，大量の計算が必要になる．ある駅の発時刻に基準運転時分を足して（それに余裕時分を加えて）次の駅の着時刻が決まる．この計算をそろばんでやっていた．今となっては信じがたい感もあるが，もちろん事実である．

人にもより，会社にもよるだろうが，ダイヤ改正時に今のダイヤを少しだけ変えるだけでよいという場合には，最初からコンピュータに向かって作業をすることが多いようだ．しかし，ダイヤを大幅に変えたいという場合には，今でも，ま

---

*2　列車キロは，列車の走行距離（の総和）のことをいう．車両キロは，列車の走行距離に両数をかけたもの（の総和）のことをいう．

ずは紙の上にスジを引いてという作業形態になることもあるようだ．

なお，コンピュータによるダイヤ作成については，本書の6章「AIはダイヤをつくれるか？」もあわせてご参照いただきたい．

4.4　ダイヤができた後

ダイヤができてダイヤ改正が行なわれる．すると，スジ屋としては，その出来栄えが気になる．混雑が集中していないか，遅延が発生していないか，遅延が広範囲に伝播していないかなどなど．そこで，スジ屋は，現地に足を運ぶ．今では，さまざまなデータが取れるようになってきてはいるのだが，やはり自分の目で見ないとわからないこともある．例えば，自動改札機のデータからその駅での乗降人数はある程度はわかる．しかし，それはトータルの人数であって，急行だけが異常に混んでいるとか，全体としてはそうでもないが，編成の中のある箇所だけは非常に混んでいるとかなどはわからない．さらにいうと，車両の入り口付近だけが異常に混んでいる（なるべく早く降りたい人は入口に固まる）などという現象もあるし，また，2.4で触れた「乗り移り」などもある．こういうものは，実際に見てみないとなかなかわからない．また，混んでいるとはいっても，どういう客層によるのかも知りたい．さらに，曜日によっても状況は違うだろう．普段から使い慣れている人と使い慣れていない人ではやはり行動も違うからだ．

といったことを知るために，スジ屋は現地に足を運ぶ．何度も何度も足を運ぶ．車内やホームの状況はもちろんとして，乗務員や駅員などからも状況を聞く．さらにお客様センターに寄せられる苦情を一つひとつチェックする．そして，実態を把握して，次のダイヤ改正に備えるのである．

「指令所（司令所）のジンクス」の具体例

1章末尾のコラムで取り上げた，指令所における各種の具体例を下記に挙げる．

【指令室内での禁句の例】

鉄道会社	指令室で言ってはいけない言葉
A社	「最近何もない」
B社	「今日は静かだ」
C社	「そろそろ何かありそうだ」
D社（海外）	「今日は何もないな」

【夕飯のメニューの例】

鉄道会社	当務の際に食べてはいけないNGメニュー
E社，他多数	カレーライス
F社	うなぎ（注：スーパーの特売の安い蒲焼）
G社	丼物の弁当
H社（海外）	クリスマスのときのご馳走（人身事故に当たる）

【NG行動の例】

鉄道会社	指令室でやってはいけない行動
I社	日付が変わる前に指令日誌に「異常なし」と書くこと
J社	指令室内の神棚の榊を枯らすこと
K社	指令室内で履くサンダルを新調すること
L社（海外）	当務の際にピンクのシャツを着用して出社すること

5章 ダイヤづくりの実際

5.1 JR東海−東海道新幹線「のぞみ12本ダイヤ」の実現

5.1.1 はじめに

1964年10月に開業した東海道新幹線は，日本の3大都市圏である東京〜名古屋〜大阪を結ぶ大動脈として，開業以来の乗客の数は，約64億人を数える．その間，乗車中の乗客が死傷する列車事故はゼロという極めて高い安全性を有した高速鉄道である．そのマーケットエリアが日本全体に占める割合のうち，面積は24％に過ぎないが，人口は61％，GDPは66％を占めており，「安全」「正確」「高速」「高頻度」など，高速鉄道として最高水準の輸送サービスを提供することで，日本経済の成長を支えてきた．東海道新幹線の輸送量と日本のGDPは強い相関関係をもちながら増加しており（図5.1），東海道新幹線が日本の大動脈とし

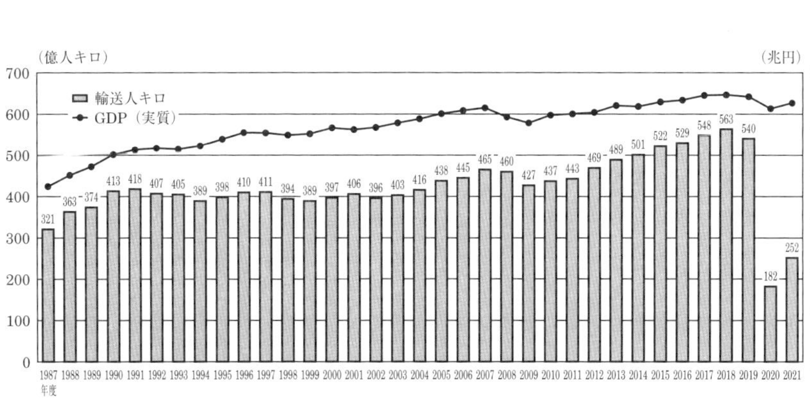

●図5.1　東海道新幹線の輸送人キロとGDP

て社会基盤の発展に寄与してきた証左といえる．

(1) 国鉄時代の歩み

1964年の開業時には，最高時速210キロで東京～新大阪間を4時間かけて走行し，翌年に同区間を3時間10分で結んだ．列車本数は，最速列車の「ひかり」が1時間あたり片道1本，各駅停車の「こだま」も1本の「1－1」ダイヤで，1日あたり60本であった．東海道新幹線の飛躍的な高速化は，東京～大阪間を日帰り圏内にするなど社会生活に大きなインパクトをもたらし，需要も増加していった．これに対応するべく，列車本数も「2－2」「3－3」「4－4」「5－5」ダイヤと増発が繰り返された．

(2) JR東海発足後の歩み

1987年のJR東海発足時には1日あたりの列車本数は231本，1時間あたり片道最大で「ひかり」6本，「こだま」4本の「6－4」ダイヤが運行されたが，このダイヤでほぼ線路容量の限界に達しており増発余地は限られていた．その後も利用者の数は好景気を受けて増加が続き，東海道新幹線の輸送力増強が必須の課題であった．また，国鉄時代を通じ，東京～新大阪間の所要時間は1964年の開業以来20年以上3時間前後のままであり，速度向上による所要時間の短縮も課題であった．しかしながら，一般的に速度向上を行なうと，走行する列車どうしの間隔を広げて安全を確保する必要があるため，輸送力増強能力は相殺されてしまう．このように，輸送力増強と速度向上は相互に干渉しあう関係にあり，この二つの相反する課題を解決しながら，輸送基盤を強化してきた．

速度向上については，1992年にそれまでの最高時速220キロから270キロに向上した「のぞみ」の運転を開始し，東京～新大阪間の所要時間を2時間30分へと大幅に短縮した．その後，時速270キロで走行できる車両を集中的に投入し，順次「のぞみ」の運転本数を増加させた．東海道新幹線品川駅開業の2003年にはすべての車両を時速270キロで運転可能な車両に更新し，「のぞみ」の1時間あたり片道最大運転本数を3本から7本に増やし，「のぞみ」中心のダイヤに移行した．

品川駅開業後も，一段制御式ATCの使用開始，N700系の投入，新大阪駅の線路増設などのさまざまな施策により，段階的に「のぞみ」の1時間あたり片道最大運転本数を増やしていった．

また，この2003年のダイヤ改正以降，JR西日本とともに東海道・山陽新幹線を直通する「のぞみ」の利便性向上にも取り組んできた．新幹線と航空の特性を比較すると，新幹線は発着地間にある在来線ネットワークと直結しているため，複数の都市間を任意の線で結ぶことができる利便性を有している．一方，航空は比較的長距離にある都市間を点と点で短時間に結ぶことができるため，利用者はそれぞれを使い分けることができ，新幹線と航空はいわば相互補完の関係にあるといえる．このような中，より多くの利用者に新幹線を選んでいただくために，「のぞみ」の速達性がより発揮できる首都圏～岡山・広島，名古屋～博多といった山陽新幹線を含んだ都市間に着目し，輸送力を順次増強することで利便性を高め，対航空の競争力を強化した．これにより，例えば東京～広島の対航空のシェアは一時50％を下回っていたが，近年では67％にまで増加している（図5.2）．

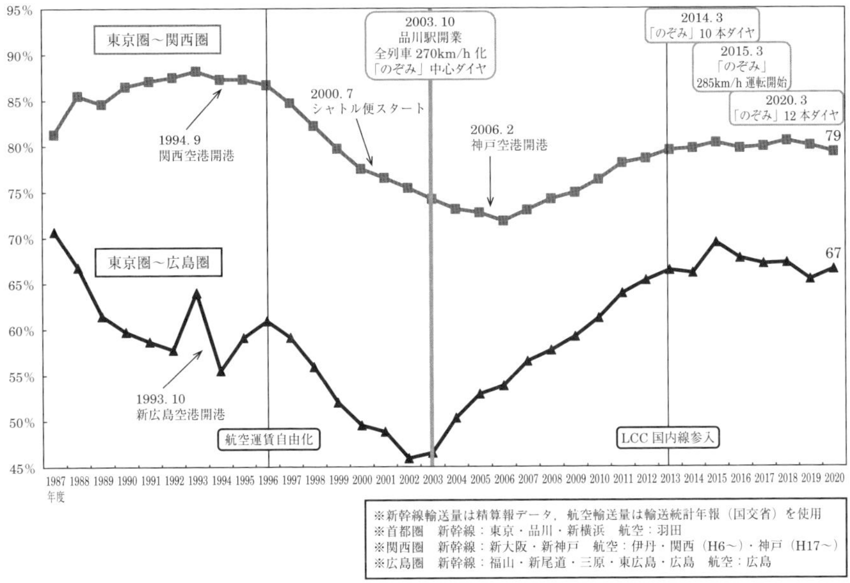

●図5.2　マーケットシェア（対航空）の推移

そして，2020年3月のダイヤ改正では，N700Aタイプへの車種統一に伴う全列車の最高時速285キロ化とともに，駅の輸送関連設備の改良などを実施することにより「のぞみ」の1時間あたり片道最大運転本数を10本から12本に増やし，「のぞみ12本ダイヤ」を実現させた（図5.3）．

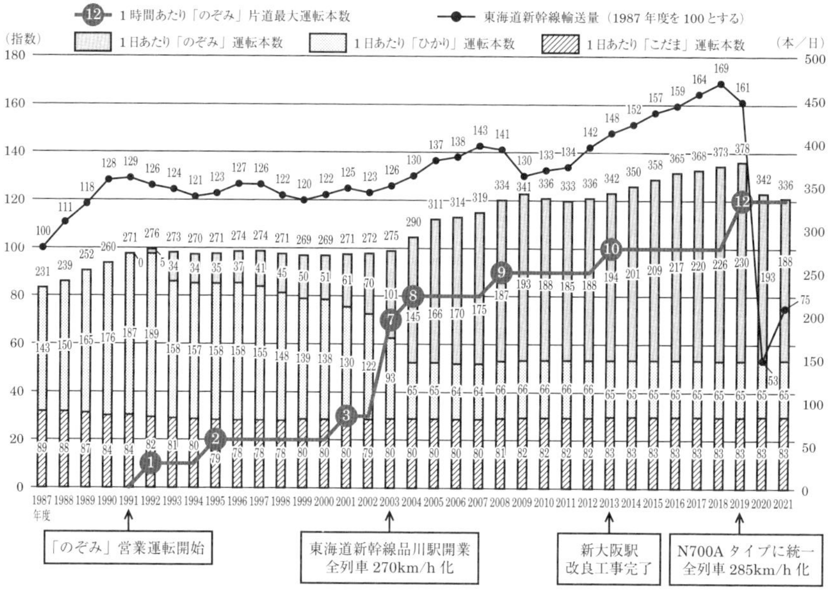

●図5.3　東海道新幹線の列車本数と輸送量の推移

次項以降では，「のぞみ12本ダイヤ」の概要，実現に向けた課題と解決に至った経緯を中心に，あわせて山陽新幹線に直通する「のぞみ」の利便性向上施策についても紹介する．

5.1.2　東海道新幹線のダイヤの特徴

最初に，東海道新幹線のダイヤの特徴について説明する．東海道新幹線では，東京～名古屋～大阪を最速達で結ぶ「のぞみ」，それ以外の中核都市にも停車する「ひかり」，各駅に停車する「こだま」という，それぞれ使命の異なった3種類の列車を運転しており，早朝・深夜を除いて1時間サイクルで到着・発車時刻の「分」が毎時固定されている，いわゆる「パターンダイヤ」を策定している．利用者の数が圧倒的に多いのは「のぞみ」だが，中間駅の利便性（運転本数・列車間隔）を確保することも重要であるため，「ひかり」・「こだま」を毎時2本ずつ運転して中間駅の利便性を確保したうえで，「のぞみ」の運転可能本数を増やしていけるように段階的に新型車両の投入，地上設備の改良などを実施してきた．現在，「のぞみ」の定期列車は1時間あたり4～6本としており，臨時の「のぞみ」と合わせると，片道最大 12 本運転可能なパターンダイヤとなっている．

5.1.3　東海道新幹線の列車設定の考え方

東海道新幹線では利用状況が曜日，時間帯に加え，休日配置によっても大きく変動する．そのため，平日と土休日でダイヤを分けている在来線とは異なり，運転する列車本数が日々変わるのが特徴である．「のぞみ」中心のダイヤとなった 2003 年以降，毎日運転する定期列車で一定の頻度を確保しながら，これに臨時列車を組み合わせることで弾力的な列車設定としており，具体的には，定期列車として 1 時間あたり「のぞみ」4～6 本，「ひかり」・「こだま」2 本ずつの運転に加え，需要に合わせて臨時「のぞみ」を運転している．

「のぞみ」については，1 年 365 日すべての日について下り・上りを 1 時間ごとに区切り，過去の利用状況や世の中の動向，沿線各地で開催されるイベント情報などをもとに，すべての時間帯について需要を予測する．そして，毎日運転する定期列車のみでは利用者のニーズを満たすことができないと見込まれる時間帯に臨時列車を設定することで最適な運転本数としている．臨時「のぞみ」をどれだけ運転するかは，「いつでも希望の列車の指定席が取れる」だけの列車を運転することを基本的な考え方とし，駅にある空席表示器（図 5.4）でいえば，どの列車も「○」を表示する状態にするようにしている．

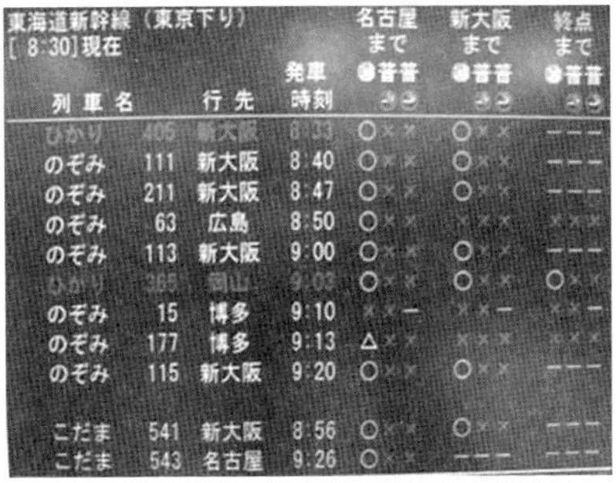

希望する列車の指定席が取れない状態

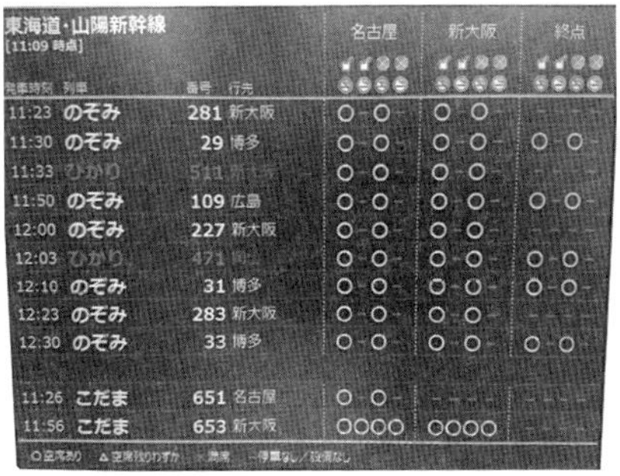

希望する列車の指定席が取れる状態

●図 5.4　空席表示器

新型コロナウイルス感染症拡大による移動自粛の影響を受ける以前の東海道新幹線は，従来の「のぞみ 10 本ダイヤ」（「のぞみ」の 1 時間あたり片道最大運転本数が 10 本）では週末の夕方，連休初日や最終日を中心に，指定席がすべて満席となり利用者のニーズに応えきれない状況が発生していた．このため，「のぞみ」の輸送力増強が必須の状況となっていた．

5.1.4 「のぞみ 12 本ダイヤ」の実現に向けて

2015 年 3 月のダイヤ改正で，N700A タイプを活用して，東海道新幹線としては「のぞみ」の誕生以来 23 年ぶりに速度向上が実現し，最高時速が 285 キロとなった．これにより，東京～新大阪間の所要時間は最短 2 時間 22 分となり，ダイヤ改正前より 3 分短縮された．しかしながら，これは順次投入していた N700A タイプで運転する一部列車に限った速度向上であり，最高時速が 270 キロで走行する 700 系車両も混在していた．そのため，すでに稠密に策定されたダイヤの中で 700 系でも運転できる列車を確保する必要があり，N700A タイプの優れた車両性能をフルに発揮できていないダイヤであった．

そのような状況の中，2019 年度末までに 700 系を引退させ，加減速性能に優れ最高時速 285 キロで走行可能な N700A タイプへの車種統一を決定したことを機に，「のぞみ」の輸送力を 10 本から 12 本に増強しつつ所要時間を短縮することでさらなる利便性の向上を図るべく，車種統一後のダイヤ検討が始まった．

この検討の中で最大のボトルネックは始終着駅の折返しで，特に東京駅の交差支障時分を縮めることが課題となった．東京駅はターミナル構造で，すべての列車がホームで折り返す必要があるため，到着列車と発車列車の間に干渉（交差支障）が発生する．図 5.5 に，東京駅の配線図を示す．いま，14 番線から発車しようとしている列車（細線）があり，この列車の発車後に 19 番線に到着する列車（細線）があるとする．このとき，14 番線からの列車が出発後，一定の時間を経過した後でなければ，19 番線の列車は到着できない（図 5.6）．この「一定の時間」を交差支障時分とよぶ．具体的には，「のぞみ」の最大運転本数を 10 本から 12 本に増やそうとすると，東京駅では大井車両基地への回送列車も含めると 1 時間あたりの発車本数，到着本数がそれぞれ最大 18 本から 20 本に増え，それに伴い，交差支障がこれまでよりも多く発生する．発車間隔は最短で 3 分 15 秒から 3 分になるため，交差支障時分を十数秒短縮させる必要があり，この十数秒を短縮させるべく車両性能面や設備面など，あらゆる方策を検討した．これは単一の施策では解決できず，さまざまな検討を重ねた結果，N700A タイプ統一による

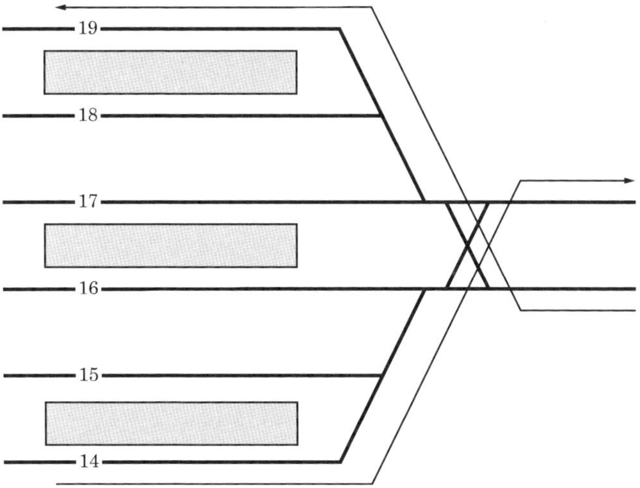

●図 5.5　東京駅の配線

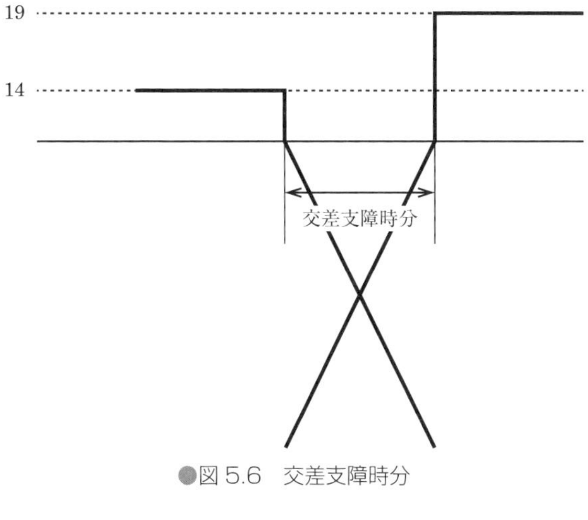

●図 5.6　交差支障時分

加減速性能の向上に加え，以下の施策を組み合わせることで交差支障時分の短縮を実現させた．

(1) ATC ブレーキの改良

東海道新幹線では，列車が駅に停止する際，まず ATC（自動列車制御装置）による自動ブレーキがかかり，時速 30 キロ以下になると運転士が手動でブレーキをかけて所定の位置に列車を停止させている．東京駅においては，到着列車の最後尾が最も駅に近い分岐器を通過するまで発車列車の出発進路が構成できないため，まず到着列車についてこれまでよりも短い時間で停止できるようにすることに着目した．これを実現するため，ATC による自動ブレーキの開始地点を，従来よりも約 40 m 停止位置に近い地点に変更し，発車列車の進路開通を数秒早めることを可能とした．なお，万が一，運転士の手動ブレーキが不足していた場合でも停止位置を行き過ぎることがないよう，自動的にブレーキが作動して運転士の停止操作をアシストする機能も新たに導入し，安全の確保とともにダイヤの安定性も確保した．

(2) 開通予告表示灯の導入

東海道新幹線では，ホーム上の駅係員に，分岐器が列車の進行方向に切り替わり進路が開通したことを知らせるため「開通表示灯」を設置している．駅係員はこの表示灯の点灯を確認した後，発車ベルを鳴らし，ホーム上の安全を確認した上で，出発する列車の車掌に対し出発合図を出して，列車を発車させる．今回，分岐器が物理的に切り替わる前段，つまり分岐器に対する進路構成の電気的な指示が完了したタイミングで合図を出す「開通予告表示灯」を東京駅に新たに設置した（図 5.7）．図 5.8 に示すように，開通予告表示灯導入後は，進路制御・ポイント転換が行なわれているときに，並行して駅員が運転取扱い（ホーム上の安全

●図 5.7　開通予告表示灯（上）と開通表示灯（下）

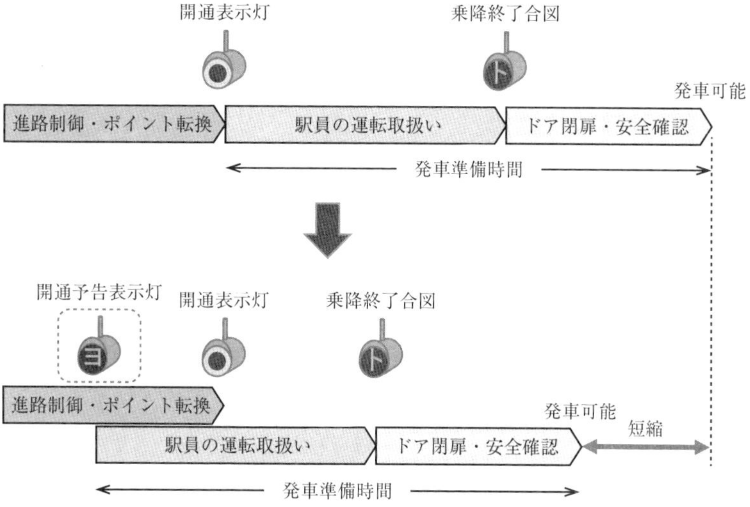

●図 5.8　開通予告表示灯の導入効果

確認など）をすることが可能になった．これによって，進路開通から発車準備完了までにかかる時間の短縮が可能となった．

(3)　東京駅折返し整備時間の短縮ほか

以上の施策により，東京駅の交差支障時分の短縮が可能となったが，同じホーム数のまま発着列車を増やすことになるため，列車の折返し整備の時間短縮も大きな課題となった．整備作業は利用者へのサービスに直結することから，車両整備の質を落とさず作業時間を短縮することを目指した．東京駅では，新幹線メンテナンス東海(株)の数百名もの整備係員（エクスプレスドレッサー）がチームで手際よく折返し整備を行なっているところ，この手際のよさをさらに強化するため新幹線メンテナンス東海(株)が知恵を絞り，整備の手法見直しや作業動線の工夫などを積み重ねることにより，これまで 12 分で実施していた折返し整備を 10 分とし，2 分の時間短縮を可能とした．

具体的には，1 列車あたり数十人のチーム内で，作業に必要な業務連絡にホーム上の連絡設備を使用していたところ，スマートフォンを活用した IP 無線に変更し，そのスマートフォンに作業終了連絡用アプリも導入することで，作業員が車両とホーム間を移動する時間を短縮した．車内床面整備については，従来はモップで水拭きしていたものを，あらかじめ床面にワックスを塗布したうえで空拭きに変更し，整備時間の短縮および車内美観の向上を図った．座席の水濡れ点検についても，すでに係員による触手確認から座席払いほうき付き濡れ検知機による確認に変更し座席の水濡れ検知とちり払いを同時に実施可能としていたが，この検知機のかけ方を工夫した．さらに，車内から生じたゴミの運搬方法を見直すなど取組みは多岐に渡り，これら創意工夫の積み重ねで作業時間の短縮を実現した．なお，新大阪駅引上線における車両整備についても（株）関西新幹線サービックに同様に協力いただき，整備時間を短縮した．

また，これまで述べたATCブレーキの改良，開通予告表示灯の導入，折返し整備時間の短縮のほかにも，列車本数の増加に伴い変電所などの電力設備を改良したほか，運行管理システムについてもデータ件数の増加に対応できるように改修を行なった．

このように，ダイヤを検討する運輸系統だけではなく，東海道新幹線にかかわる車両系統，施設系統，電気系統の社員，および関連会社が総力を結集して知恵を出し合いさまざまな工夫を凝らし，加えて設備改良をすることにより「のぞみ12本ダイヤ」を可能とする土台が形成された．

5.1.5 「のぞみ12本ダイヤ」のダイヤ策定

次に，「のぞみ12本ダイヤ」をどのように策定したかについて説明する．前述のとおり，東海道新幹線では，「のぞみ」・「ひかり」・「こだま」という，それぞれ使命の異なった3種類の列車を運行している．「のぞみ12本ダイヤ」のダイヤ策定にあたっては，「ひかり」・「こだま」の運転本数は維持したうえで，「のぞみ」の最大運転本数を増やし，可能な限り「のぞみ」の所要時間を短縮させることを目標として，ダイヤ検討を進めた．

なお，東海道新幹線では，概ね下りでは東京発7時台～19時台，上りでは東京着10時台～20時台の日中時間帯は，いわゆる「パターンダイヤ」を採用している．一方，早朝・夜間時間帯については，通勤・通学の利用なども踏まえて「パターンダイヤ」とはせず，利用状況に合わせて「のぞみ」・「ひかり」・「こだま」を設定している．以下，日中時間帯，早朝・夜間時間帯のそれぞれについて述べる．

(1)「のぞみ 12 本ダイヤ」のパターンダイヤ

◆「ひかり」「こだま」への配慮

「のぞみ 12 本ダイヤ」となる前の「のぞみ 10 本ダイヤ」(図 5.9) では,「のぞみ」を片道最大 10 本運転可能としつつ,「ひかり」・「こだま」は原則として 1 時間に 2 本ずつ運転 (夕方の通勤の利用者が多い時間帯は,「こだま」は 3 本運転) し, 東京の発着時間でみると,「ひかり」・「こだま」ともに 30 分間隔としていた.

また,「ひかり」については, 1 本が「のぞみ」停車駅に加え, 静岡・浜松といった静岡県内の 2～3 駅と京都から岡山までの各駅に停車するパターン, もう 1 本が,「のぞみ」停車駅に加え, 小田原もしくは豊橋と名古屋から新大阪までの各駅に停車するパターンを原則としていた.「こだま」については, 原則として, 1 時間あたり, 東京～新大阪間, 東京～名古屋間の 1 本ずつを運転しており, 名古屋始終着の「こだま」については, 名古屋で, 名古屋から新大阪までの各駅に

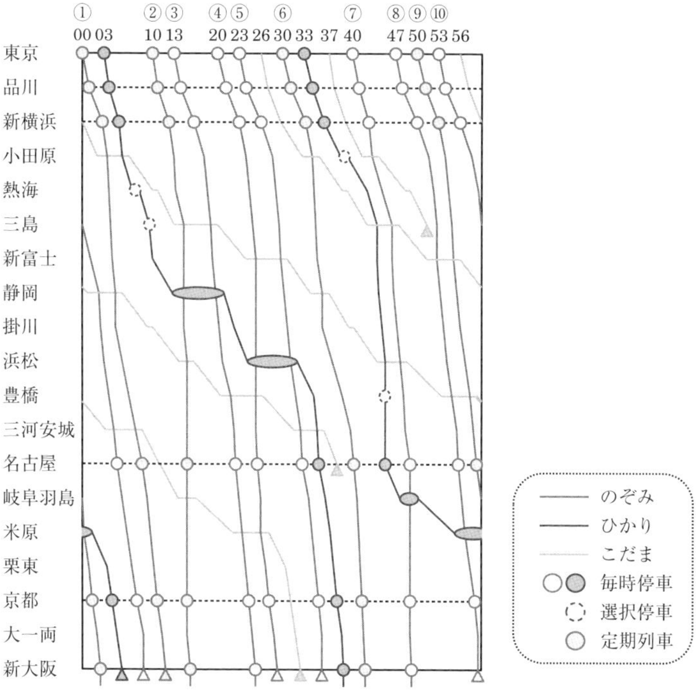

●図 5.9 「のぞみ 10 本ダイヤ」のパターンダイヤ

停車するパターンの「ひかり」と短時間で乗換可能なダイヤとしていた．

「のぞみ 12 本ダイヤ」のパターンダイヤ策定にあたっても，「ひかり」・「こだま」は同じ停車パターンとし，また発着時刻を極力変えないと方針を定めた．これは「ひかり」の運行形態は，停車パターンを含め 2008 年から同一としており，「ひかり」停車駅の利用者に定着しているためである．また，「こだま」についても，「こだま」のみの停車駅では列車本数が限られるため，東京駅の発着時刻は変更せず，どの駅でも発車間隔ができる限り均等になるようにダイヤ策定を進めた．

◆パズルの最適解としての「のぞみ 12 本ダイヤ」

続いて，「のぞみ」をどのように 2 本増やしたかについて説明する．「のぞみ」についても，定期列車については発着時刻を大きく変えないことを目指した．これは，「のぞみ」は東海道・山陽新幹線を直通する最速達列車であり，名古屋駅・新大阪駅・岡山駅などで，在来線特急と接続する体系となっているためである．この前提で，11 本目・12 本目の「のぞみ」を下りでは東京発「18 分」「39 分」に新たに設定した．図 5.10 は「のぞみ 12 本ダイヤ」のパターンを示しているが，図 5.9 と比較すると，「のぞみ」・「ひかり」・「こだま」ともに，大きくパターンを変えずに「のぞみ」を 2 本増やすことができている．

また，「のぞみ」については東海道新幹線の最速達列車であることから，所要時間短縮についても特にこだわってダイヤを策定した．これまでの「のぞみ 10 本ダイヤ」では，「こだま」や臨時「のぞみ」の一部を 700 系の車両性能に合わせたダイヤとしていた．そのため一部の「のぞみ」は N700A タイプの車両性能をフルに発揮できず「のぞみ」の東京～新大阪間の所要時間は，2 時間 27 分～37 分と列車により大きなバラつきがあった．今回，全編成が N700A タイプとなり最高時速が 285 キロに統一されることから，「のぞみ」の所要時間を短縮したうえで列車ごとの所要時間に極力バラつきがなくなるよう検討を重ねた．「のぞみ」が「ひかり」「こだま」を追い抜く駅をどこにするかで大きく所要時間が変わるため，この検討は非常に時間を要した．少なくとも，すべての「のぞみ」の東京～新大阪間の所要時間を 2 時間 30 分以内，また，一部の「のぞみ」は「のぞみ 10 本ダイヤ」の時点でも 2 時間 27 分で運転していたことから，極力 2 時間 27 分の「のぞみ」を増やすという強い思いで何度もダイヤパターンを作成し検討を重ねた．1 本の「のぞみ」の所要時間を短くすると，他の「のぞみ」が遅くなり，

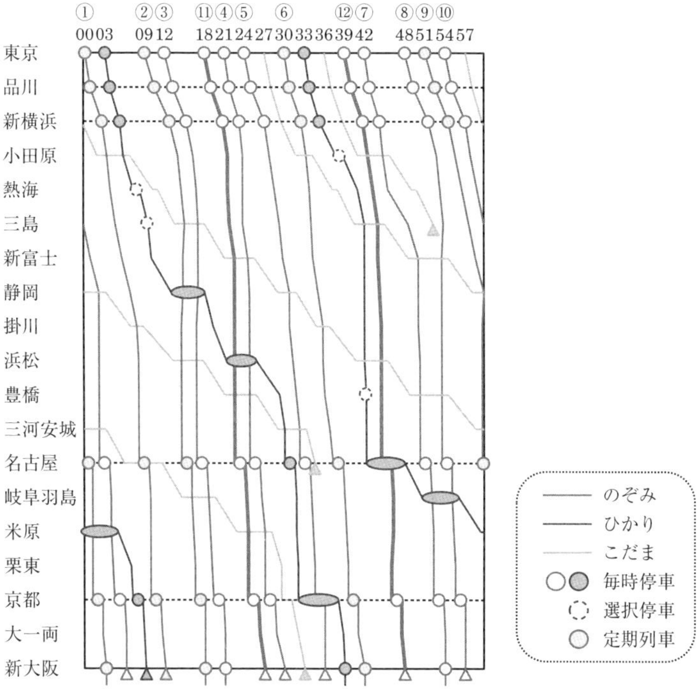

●図 5.10　「のぞみ 12 本ダイヤ」のパターンダイヤ

東京発時刻	00	09	12	18	21	24	30	39	42	48	51	54	平均所要時間
	定期	定期	臨時	臨時	臨時※	臨時	定期	臨時	臨時※	臨時	定期	臨時	
東京～新大阪所要時間	2:30 (△3)	2:27	2:27 (△6)	2:27	2:27 (△3)	2:30 (△3)	2:30 (△3)	2:27	2:30	2:27 (△6)	2:30 (△3)	2:30 (△7)	2:29 (△4)

（　）内は短縮する時間．「臨時※」は一部の時間帯，定期列車として運転

●図 5.11　「のぞみ 12 本ダイヤ」東京駅発車時刻と所要時間

東京発時刻	00	10	13		20	23	30		40	47	50	53	平均所要時間
	定期	定期	臨時		臨時※	臨時	定期		臨時※	臨時	定期	臨時	
東京～新大阪所要時間	2:33	2:27	2:33		2:30	2:33	2:33		2:30	2:33	2:33	2:37	2:33

●図 5.12　「のぞみ 10 本ダイヤ」東京駅発車時刻と所要時間

2時間30分を超えてしまうなど試行錯誤の連続であったが，最終的には，パターン時間帯では東京～新大阪間を2時間27分で運転する列車と2時間30分で運転する列車をそれぞれ6本ずつと，すべての「のぞみ」で2時間30分以内となり，平均所要時間でもこれまでの2時間33分から2時間29分と4分短縮した．（図5.11，5.12）

こうしたパズルの最適解として，「のぞみ」を2本増やして12本としつつ，すべての「のぞみ」が東京～新大阪間を2時間30分以内で結ぶという，高いレベルの輸送力と速達性を兼ね備えた「のぞみ12本ダイヤ」を実現した．

(2) 早朝・夜間のダイヤ策定

◆「通勤・通学輸送」と「都市間輸送」の両立

早朝・夜間については，通勤・通学の利用者の需要があり，新幹線のように大都市間を結んでいる路線では，各都市圏における輸送ニーズが異なるなど，パターンダイヤとは別の意味でダイヤ策定の難しさがある．さらに，通勤・通学では生活の一部として毎日同じ列車を利用する人も多く，新幹線のダイヤを大きく変えると，在来線の乗換えなどにも波及し，逆に利便性を損なうリスクもある．そこで，「のぞみ12本ダイヤ」となった2020年3月のダイヤ改正の早朝・夜間については，通勤・通学の利用者が多い列車の時刻は大きく変更しないことを前提に，さらなる輸送改善を検討した．着眼したのは，パターン時間帯の「のぞみ12本ダイヤ」実現に向けて実施した，東京駅の発車間隔短縮である．発車間隔短縮は，発着枠の拡大となるため，現在の列車体系を維持しながら列車の増発が可能なことを意味する．そこで，早朝・夜間時間帯ごとにニーズをきめ細かく見極めながら，列車の設定本数を増やしていくこととした．

◆早朝・夜間の具体的改善

早朝時間帯については，下りは月曜日や連休初日に首都圏から名古屋・大阪方面へ向かう乗客の利用が集中することから，東京発下り6時台に2本の「のぞみ」を追加設定可能なダイヤとした．また，上りについては，首都圏への通勤・通学の利用者が早朝に多くみられることを踏まえて，三島発東京行きの上り「こだま」（三島発6時17分，東京着7時6分）を1本増発した（図5.13）．これまでの三島からの始発「こだま」（三島発6時26分，東京着7時20分）よりも早い時間に設定することで，三島～新横浜の各駅から品川・東京方面への始発時刻を繰り上げた．

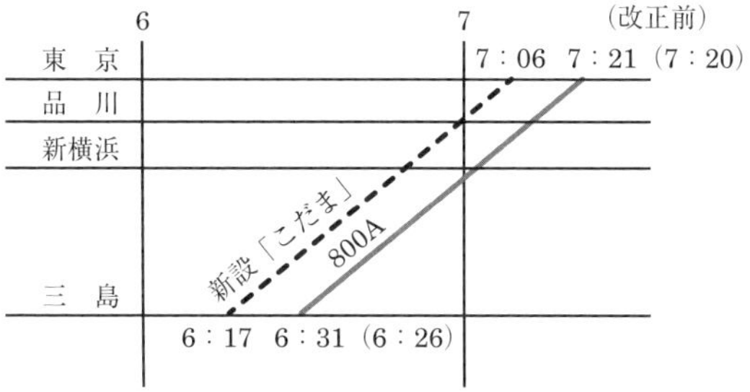

●図 5.13　新設した三島始発「こだま」

なお，この「こだま」は，ダイヤ改正前は，ほぼ同じ時刻で回送列車として運転し，東京で折り返し「のぞみ」になる車両運用を組んでいたが，東京駅の発着枠を拡大することで「こだま」として運転した後は，整備のために大井車両基地に入庫，また，これまで「のぞみ」に使用していた車両は別に車両所から用意することができるようになったため実現したものである．

また，夜間時間帯については，金曜日は出張や単身赴任の利用者，連休最終日は行楽帰りの利用者が下りの最終時間帯に集中する傾向がある．特に首都圏でコンサートなどのイベントが開催されると，コンサート終了後に名古屋・大阪方面に戻る利用者が多くみられる．そこで，東京発下り 21 時台に新大阪行の臨時「のぞみ」を 1 本，22 時台に名古屋行の臨時「のぞみ」を 1 本新設する（図 5.14）ことで，イベントの開催に合わせて列車を運転するなど，柔軟な列車設定で利用者のニーズに応えられるダイヤとした．

列車名	東京発	品川発	新横浜発	名古屋着	京都着	新大阪着
のぞみ 471 号	21：09	21：16	21：26	22：45	23：21	23：36
のぞみ 71 号	22：00	22：07	22：18	23：34		

●図 5.14　夜間時間帯に増発した臨時「のぞみ」の発着時刻

5.1.6　山陽新幹線へ直通する「のぞみ」の利便性向上

山陽新幹線の各エリアには岡山や広島をはじめとした多くの都市が連続しており，利用者のニーズは関西圏に向いているのは当然だが，首都圏へのニーズポテンシャルも高いものがある．このポテンシャルを刺激するために，「のぞみ」の速達性やフリークエンシーは重要な要素であった．このため，山陽新幹線に直通する「のぞみ」については，「のぞみ」中心のダイヤにシフトした2003年以降，「のぞみ」の速達性や列車頻度が高いという利便性が所要時間4時間前後の東京～岡山・広島や名古屋～博多の区間でより発揮されると判断し，JR西日本とともに列車体系の充実を図り，対航空の競争力を強化してきた．この結果，2019年には，東海道・山陽新幹線を直通する「のぞみ」の運転本数は品川駅開業前の2002年と比較して3倍以上にまで拡大し（図5.15），東海道新幹線と山陽新幹線をまたがる利用者も順調に増加していった．

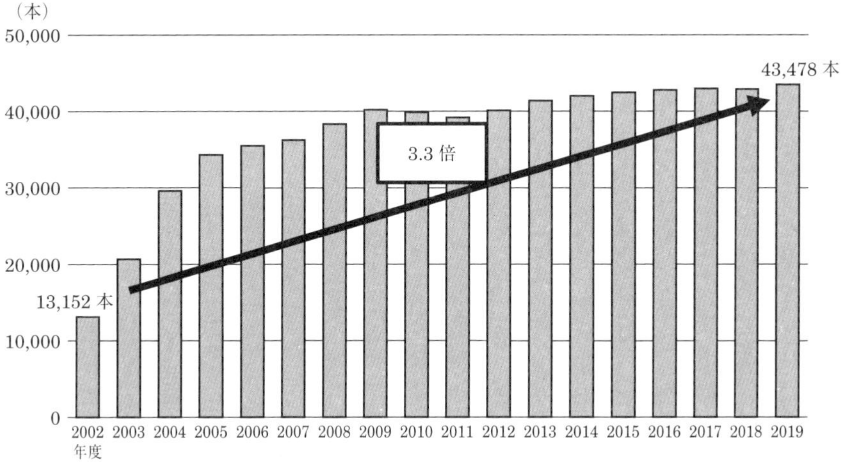

●図5.15　東海道・山陽新幹線直通「のぞみ」の運転本数

具体的な施策として，2003年の品川駅開業以降，山陽新幹線に直通する「のぞみ」の設定可能本数を増やし，首都圏⇔山陽区間の輸送力を増強してきた．2003年の時点では，山陽新幹線に直通する「のぞみ」の設定可能本数は臨時列車を含めて1時間あたり片道最大4本であったが，2009年のダイヤ改正で最大5本，2020年のダイヤ改正で一部時間帯で最大6本と段階的に増やしてきた．2021年のダイヤ改正では，早朝・夜間を除くすべての時間帯で最大6本の直通「のぞみ」が運転可能となるよう，JR西日本と調整を行なった．

さらに，2021年・2022年のダイヤ改正では，早朝・深夜の時間帯に焦点を当てて，改善を図った．具体的には，全編成がN700Aタイプとなり最高時速が285

キロに統一されたことから，始発の繰り上げ・最終の繰り下げを実施することを検討した．一般的に，始発の繰り上げ・最終の繰り下げは，夜間の保守作業間合いの確保や駅の営業時間の変更などが発生し，日中時間帯のダイヤ調整とは違った多くの調整事項が発生する．特に，直通列車の場合は当社管内だけでなく，JR 西日本管内においても調整が必要となることから，十分に協議・調整を行ない段階的に実施した．

一例として，首都圏⇔広島の始発の繰り上げ・最終の繰り下げについて説明すると，2021 年のダイヤ改正で広島から首都圏への始発繰り上げ，2022 年のダイヤ改正で首都圏から広島への最終繰り下げを実施し，段階的に日帰りの首都圏滞在可能時間を拡大した．具体的には，2021 年のダイヤ改正では広島・福山からの上り始発「のぞみ 88 号」の東京到着を 6 分繰上げ，9 時台に東京に到着する列車を初めて設定した（図 5.16）．新大阪駅の発車を 3 分繰り上げると，改正前の新大阪発の臨時「のぞみ」の運転時刻につなぐことが可能で，新大阪～東京間でも 2 時間 30 分から 2 時間 27 分と 3 分の短縮が可能なことから，JR 西日本に「のぞみ 88 号」の広島～新大阪間で時刻を 3 分繰り上げていただき，東京到着時刻としては 6 分の繰上げが実現した．この区間の航空の初便は羽田空港到着が 9 時ちょうど（2021 年春ダイヤ）であり，東京中心部までの移動時間を含めると，航空初便を利用した場合と同じ 9 時台後半に到着できるようになったことから，利便性が大きく向上したと考えている．

		広島発	福山発	新大阪発	京都着	名古屋着	新横浜着	品川着	東京着
のぞみ 88 号	改正後	6：00	6：25	7：30	7：43	8：19	9：38	9：50	9：57
	改正前	6：03	6：28	7：33	7：46	8：22	9：45	9：56	10：03

●図 5.16　広島始発「のぞみ」の繰り上げ・速達化

続く 2022 年のダイヤ改正では福山・広島への下り最終「のぞみ 109 号」の東京発車時刻を 9 分繰り下げ，20 時ちょうどの発車とし，20 時台に発車する列車を初めて設定した（図 5.17）．発車時刻は 9 分繰り下げたが，東京～新大阪間の所要時間を 3 分短縮させ，また JR 西日本の区間でも運転時刻を調整いただくことで，広島の到着は 23 時 54 分とダイヤ改正前と比較して 2 分違いとし，保守作業間合いへの影響を最小限に留めた．

この両施策により，広島から日帰りの首都圏滞在可能時間は 10 時間を超える

		東京発	品川発	新横浜発	名古屋発	京都発	新大阪着	福山着	広島着
のぞみ 109号	改正後	20：00	20：07	20：18	21：39	22：14	22：27	23：30	23：54
	改正前	19：51	19：59	20：10	21：33	22：07	22：21	23：28	23：52

●図 5.17　広島最終「のぞみ」の繰り下げ・速達化

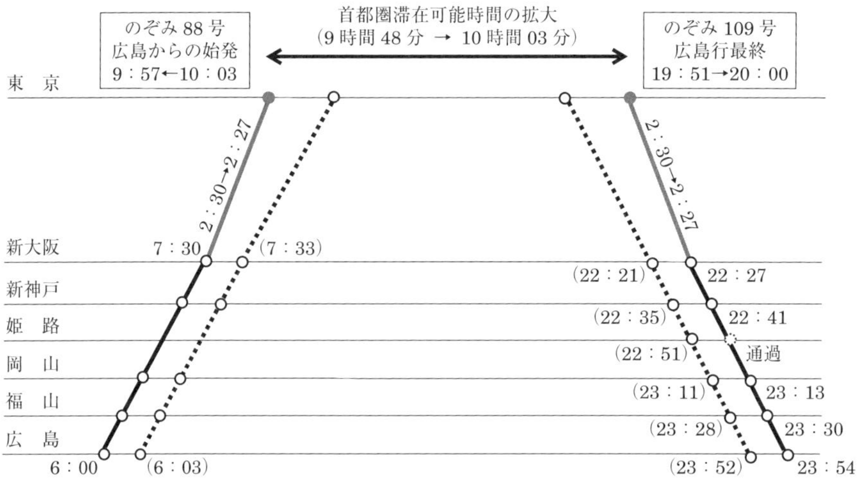

●図 5.18　広島から首都圏滞在時間の拡大

（図 5.18）ことになり，ダイヤ改正のプレスリリース後はメディアでも大きく報道されるなど，反響が大きい施策となった．

なお，首都圏⇔広島の区間のほかにも，首都圏⇔姫路・岡山・博多などの区間でも始発の繰り上げ・最終の繰り下げを2年間にわたって段階的に実施した．早朝・夜間は航空機との競争が激しい時間帯であるので，競争力を維持・強化する施策になったと考えている．

このように，JR西日本とともに東海道・山陽新幹線を直通する「のぞみ」の列車体系の充実，輸送力の増強を図ってきたことで対航空のマーケットシェアは改善し，2019年には東京～大阪の86％には及ばないものの，一時期50％を下回っていた東京～広島は67％となった．また，連休や年末年始などの繁忙期には直通列車の需要が大きく，直通「のぞみ」と当社管内「のぞみ」の混雑に差が生じていたことから，直通「のぞみ」の割合が増えることで，混雑の平準化にもつながると考えている．

5.1.7 おわりに

東海道新幹線の利用者の数は，2020年2月以降，新型コロナウイルス感染症発生による外出自粛などの影響により輸送量が大幅に減少した．それ以降も新型コロナウイルス感染症の感染状況に影響を受け，一進一退を繰り返している．例えば，2020年4～5月に発出された緊急事態宣言下では，外出自粛の影響により減少した需要に合わせ「のぞみ」を毎時3本まで減らした一方で，2022年のゴールデンウィークや年末年始では「のぞみ12本ダイヤ」を最大限活用し列車を増発しても多くの列車が満席になる時間帯がみられた．

このように，近年の新型コロナウイルス感染症の影響は東海道新幹線開業以来の試練となっており，輸送量が低迷した時期もあったものの，長期的に見れば東京～新大阪～博多を結ぶ東海道・山陽新幹線は日本の社会・経済活動にとっての大動脈輸送であり，社会・経済の維持，発展に不可欠なものである．このため，東海道新幹線のダイヤは常に進化をし続ける必要があり，直近（2023年3月18日）のダイヤ改正でも主に次の改善を実施した．

まず，定期「のぞみ」の利便性をさらに高めるべく検討を重ねた結果，定期と臨時の設定見直し，および「ひかり」や「こだま」が「のぞみ」の通過待ちをする駅の見直しなどにより，定期「のぞみ」の東京駅発車間隔を最大21分から18分に改善するとともに，定期「のぞみ」のうち19本について東京～新大阪間の所要時間を3分短縮した．

また，相鉄新横浜線・東急新横浜線の開業に合わせ，新横浜始発の下り臨時「のぞみ」(新横浜6：03発，新大阪8：06着）を新設した．これは，先行する新横浜始発の「ひかり」(改正前：新横浜6：00発，新大阪8：12着，広島行き）のダイヤ調整などにより実現したものであり，新大阪の到着時刻が6分早くなるなど，沿線から新横浜経由で名古屋・京都・新大阪へより早い時間に到着可能となった．

これからも，東海道新幹線は，安全・安定輸送の確保を前提に，安心して乗車してもらうため，その強みである「弾力的な輸送」により座席を十分に提供するとともに，東海道新幹線のもつ「安全」「正確」「快適」「便利」な輸送サービスを提供していく．このような考えで，将来にわたり利用者の期待に最大限応えていきたい．

「365 日異なるダイヤ」の実現に向けて

東海道新幹線は，需要に応じて 365 日異なるダイヤで運行している点が特長の一つである．今回は，列車の運行を計画する担当者の想いをお伝えしたい．

東海道新幹線の利用者は，旅行や出張などの目的で比較的長距離を移動するケースが多い．商談を控えたビジネスマン，大好きな歌手のコンサート，やっと叶った久々の帰省…特別な想いを胸に乗車するお客様のために私たちができることは「十分な座席数を確保すること」である．例えば，お盆や正月の帰省時に空席がなく立ちっぱなしでは疲れるだろうし，旅行の道中で友人と隣どうしに座れなければ楽しさも半減してしまう．これを少しでも解消するため JR 東海ではこれまで，十分な座席数を確保するべく輸送力を増強し，計画担当者が皆，お客様の満足のためにベストを尽くすことで前述した「365 日異なるダイヤ」にたどり着いた．2022 年度には，1 月 3 日に過去最多となる 455 本の新幹線を運行した一方で，列車が少ない日では 315 本と，最大で 140 本・約 18 万 5 千席分も 1 日あたりの座席数を変化させた計算になる．では，日々の運行計画はどのように決定しているか，その裏側を少しだけお話しよう．

列車の運行計画は，約半年前から日ごと・時間帯ごとの需要を予測することから始まる．この予測に基づいて，JR 西日本との協議で山陽新幹線との直通列車を，次に東海道管内の列車計画を立てていく．車両の折返し運用や，整備・点検のタイミング，乗務員の勤務など，多くの調整事項をクリアする必要があり，どんな些細なミスも許されない．加えて，切符の発売が始まる 1 か月前からは指定席の売れ行き状況を分析し，沿線各地のイベント情報などを精査する．予想を上回る需要があると判断すれば，車両や乗務員の計画を改めて練り直し，臨時列車を追加する．

輸送計画の立案は，時として苦労を伴うこともあるが，お客様の笑顔を目にすると一瞬にして喜びに変わる．そして，この想いは計画担当に限ったことではない．お客様のために最後の最後まで妥協しない精神がグループ全体に文化として根付いているからこそ，今日も新幹線は昨日とは違うダイヤで走っているのである．

5.2 東京メトロ―利便性の高い相互直通運転の実現

5.2.1 相互直通運転

(1) 相互直通運転とは

日本民営鉄道協会の HP の鉄道用語事典（運転）によると，「相互直通運転」とは，「都心や副都心への旅客輸送需要に応えるため，複数の鉄道会社間で互いに相手の路線に電車を乗り入れて営業運転すること」と定義されている．

相直と類似する輸送形態として，片方の鉄道会社の車両が他方の鉄道会社に一方的に乗り入れる運転形態もあり，これを「直通運転」という．相直と似た輸送形態であるが「相互」という文字は付かない[*1]（図 5.19）．また，同じ鉄道会社の中で郊外路線から都心路線に乗り入れている輸送形態は，社内における直通運転であり，運転区間の拡大というべきものであろう．

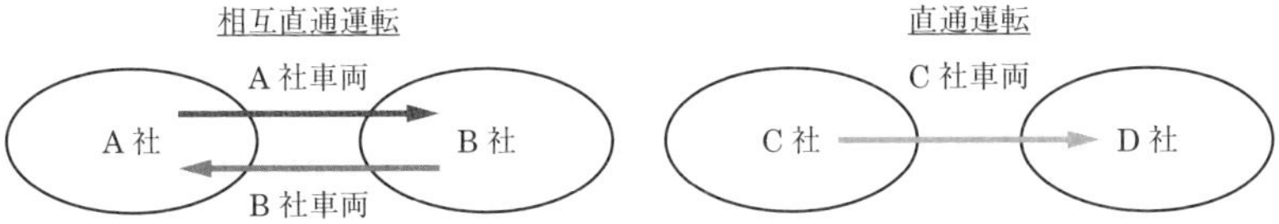

●図 5.19　相互直通運転と直通運転

相互直通運転（以下，「相直」という）は，都市部における鉄道ネットワークを強固にしているだけでなく，シームレスで利用者にとって大変利便性が高く，今となっては必要不可欠な輸送形態となっている．例えば，2013（平成 25）年 3 月 16 日に，東京地下鉄（以下，「東京メトロ」という）副都心線と東急東横線の相直が開始されたケースでは，東武東上線および西武池袋線から，池袋，新宿，渋谷の三大副都心を経由して東急東横線に直結するネットワークが作られた．渋谷駅での乗換えなしで東急東横線から池袋方向に行けるようになり，文字どおり都心の西側を貫くネットワークが完成した．副都心線の路線長はわずか 11.9 km であるが，この相直の開業によって，先に副都心線との相直を行なっていた東武線，西武線，そしてそれに加えて，東急線，みなとみらい線を結ぶ 120.2 km の

＊1　俗に「片乗り入れ」といわれる．新京成電鉄と京成電鉄の関係など．

巨大なネットワークとなった．三大副都心部を通る副都心線は山手線のバイパス的な役割をもっていたことから，この地域を利用する多数の利用者の利便性が大幅に向上し，輸送人員もコロナ禍までは増加し続け，相直の意義が最も発揮された路線となった．

(2) 相互直通運転の歴史

戦後，急速な経済復興により都市部に人口が集中し始めた．あわせて郊外からの通勤輸送が飛躍的に増加してきたことを背景に，1956（昭和31）年8月14日の都市交通審議会第1号答申で5路線108.6 kmの地下鉄の建設が提示され，「地下高速鉄道の延長またはこれと郊外路線との直通運転を考慮する」として，いわゆる相互直通運転が提言された．

その先陣を切って，東京都交通局浅草線が1960（昭和35）年12月4日に押上～浅草橋駅間で部分開業，および京成電鉄(株)と相直を開始したことを皮切りに，現在の相直スタイルを確立させていった．その後，相直は首都圏の路線で多く行なわれていったほか，名古屋，大阪，神戸および福岡の都市部でも実施されている．

(3) 相互直通運転のメリット・デメリット

利用者からすると，相直は，乗換えの負担が減り，接続駅（相直の境界となる駅．以下，境界駅）での混雑が緩和されるという大変便利な輸送形態であることはおわかりであろうと思う．しかし，その反面，他路線からの列車遅延の波及などの不便さもある．同様に，鉄道会社側にもメリットとデメリットがある．表5.1に，その主なものを示す．

■表5.1　相互直通運転のメリット・デメリット

	利用者側	鉄道会社側
メリット	・乗換回数が少なくなる ・相直境界駅での混雑が緩和される ・所要時間が大幅に短縮される ・路線価値が向上し，沿線開発が進む	・相直境界駅における設備を簡素化できる ・他社線からの転移が期待できる ・相直両路線の需要が高まる
デメリット	・他社線の輸送障害の影響や列車遅延の伝播が多くなる ・ネットワークの拡大によって，行先や列車種別が増えて，わかりづらくなる ・境界駅からの始発列車がなくなり，着席できなくなる	・大きな投資が必要になる 車両規格の統一 各社の保安装置などの搭載 ・ダイヤ調整がより難しくなる スジ，車両キロの調整作業 ダイヤ改正頻度が高くなる ・輸送障害，遅延発生時の対応がより難しくなる

5.2.2 相互直通運転実施にあたって

(1) 取　決　め

相直を行なうにあたっては，それぞれの路線における施設ならびに設備や車両規格を統一しておかないと，列車の運転に支障をきたしてしまう．例えば，車両規格が異なっていると，ホームの高さと車両の出入り口の高さの間に大きな段差ができてしまい，乗降に不都合が生じる．よって，車両の出入口の高さを揃えておく必要がある（もちろん，ホームの高さも）．また，車両幅が規格より狭いとホーム端と車両間に広い隙間が空いてしまい，乗降車の際に踏み外しを招いてしまう可能性がある．

このようなことがないように，基本的な規格諸元を統一するため「覚書」という取決め書により各項目を定めている．表5.2に，そのサンプル（抜粋）を示す．

■表5.2　覚書の抜粋

1　規格	(1)　軌間	例：1,067 mm
	(2)　電気方式	例：架空電車線　直流1,500ボルト
	(3)　信号保安方式	例：ATC付き車内信号方式
	(4)　車両	高さ，幅，長さ，台車中心距離
	(5)　乗降場	高さ，長さ
	(6)　建築限界 車両限界	
	(7)　ずい道高さ，幅	
2　輸送計画	(1)　編成両数	例：10両編成
	(2)　運転時隔	例：2分30秒
	(3)　相直区間 運転計画	
3　実施時期		相直開始時期
4　契約等		相直に関しての必要な契約

(2) 相直ダイヤのルール

相直にあたっての大まかな取決めは前項のとおりであるが，これさえ決められていれば相直ができるというわけではない．相直を実現するために，車両性能（加速度，減速度），ブレーキ性能などの車両規格仕様，さらに隅々，細部までの取決めを行なっており，そのすべての条件が整ったうえで，初めて運行計画が成立する．また，相直運行させるための相互直通運転契約書，共同使用駅契約書，運転事故および旅客負傷事故などの申し合わせ書などの契約書類も作成する．これらの設備や各装置の取扱いおよび運転の取扱いについて，それぞれの会社の乗務員，指令員および駅係員に十分な教育や訓練を行なっておく必要がある．

乗務員

東京メトロと相直をしている路線は，境界駅で乗務員交代が必ず行なわれ，自社の乗務員は他路線を乗務しないことがルールになっている．特筆されるのが，南北線目黒～白金高輪駅間である．この区間では，東京都交通局三田線が第二種鉄道事業者*2として列車を運行している（よって，東京メトロ南北線に行く／から来る列車と，都営地下鉄三田線に行く／から来る列車の両方が走行している）．もちろん，南北線の列車には東京メトロの乗務員，三田線の列車には東京都交通局の乗務員が乗務している．三田線の列車を東京メトロの乗務員が運転することはないし，その逆もない．

自社線の運転は自社乗務員で担当することが原則ではあるが，日本の鉄道全体をみると，自社線を越えて乗務している路線や運転区間も存在している．このような場合，運行にかかわる契約や教育も行なわれていることはいうまでもない．

5.2.3　相互直通運転のダイヤ作成

(1)　鉄道会社の思惑

相直は，簡単にいえば線路がつながるということであるが，単に線路がつながっただけでは列車は走らない．5.2.2（1）のとおり，鉄道会社間で覚書を締結したときから運命共同体となることであり，人間社会では，いわば「婚姻届」と同じ意味合いである．お互いが共にする境界駅において，それぞれ鉄道会社の列車１本，１本のスジをつなげばいいじゃないか！と思われているが，実は並々ならぬ努力と両鉄道会社の理解が必要である．

そもそも，それぞれの鉄道会社には，その路線において長らく築き上げてきた輸送形態や「当社のダイヤはこういうものである！」という独特のカラーが浸透している．利用者も，長年，馴染んで利用しているため，ある日をもって相直するこ

＊2　鉄道事業者には，三つの種類がある．線路を保有し，その上に自社で列車を運転する事業者を第一種鉄道事業者という．また，他会社が保有する線路の上に列車を運転する事業者を第二種鉄道事業者という．さらに，線路のみを保有し，列車を運転しない事業者を第三種鉄道事業者という．

とになって大きく輸送形態が変化することや運転間隔が変わることには，相当の抵抗がある．よって，簡単にはスジがつながらない（図5.20にイメージを示す）．

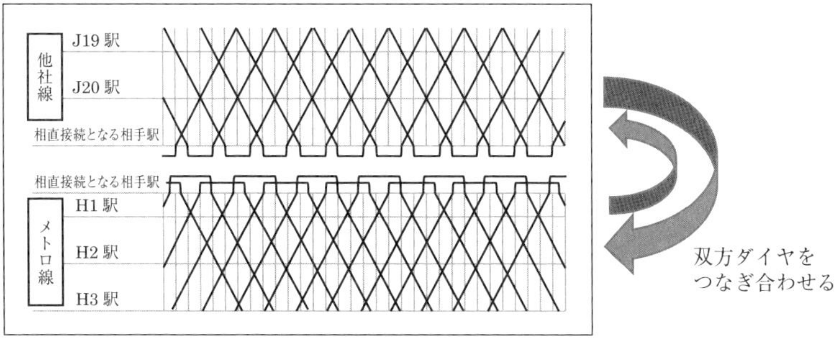

●図5.20　つながる前の各鉄道会社のダイヤイメージ

お互いの理解と書かせていただいたが，ダイヤ担当者の個人としての理解だけではなく，会社として理解されないとスジはつながらないことになる．この理解こそが最も重要で，先人たちが，よく「相直の精神」と言っていた言葉がある．ここであえて定義させていただくと

> 妥協の産物で，勝者と敗者を作らない，典型的なWin–Winの関係で成り立っているもの，困った時には知恵を出し合い，助け合い，困難を克服していく心構えと考え方をいう．

相直の作成にあたっては，あらゆる面で制約が存在するため，お互いの会社どうしが相直という事業を共に営んでいくという姿勢が最も重要である．いくつもの障害はつきもので，乗り越えなくてはならないことは山ほどある．単にスジをつなぐだけであれば，ダイヤ担当者が何とか頑張ればつながるものでもあるし，妥協もするならば簡単な方法ともいえる．しかしながら，ダイヤ作成の根底には，利用者に不便なく，その使い勝手のよさ，それぞれの鉄道会社全社員への相直ダイヤの考え方の浸透のもと，相直ダイヤが結果としてうまく運行されていることに過ぎない．

要は，ただスジをつないだだけではダメということであり，利用者も，鉄道会社も，相直運行を営むうえでも利用者の立場になって，相直ダイヤの使命をよく理解されていくことを考えなければならない．例えば，A社とB社が相直運行を行なっているとして，どちらかの路線で輸送障害などが発生した場合，発生直後はどこかの途中駅で折返し運転を行なうことはやむを得ない．しかし，輸送障害の処置が終わり，ある程度，列車本数が整えられたときには，早期に元どおりの相直運行に戻すべきである．また，相直運行の実施によって，それぞれの会社のダイヤ，特に，相直しない列車のダイヤに大きなダメージを与えないことも重要である．したがって相直ダイヤは，それらのいくつもの困難を克服して，得られる輸送サービスを見越して作成されていなければならない．

2013（平成25）年の副都心線が東急東横線と相直を行なったダイヤ改正では，各社に固有の列車種別が存在していた（表5.3）．この相直により，多様な列車種別の組合せの存在（例えば，メトロでは「急行」であった列車が，東急に入ると「特急」になる），編成両数の違い，関係5社の車両を含む複雑な車両運用計画，列車密度の少ない副都心線と列車密度が多い東横線をつなぐことなど，さまざまな問題を解決する必要があった．

■表5.3　副都心線関係の各鉄道会社の列車種別

会社名	東京メトロ	東武	西武	東急 横浜高速
列車種別	急行	普通	快速急行	特急
	急行【土休】		快速	通勤特急
	通勤急行		準急	急行
	各停		各停	各停

（注）東京メトロの列車種別で，急行【土休】とは急行列車で明治神宮前駅に停車する急行列車をいう．

そこで，考えられる最大限の知恵と手法を駆使して，5社の理解のもと，この相直運転とダイヤ改正を乗り切っていった．相直当初は，利用者から列車種別がわからない，目的地に早く行くためにはどの列車に乗ればいいのかという意見が多く，「追い抜き時刻表」（図5.21）を作成して駅係員，乗務員やHPで公開を行なった．

また，特に，広範囲のネットワークとなることから，列車遅延が発生してもその波及を最小限にすることを念頭において，小竹向原～千川駅間の連絡線の設置や，ダイヤにある程度の余裕をもたせるために渋谷駅での乗務員引継ぎ時間を他路線より長く設定するなど，あらゆる面で遅延対策を講じた．

小竹向原着	…	…	936	938	942	943	946	951	…	953	…	…	…	…	955	958	…	1002	1005	1006	…	…	…	…	…	1010	1011	1016	1017	1023	…
小竹向原発	…	…	936	939	942	948	947	951	…	954	…	…	…	…	956	1001	…	1003	1007	1007	…	…	…	…	…	1013	1011	1018	1019	1023	…
千川〃	…	…	新木場1016着	940	新木場1022着	新木場1028着	948	通急	…	新木場1034着	…	…	…	…	958	新木場1039着	…	1004	新木場1045着	急行	…	…	…	…	…	新木場1051着	1013	1019	新木場1057着	急行	…
要町〃	…	…		942			950	レ	…		…	…	…	…	1000		…	1006		レ	…	…	…	…	…		1015	1021		レ	…
池袋着	…	…		944			952	956	…		…	…	…	…	1002		…	1008		1011	…	…	…	…	…		1017	1023		1027	…
池袋発	…	…		945			953	957	…		…	…	…	…	1002		…	1008		1012	…	…	…	…	…		1017	1023		1027	…
雑司が谷〃	…	…	…	948	…	…	956	レ	…	…	…	…	…	…	1005	…	…	1011	…	レ	…	…	…	…	…	…	1020	1026	…	レ	…
西早稲田〃	…	…	…	950	…	…	958	レ	…	…	…	…	…	…	1007	…	…	1014	…	レ	…	…	…	…	…	…	1022	1029	…	レ	…
東新宿着	…	…	…	952	…	…	1000	レ	…	…	…	…	…	…	1009	…	…	1016	…	レ	…	…	…	…	…	…	1024	1031	…	レ	…
東新宿発	948	…	…	954	…	…	…	レ	…	…	…	1003	…	…	1009	…	…	…	…	レ	…	…	…	1019	…	…	1025	…	…	レ	…
新宿三丁目着	950	…	…	956	…	…	…	1003	…	…	…	1005	…	…	1011	…	…	…	…	1018	…	…	…	1021	…	…	1027	…	…	1033	…
新宿三丁目発	950	…	…	957	…	…	…	1003	…	…	…	1006	…	…	1012	…	1015	…	…	1018	…	…	…	1022	…	…	1027	…	…	1033	…
北参道〃	953	…	…	959	…	…	…	レ	…	…	…	1008	…	…	1014	…	1018	…	…	レ	…	…	…	1024	…	…	1030	…	…	レ	…
明治神宮前〃	955	…	…	1001	…	…	…	レ	…	…	…	1010	…	…	1016	…	1020	…	…	レ	…	…	…	1026	…	…	1032	…	…	レ	…
渋谷着	957	…	…	1004	…	…	…	1008	…	…	…	1013	…	…	1019	…	1022	…	…	1024	…	…	…	1029	…	…	1034	…	…	1039	…
東急列車種別	急行			↓				特急				急行			↓					特急			↓	急行			↓			特急	
渋谷発	1000	…	…	1005	…	…	…	1010	…	…	1011	1015	…	…	1020	…	…	…	…	1025	…	…	1026	1030	…	…	1035	…	…	1040	…
代官山〃	レ	…	…	1007	…	…	…	レ	…	…	1014	レ	…	…	1022	…	…	…	…	レ	…	…	1029	レ	…	…	1038	…	…	レ	…
中目黒着	1003	…	…	1008	…	…	…	1013	…	…	1015	1018	…	…	1023	…	…	…	…	1028	…	…	1030	1033	…	…	1039	…	…	1043	…
中目黒発	1003	…	…	1009	…	…	…	1013	…	…	1015	1018	…	…	1024	…	…	…	…	1028	…	…	1030	1033	…	…	1039	…	…	1043	…
祐天寺〃	レ	…	…	1011	…	…	…	レ	…	…	1017	レ	…	…	1026	…	…	…	…	レ	…	…	1032	レ	…	…	1041	…	…	レ	…
学芸大学〃	1006	…	…	1012	…	…	…	レ	…	…	1019	1021	…	…	1027	…	…	…	…	レ	…	…	1034	1036	…	…	1043	…	…	レ	…
都立大学〃	レ	…	…	1014	…	…	…	レ	…	…	1021	レ	…	…	1029	…	…	…	…	レ	…	…	1036	レ	…	…	1045	…	…	レ	…
自由が丘着	1009	…	…	1016	…	…	…	1017	…	…	1023	1024	…	…	1031	…	…	…	…	1032	…	…	1038	1039	…	…	1047	…	…	1048	…
自由が丘発	1009	…	1011	…	…	…	…	1018	…	1020	…	1024	…	1026	…	…	…	…	…	1033	…	1035	…	1039	…	1041	…	…	…	1048	…
田園調布〃	1011	…	1013	…	…	…	…	レ	…	1022	…	1026	…	1028	…	…	…	…	…	レ	…	1037	…	1041	…	1043	…	…	…	レ	…
多摩川〃	1013	…	1015	…	…	…	…	レ	…	1023	…	1028	…	1030	…	…	…	…	…	レ	…	1038	…	1043	…	1045	…	…	…	レ	…
新丸子〃	レ	…	1017	…	…	…	…	レ	…	1025	…	レ	…	1032	…	…	…	…	…	レ	…	1040	…	レ	…	1047	…	…	…	レ	…
武蔵小杉着	1015	…	1018	…	…	…	…	1022	…	1026	…	1030	…	1033	…	…	…	…	…	1037	…	1041	…	1045	…	1048	…	…	…	1052	…
武蔵小杉発	1015	…	1018	…	…	…	…	1023	…	1027	…	1030	…	1033	…	…	…	…	…	1038	…	1042	…	1045	…	1048	…	…	…	1053	…
元住吉着	レ	…	1020	…	…	…	…	レ	…	1028	…	レ	…	1035	…	…	…	…	…	レ	…	1043	…	レ	…	1050	…	…	…	レ	…
元住吉発	レ	…	1020	…	…	…	…	レ	…	1029	…	レ	…	1035	…	…	…	…	…	レ	…	1044	…	レ	…	1050	…	…	…	レ	…
日吉着	1018	…	1022	…	…	…	…	レ	…	1030	…	1033	…	1037	…	…	…	…	…	レ	…	1045	…	1048	…	1052	…	…	…	レ	…
日吉発	1018	…	1022	…	…	…	…	レ	…	1031	…	1033	…	1037	…	…	…	…	…	レ	…	1046	…	1048	…	1052	…	…	…	レ	…
綱島〃	1021	…	1024	…	…	…	…	レ	…	1033	…	1036	…	1039	…	…	…	…	…	レ	…	1048	…	1051	…	1054	…	…	…	レ	…
大倉山〃	レ	…	1026	…	…	…	…	レ	…	1035	…	レ	…	1041	…	…	…	…	…	レ	…	1050	…	レ	…	1056	…	…	…	レ	…
菊名着	1024	…	1028	…	…	…	…	1029	…	1037	…	1039	…	1043	…	…	…	…	…	1044	…	1052	…	1054	…	1058	…	…	…	1059	…
菊名発	1024	1025	…	…	…	…	…	1030	1031	…	…	1039	1040	…	…	…	…	…	…	1045	1046	…	…	1054	1055	…	…	…	…	1100	1101

●図 5.21　追い抜き時刻表

ダイヤ図

相直を行なっている鉄道事業者の列車運行図表（ダイヤグラム）には，相直先の始発駅および終着駅までを掲載しているものが多い．ダイヤ担当者が他社線のダイヤのデータをもらって，自社のダイヤ作成システムに入力することによって作成される．自社線のダイヤを作成するより手間がかかる作業である．スジの調整打合せを行ない，相手側にたくさんのスジ修正が出た場合，その変更作業に1～2日を要することもある．例えば，半蔵門線では自社線 16.8 km，単純な平行ダイヤである形態に対して，他社線が 88.4 km と半蔵門線の約 5 倍のキロ数，かつ列車種別や待避列車も多数あることから，他社線区間のデータ入力の方が多い．近年では，ダイヤ作成システムに「他社ダイヤ読み込み機能」を備えており，以前からするとだいぶ作業量軽減が図られている．

ダイヤに他社線部分を掲載している理由は，次のようなことに活用できるためである．

指令員………ダイヤ乱れ時の運行振替，列車検査車両の入庫対応

駅係員………忘れ物捜索の列車追跡

乗務員………直通列車の案内，ダイヤ乱れ時に，運行振替があったときの担当列車の変更の確認

車両部門……車両不具合や故障時に現地に赴くための対応

関連会社……折返し駅や折返し線における車両清掃および車内広告貼替作業実施のため

5.2.4 相直路線でのダイヤ改正の手順

(1) 新規開業と相直に向けて

新規に路線が開業する際には，想定される輸送需要から各時間帯（朝ラッシュ時，日中および夕ラッシュ時の三つのパターン）の自線内の列車の運転本数を決定していく．運転本数は，必要な車両数や乗務員数と直結する．したがって，粗々であるとはいえ，綿密に必要車両数を算出しないと，今後ダイヤを詰めていく中で，車両が不足したり，車庫留置能力（収容能力）や乗務要員数に影響が出ることになる．

ある程度，ダイヤが形になったところで，いよいよ相直相手の会社とダイヤを突き合わせることになる．もちろん，事前に相手会社のダイヤを見て，概ねここは何本とか，これとこれはつながるかなという予想はしている．朝ラッシュ時間帯の場合，相直相手の会社から地下鉄に入ってくる方向は，都心に向かう方向であり，利用者が多いため列車本数が多く設定されている．一方，朝ラッシュ時間帯でも，地下鉄から相直相手の会社に出ていく方向については，地下鉄に入ってくる側で都心部または相直境界駅で大勢の利用者が降車しているため，空いた列車を多く走らせることになる．すなわち，出ていく方向では過剰な列車本数となってしまう．よって，会社としては欲しくない列車ということになる．もっとも，最近はオフィスの郊外移転もあり，過去の都心集中時代からすれば，反対方向の利用者も多少なりに増加傾向であり，このようなことは少なくなってきてはいる．

相直における列車本数の基本的な考え方としては，「入ってくる列車の本数＝出ていく列車の本数」とすることが望ましい．最近の相直では，スルー方式の境界駅が多いため，終日にわたり，ほぼ全列車が境界駅を直通する．一方，境界駅に折返し線などの設備がある場合や，ホーム番線が多くある場合には，地下鉄内折返しの列車を設定することもできる．しかし，直通列車と折返し列車のバランスがうまく取れていないと折返し列車が多くなり，その結果，駅近傍で列車が輻輳したり，直通する列車がなかなか来なかったりといった不便が生じる．

筆者も長年ダイヤ業務に携わってきたが，路線開業になると何度も何度も協議を重ねて20～30本（1回ダイヤを作成することを「1本」という）の案ダイヤを作成し（案ダイヤとまではいえないダイヤも相当数ある），お互いの理解を深めていかねばならず，根気のいる仕事である．

ある程度ダイヤが作成できた段階で，運転本数，列車走行キロ，列車種別ごとの本数，所要時間および相直本数を運転計画と照らし合わせて，それからかけ離れた計画でないことを確認し，社内で承認を受ける．

副都心線の計画から開業，および東急・横浜高速鉄道との相直におけるダイヤなどの検討進捗の時期を表5.4に示す．路線開業や相直開始時期のおよそ4年前からダイヤ検討が始まって，1年前に終日のダイヤの形が現れ，実施時期までの間，微妙な調整が行なわれたことがおわかりいただけると思う．

(2) 相直路線のダイヤ改正

既存路線どうしを新たに相直させる場合，地下鉄では，延伸開業して相手会社と相直を始めるという例がほとんどであり，副都心線と東急東横線で行なったものがこれにあてはまる．このようなダイヤ改正では，それぞれの路線の特徴や列車運転の歴史もあることから，境界駅でスジを突き合わせても，簡単につながるものではない．とはいっても，すでにそれぞれのダイヤは完成されているので，スジの隙間を開けて1本列車を差し込んで増発を行なったり，これによってスジのつなぎ変えを行なったりして，なんとかスジをつなげようとする．お互いにスジはパターン化されているので，1本ずらしてつなげると，行先や列車種別が全く異なってしまうこともある．

次のダイヤ改正に何をやるというのは，設備改良を伴うものであれば数年前から関係会社と協議を行なって合意を得て，設置や改良（改修）工事を行なってもらわないと間に合わない．設備改良がないもの，乗務要員数の増加が絡まない通常のダイヤ改正であれば，1年前の年度初めがキックオフとなる．

ダイヤ改正は，3月に実施する鉄道会社が多い．3月のダイヤ改正の場合，一般的に前年4月から関係会社どうしで協議が始まり，関係会社で大筋合意の取れた段階からスジのつなぎの検討に入り，さらに車両運用を見極めて，半年をかけて10月ごろにほぼ完成する．このダイヤの完成にあたっては，「読み合わせ」という業界の儀式（図5.22）があり，各社のダイヤがこれまでの打合せで間違いがないか，1本1本確認する．多少の入力ミスはともかく，大外れのスジがあった

■表 5.4　副都心線の開業トピックスと運行計画の検討時期

<table>
<tr><th>年</th><th>免許・開業・相直など</th><th colspan="2">運転計画・ダイヤ検討時期</th></tr>
<tr><td>1972 年
(S47)</td><td>都市交通審議会答申第 15 号
東京 13 号線が示される</td><td colspan="2"></td></tr>
<tr><td>1975 年
(S50)</td><td>13 号線池袋～渋谷間免許申請</td><td colspan="2"></td></tr>
<tr><td>1977 年
(S52)</td><td>小竹向原～池袋駅間
複々線の工事計画変更認可</td><td colspan="2"></td></tr>
<tr><td>1985 年
(S60)</td><td>13 号線池袋駅（新線池袋駅）建設完了</td><td colspan="2"></td></tr>
<tr><td>1994 年
(H6)</td><td>有楽町線複々線部（小竹向原～新線池袋駅）の開業</td><td colspan="2"></td></tr>
<tr><td>1999 年
(H11)</td><td>池袋～渋谷間鉄道事業免許の取得</td><td colspan="2"></td></tr>
<tr><td>2001 年
(H13)</td><td>13 号線建設開始</td><td colspan="2"></td></tr>
<tr><td>2002 年
(H14)</td><td>東急東横線との相互直通運転が決定</td><td colspan="2"></td></tr>
<tr><td>2004 年
(H16)</td><td></td><td rowspan="4">開業ダイヤ</td><td>各時間帯の運転本数を策定</td></tr>
<tr><td>2005 年
(H17)</td><td></td><td>保有車両数の確定</td></tr>
<tr><td>2006 年
(H18)</td><td></td><td rowspan="2">相直会社と開業時の列車ダイヤおよび車両運用の調整完了</td></tr>
<tr><td>2007 年
(H19)</td><td>路線名および駅名を公表</td></tr>
<tr><td>2008 年
(H20)</td><td>副都心線池袋～渋谷駅間の開業，東武東上線，西武池袋線と相互直通開始</td><td colspan="2"></td></tr>
<tr><td>2009 年
(H21)</td><td></td><td rowspan="4">東横線相直ダイヤ</td><td>日中パターンダイヤ検討</td></tr>
<tr><td>2010 年
(H22)</td><td></td><td>朝・夕ラッシュダイヤパターン検討</td></tr>
<tr><td>2011 年
(H23)</td><td></td><td>各時間帯のパターンダイヤ完成</td></tr>
<tr><td>2012 年
(H24)</td><td></td><td>車両運用調整完了</td></tr>
<tr><td>2013 年
(H25)</td><td>東急東横線，横浜高速鉄道みなとみらい線と相互直通開始</td><td colspan="2"></td></tr>
</table>

●図 5.22　ダイヤの読み合わせ

ら大変なことになってしまい，ダイヤ担当者はノコノコ会社に戻ることはできない．

この儀式以降は，よほどのことがない限りダイヤを変更してはいけないことになっている．万が一，そのようなことになった場合は，課長職が頭を下げてお願いに行くことになってしまう．担当者に緊張が走る一瞬である．

その確認が終わると，ダイヤに応じて乗務員運用を割り振っていく．ダイヤ改正3か月前となる12月ごろに，時刻表の会社や乗換案内の会社に渡す時刻表データの作成，プレスリリースの準備を行なっていく．残りの3か月で運行管理装置のデータ作成，諸帳票の整備を終え，ダイヤ改正に万全を期すこととなる．

毎年，毎年，ダイヤ改正がよくあるなと思われるかもしれないが，相直路線においては，相手の会社がダイヤを改正すれば，こちらも少なからず影響があるため，ダイヤを改正することとなる．例えば，3路線が相直していて，毎年どこかの会社で改正があるとすれば，3年間で3回のダイヤ改正となってしまう．そこで相直会社では，あらかじめ何年度のダイヤ改正で何をやるということのネタ出しを行ない，情報を共有化して，効率良くダイヤ改正をするための計画を立てている．

(3)　車両キロの均衡

相直のダイヤ改正にあたっては，両者の間で，車両キロが均衡するように車両運用計画を作成する．例えば，東京メトロと小田急の間で相直を行なう場合，車両キロ＝走行区間キロ×運転回数として

①小田急線内での東京メトロ車両の車両キロ＝東京メトロ線内での小田急車両の車両キロ

となっていることが望ましい．

JR東日本を交えた3社での相直の場合には，さらに

②JR東日本線内での東京メトロ車両の車両キロ＝東京メトロ線内でのJR東日本車両の車両キロ

③小田急線内でのJR東日本車両の車両キロ＝JR東日本線内での小田急車両の車両キロ

といった具合に，3社の間で車両キロがすべて均衡していることが望ましい*3（図5.23もあわせてご参照いただきたい）．

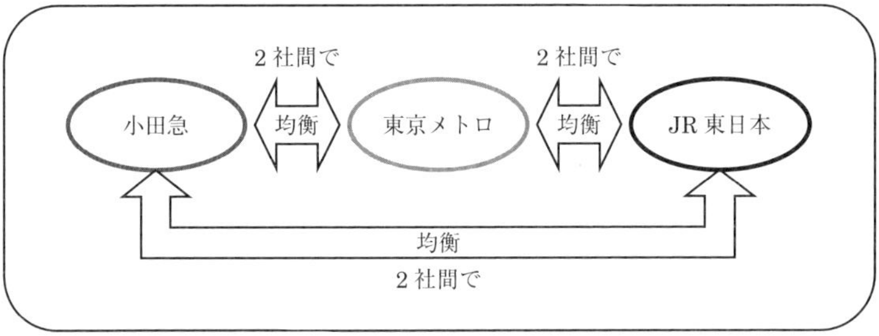

●図5.23　3社間での車両キロの均衡のイメージ

5.2.5　相互直通運転のダイヤ改正例

(1) 2014年千代田線

2014（平成26）年3月26日の千代田線ダイヤ改正では，千代田線の日中時間帯の5分ヘッド化並びにJR常磐緩行線の同時間帯10分ヘッド化を実施した．一方，小田急線では，同時間帯の相直本数を1時間あたり2本から3本に増やした改正となった．利用者にとっては，列車に乗車する機会が格段に増え，相直列車も増えるなどフリークエンシー向上につながるものであった．

このようなダイヤ作成は，列車の増発であるからスジの選択肢が広がって簡単

＊3　困難な場合は，2社間で精算運転を実施する．ここで，精算運転とは，実際の走行距離を均等にするために，元々の計画とは異なった会社の車両によって列車を運転することをいう．

そうに思えるかもしれない．しかし，当時は，JR線および小田急線の3線をまたいで運行できる車両は東京メトロ車両しかなく，他社の車両は，自社線内と東京メトロ線内しか走れないという制約があった．このことから，この改正で日中時間帯に増発した小田急線からの直通列車には，メトロ車両のみが充当可能であった．そのうえで，それぞれの会社線車両と車両走行キロバランスを勘案しながら考えていく必要があることから，車両運用と車両キロの調整で多くの検討時間を費やすことになった．

後年の2016（平成28）年3月26日のダイヤ改正時から，車両改修や車両の新造によりJR車両および小田急車両が東京メトロ車両と同様に，どの路線でも運行ができるようになり，車両運用計画の作成と車両キロ調整に必要な労力が少し軽減された．

(2) 2016年副都心線

2016（平成28）年3月26日の副都心線ダイヤ改正では，急行列車が平日にも明治神宮前駅〈原宿〉（図5.24）に停車することになった．すでに，土休日ダイヤでは，2010（平成22）年3月6日のダイヤ改正で同駅に停車していたが，この改正によって曜日に関係なくすべての急行列車が停車することになった．

●図5.24　明治神宮前駅名標

一見，ただ停車させればいいのでは？とお思いになるだろう．しかし，列車を1駅停車させると，列車の減速時間と加速時間，停車時間で55秒，運転時間が増加してしまうことになる．特に副都心線では，路線の両側で相直しており，かつ広範囲なネットワークが形成されていることから，わずか55秒の増加とはいえ，どちらかの会社に時刻をずらしてもらわなければならない．もちろん，可能であれば自線内で余裕時間のある部分を削って運転時分を短縮することも行なうが，副都心線小竹向原～渋谷駅間の路線長は11.9 kmと短く，さすがにその区間で55秒という余裕はもっていない．

仮に片側の東横線だけで対応することにすると，元町・中華街駅での折返し時間がそのぶん減少してしまうことになり，折返し時間が不足する．また，下り列車が遅れたときには，少しの遅れでも上り列車も遅れることになる（図 5.25）．そこで，関係する 4 社に協力をいただいた．特に東急電鉄および横浜高速鉄道には，相当な協力をいただいた．A 線，B 線[*4]で明治神宮前駅の停車に要する時間を捻出しなければならないため，東武東上線急行列車，西武池袋線快速急行列車，東急東横線，みなとみらい線の特急列車の時刻繰下げや繰上げをするという大がかりな作業となってしまった．東横線では特急列車の下り渋谷駅発時刻が 00，15，30，45 分と綺麗にそろっていたところを，1 分繰り上げてもらい，綺麗な東急ブランドを崩すことになってしまった．2013（平成 25）年からの東横線相直により 5 社相直という固い絆のもと，利用者のサービス向上を主眼に，みんな（5 社）でダイヤを良くしていこう，という気持ちがブランドを超えて実った成果であった．

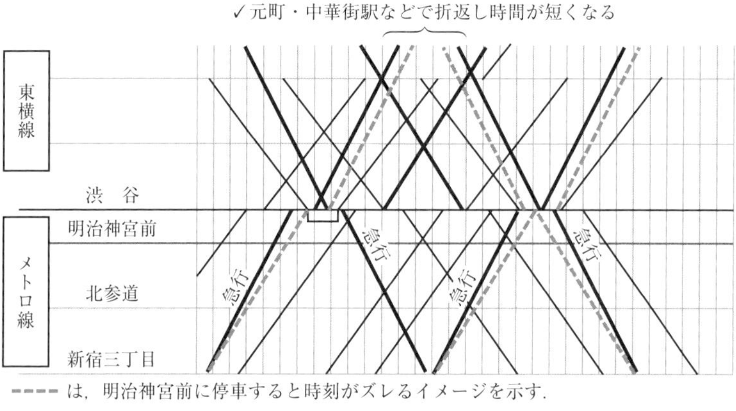

●図 5.25　急行列車が明治神宮前駅に停車することの影響

*4　いわゆる下りと上りだが，東京メトロでは，路線の起点（となる駅）から終点（となる駅）への方向を A 線，その逆を B 線と称する．副都心線の場合，池袋から渋谷に向かう方向が A 線，その逆方向が B 線．

5.2.6　相互直通運転のダイヤの工夫

前項にあるように，相直を行なっているとどこかで必ず輸送障害や列車の遅れが発生し，直通運転の継続ができなくなったり，列車遅延が他線まで及んでしまったりと，利用者に迷惑をかけることになる．この場合は，一部区間の列車の運転打ち切りを行なっていく．乗客に不便をかけることになるが，列車運行の健全な維持を図るため，輸送障害が発生した路線の列車を定刻に運転することを念頭に置いてのことである．

(1) 直切りダイヤ

時として，小さなトラブルや人身事故などの大きな事故が発生することがある．小さな遅れであればそのまま流してしまうが，復旧するまでに長い時間を要すると見込まれる場合には運転を見合わせることになる．しかし，相直を行なっているすべての路線で列車が止まることがないよう，支障のある相直区間への乗入れのみを取りやめる．つまり，支障区間への相直は全面的に中止し，すべての列車を境界駅で折り返すことになる．これは，他線区への遅延伝播を最小限に留めるための手段である．利用者にとっては大変迷惑なことであるが，関係路線全体への遅延波及や相直運転の維持のためには必要なことである．

このようなときに用いられるのが「直切りダイヤ」である．直切りダイヤは，ダイヤを検討する時点であらかじめ作成（図 5.26）してある．各会社で，境界駅において自線折返しを行なうダイヤをあらかじめシミュレーションしておくこと

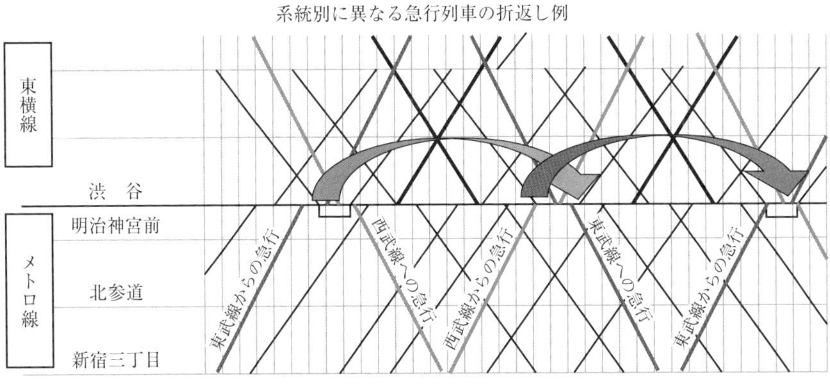

●図 5.26　直切りダイヤの一例

によって，有事の際に効力を発揮している．

図5.26は，副都心線の急行列車の直切りダイヤのイメージである．急行列車は東武線および西武線から30分おきに交互に運転されている．東武相直系のスジに充当される車両としては，東武車両，東京メトロ車両および東急車両の三つの所属があり，西武相直系のスジに充当される車両としては，西武車両，東京メトロ車両および東急車両の三つの所属がある．

もう，おわかりだと思うが，東武車両は西武線に直通できない．また，西武車両は東武線に直通できない．そのため，何でもかんでも回せばいいというものではない．運用を考えて車両を回していかないと，直通運転ができなくなってしまう．そのためにも直切りダイヤのルールを決め，さらにこのような場合でもうまく車両を回しやすいように考慮してダイヤを作成しておくことも，ダイヤ担当者の技量にかかわってくる．

(2) 運 行 管 理

指令所では，列車の遅れを常に監視して，相直相手会社との列車の遅れのやりとり，直通打ち切りの指示を行なう．また，朝ラッシュであれば，他路線からの進入列車に遅れがあったりすると，本来ならばその直通列車の次に発車する列車と発車順序を変更（「運行順序変更」（図5.27））して，ダイヤ乱れを抑制していく．指令所で運行を監視しているほかに，相直境界駅では，駅の信号所に両社の係員が詰めており，詳細な在線状況を見て，よりよい運転手段をリアルに打ち合わせ，列車の進路を的確に判断し，機敏に対応している．

5.2.7 よりよい相互直通運転にむけて

近年では，従前は取得でき得なかったデータが次々に取り出せるようになった．現在では，データ社会といわれるようにビッグデータを収集し，分析して「むだなく効率よく最適なものを提供できるよう」に活かされてきている．鉄道界でも，そういったデータが活かされつつある．ここでは，特に運行にかかわるデータを用いてダイヤが作成されている例について述べる．

(1) クロマティックダイヤ

運行管理装置から出力される運行実績データを用いることにより，見慣れているダイヤ図に列車遅れの大きさをスジ上に色別に分けて可視化するグラフである．遅れがなければ青色，遅延が大きくなるに従い，緑色→黄色→オレンジ→赤

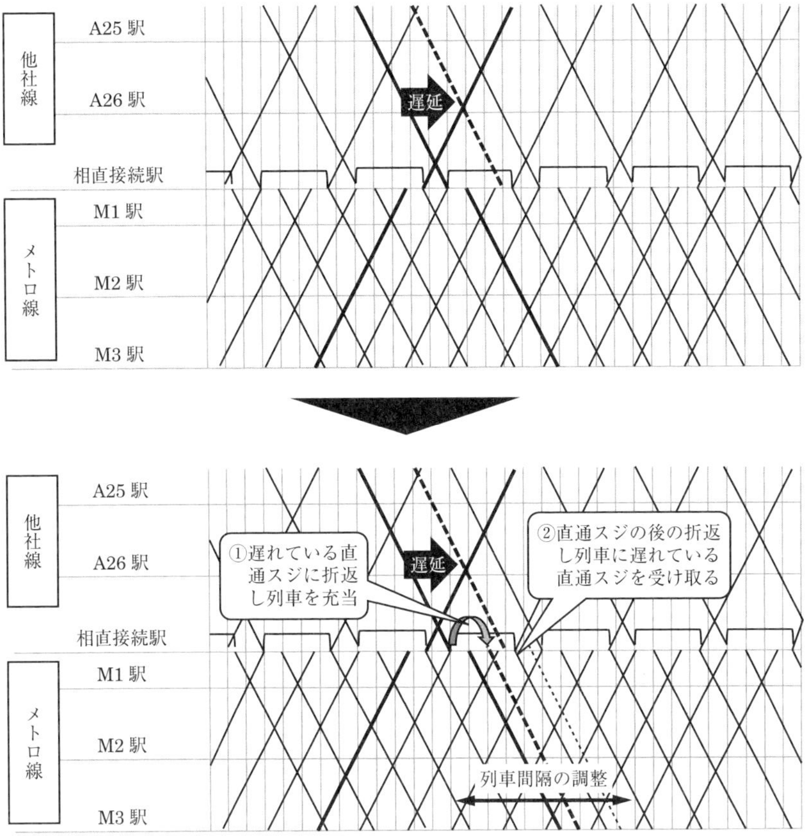

●図 5.27　運行順序変更のイメージ

色に表示されることで，遅延の実態を視覚的に見ることができるもので，「クロマティックダイヤ」（図 5.28，口絵 5 参照）と呼ばれている[*5]．

これは，1 日の遅延状況を見ることもできるほか，任意の期間（例えば，1 か月）の平均値や中央値でのダイヤ図も描くことができるため，遅れが常態化しているボトルネックを発見することもできる．また，駅停車時間が多くかかっている列車や，当該駅の遅延対策を実施することにも一役を担っている．

＊5　稲川真範，富井規雄，牛田貢平，列車運行実績データの可視化，J-Rail2009，鉄道技術連合シンポジウム，2009.

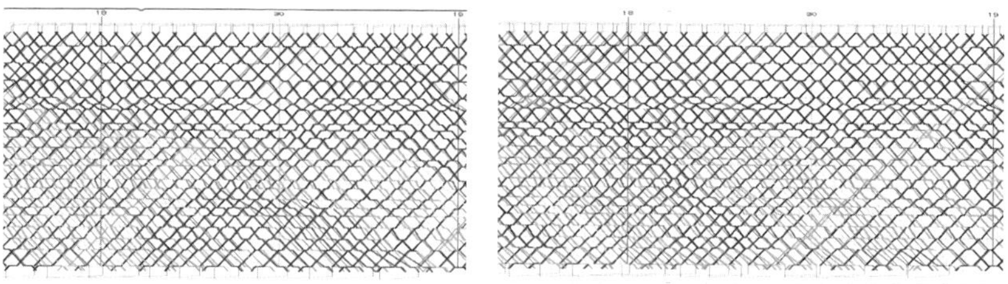

●図 5.28　クロマティックダイヤ（左：遅延大，右：遅延少）

(2) 混雑の見える化

満員電車の混雑緩和を図るため，東京都が通勤時間をずらすことによって満員電車の混雑緩和を促進する「時差 Biz」が 2017（平成 29）年から展開されてきた．これに伴って，東京メトロでは時差 Biz 期間中，一部の路線で朝ラッシュ前に列車を増発することでラッシュピークに集中する利用者に通勤時間シフトの対応を行なった．また，ラッシュ時間帯に運行する列車の 1 車両ごとの混雑度合いを色分けして，駅に掲示したり，ホームページに掲載したりして，比較的空いている車両や他の空いている列車の利用を呼びかけていった．しかしながら，これは人力による短期間調査で行なったもので，リアルタイム性が低い．そこで，何か自動的に計測できるシステムはないかと模索をしていた．他社においては，全列車について，車両の重量を駅ごとに計測して，乗車率に変換して網羅できるシステムがすでに実用されていた．しかし，東京メトロの場合，多数の他社車両が走行しているため，すべての車両に計測装置を搭載するのは困難であった．

ちょうどそのころ，コロナによる「3 密」を回避する動きが高まる中，混雑状況を即座に利用者へ提供していくことが急がれていた．そこで，固定的な考え方を変えて，駅に設置したカメラ定点観測で計測できれば，車両改造を行なわなくても計測できることがわかり，業界では初となる車内奥行を計測できる「デプスカメラ」と人工知能を用いて，カメラの計測精度や混雑データの検証を綿密に行ない，短期間に列車混雑率計測システムを開発することができた[*6]．

これにより，利用者に列車の混雑状況をリアルタイムに発信することが可能と

＊6　足立茂章，吉野秀行，デプスカメラと人工知能（AI）を用いた列車混雑計測システムの開発，JREA Vol.64，No.8，2021.

なり「東京メトロ my! アプリ」（図 5.29）として利用をいただいている．また，HP でも列車混雑状況（図 5.30）を知らせており，利用者に安全で快適な空間を事前に見つけてもらうことで，スムーズな移動をお願いしたいと考えている．加えて，日々の列車ごと，車両ごとの混雑率の計測が可能となった．従前は，朝早くから現地に行って輸送課員による調査を行なっていたため，時間も労力も必要であった．しかし，DX 化およびデータ化されたことによって，1 年間の利用動向やコロナ禍における利用者の微妙な動向を把握することにも一役を担っている．

●図 5.29　東京メトロ my! アプリ

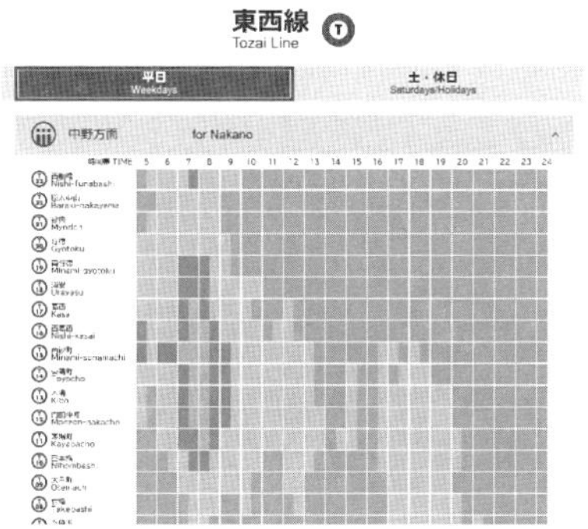

●図 5.30　列車の混雑の見える化（HP）

●● 運行情報の取得

運行管理装置が現在のように発達する前は，相直境界駅の信号所に双方の会社の信号係が配置され，運行順序の監視やダイヤ乱れの打合せを行ない，指令所にその状況を連絡していた．その後，指令所において一元管理や安定運行を行なっていくために，会社相互間で他社線の列車在線情報がわかるようにデータ授受を行なうようになった．といっても，他社線全体の在線情報がわかるわけでもなく，進入方向のおよそ 6 駅手前から表示される機能となっている．さらに情報を知りたいときには，専用電話で相直先へ問合せを行なったり，また，最近では，各社で実現されている列車位置などの情報を可視化するサービスを閲覧したりして，列車の遅れや在線位置などの情報を得ている．

5.2.8 今後の相互直通運転

相直を実施し，継続していくためには，各社の設備更新や，車両および保安装置などの多重系化（どの会社の路線にも対応できるように）が必要になる．そのためには，多くの投資が必要となり，1社だけではダイヤ改正ができないことはおわかりいただけたかと思う．

時代が進むにつれ，技術の進歩により，さらに安全で高機能な保安装置や各種設備が必要とされてくるため，相直事業は大変利便性が高く，需要が高められる輸送システムの一つである．しかし，多額の費用がかかる厳しいものとなっている．今後も乗り入れる路線の拡大や有料着席列車の導入が考えられるものの，昨今のコロナ（COVID-19）およびこれに相まってテレワークやWeb会議など業務のオンライン化の定着，3密の回避や都心への集中から周辺部への分散・多極化など，人々の意識・行動や，消費活動・企業活動および社会構造などの変化に伴い，乗客の数がコロナ前に戻ることは期待できない．このコロナの影響により，鉄道界は大ピンチに陥っており，利用状況に見合ったダイヤとするべく列車本数の見直しを行ない，適正な輸送力としている鉄道会社も多く見受けられる．

相直を行なっていると，さまざまな制約があり，自社だけで解決することがとても困難であり，新たな施策の実施に向けては，かなり時間を要することもある．相直は，諸外国からみても日本特有の“お家芸”である．これまでの相直ルールは，合理性があるものの，もっと制約が軽減され利便性の高いものになることを期待していきたい．日本で始まったルールであるから，日本がさらに進化させていく必要があるのではないだろうか．

ダイヤは，鉄道の「最大の商品」といわれている．その商品が，品薄であったり，粗悪なものであれば利用者に受け入れてもらえない．われわれ，相直に携わる者が時代のスピード，動向を敏感に感じながら，市場リサーチをして，利用者に最良の品物をお届けできるか，相直の手を取り合って精進していきたいと考えている．

列車番号

東京メトロでは，下２ケタの運行番号を基本とした列車番号を用いている．１日の車両運用の動きを把握するのに有利であるためである．また，上２ケタは発駅の時刻となっているので，およそ何時頃の列車かがわかる．

列車番号の付け方は，会社それぞれのものとなっているため，相直境界駅において列車番号の付け方や呼び方が変わることになっている．しかし，相直を行なう車両の前後部には，メトロ式運行番号をそのまま継続して表示して運転している．相直先路線の列車番号については，数字だけの 4 ケタのものや，上り列車では運行番号から 1 を減じるというルールがあることもある．ダイヤ担当者は，他社線の列車番号も熟知していないと，提案されたダイヤを見たときや打合せの際に，話が通じないことにもなりかねない．

5.3　西武鉄道─野球場輸送への対応

5.3.1　西武鉄道の概要

西武鉄道は池袋線と新宿線を 2 大幹線として，その他の支線をあわせ計 12 路線，176.6 km，全 92 駅（旅客駅のみ）からなる路線である（図 5.31）．2021 年度の利用者の数は，1 日あたり 139 万人（コロナ禍前の 2019 年度は，182 万人）であった．

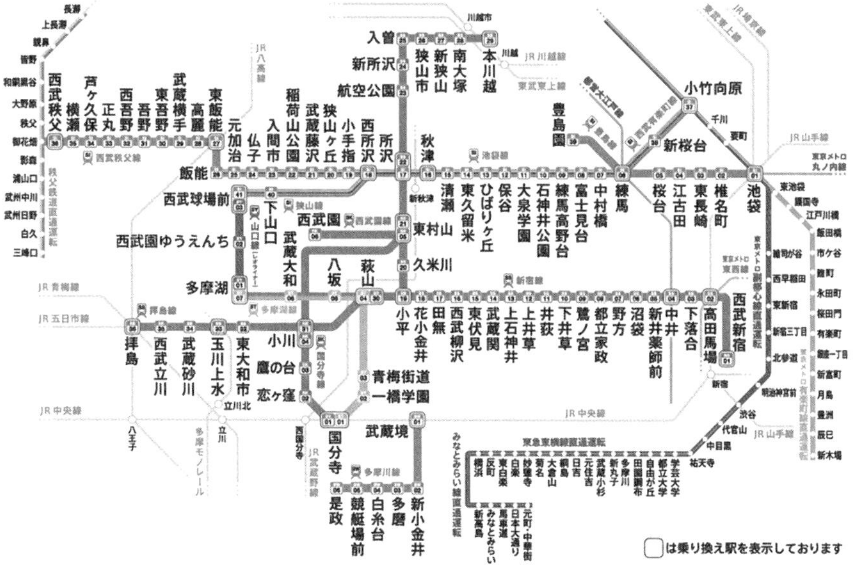

●図 5.31　西武鉄道路線図

西武鉄道のダイヤ上の特徴として，混雑の分散化を図るために優等列車の停車駅をあえて違えたダイヤ（俗にいう「千鳥停車方式」のダイヤ）を採用していること，および野球輸送用の専用ダイヤが存在することが挙げられる．本節では，千鳥停車方式を解説した後，野球輸送への対応方法について，その詳細を述べる．

5.3.2 千鳥停車方式

西武鉄道では，いくつかの種別の優等列車を設定し，その種別ごとに停車駅を細かく分けて，優等列車の停車駅を分散させるダイヤを古くから採用している．一般には，千鳥停車方式，千鳥停車ダイヤなどという呼び方で親しまれているので，本節でも，これらの用語を用いる．

千鳥停車方式は，速達性の高い列車に混雑が集中することを避け，複数の列車に混雑を分散させることを目的とする．具体的には，池袋線の乗降人員の多い駅が連続する清瀬から石神井公園（図 5.32）の朝ラッシュ時間帯で採用している．図 5.33，5.34 に示すように，例えば，通勤急行は，清瀬を通過し，東久留米に停車した後，ひばりヶ丘を通過して，保谷，大泉学園，石神井公園に停車する．一方で，快速は，清瀬，東久留米，ひばりヶ丘に停車した後，保谷，大泉学園を通過して，石神井公園に停車する．さらに，通勤準急は，清瀬から大泉学園の各駅に停車するが，石神井公園は通過する．

千鳥停車方式には，混雑の分散に加えて，次のような利点がある．

・列車間の間隔を詰めて列車を設定できる．一般に，停車–停車とする（図5.35左）よりは，停車–通過とする（図 5.35 右）方が，列車間に確保すべき間隔（運転時隔）が小さくてすむ．そのため，より高密度での列車の設定が可能

駅　名	乗降人員	
	'20 年度	'21 年度
石神井公園	61,897	82,902
大泉学園	64,601	87,359
保　谷	47,517	63,372
ひばりヶ丘	55,311	74,392
東久留米	41,462	54,968
清瀬	51,992	69,578

●図 5.32　各駅の乗降人数

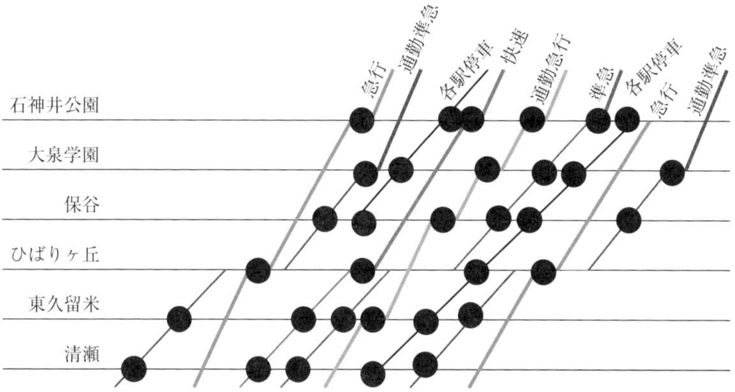

●図 5.33　千鳥停車方式ダイヤにおける停車駅（●が停車）

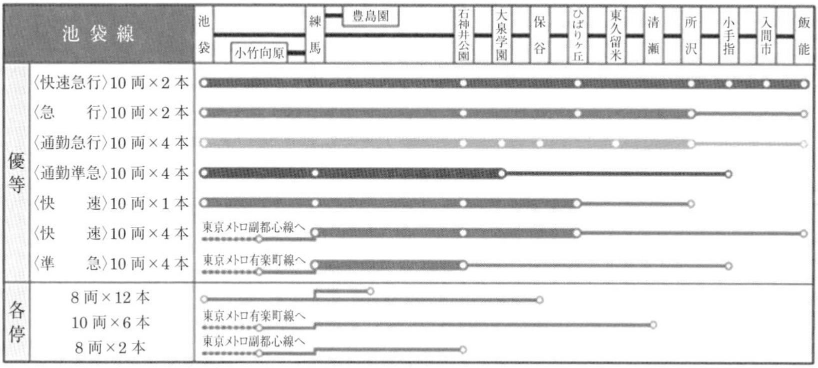

●図 5.34　池袋線系統の朝ラッシュ1 時間の運転形態

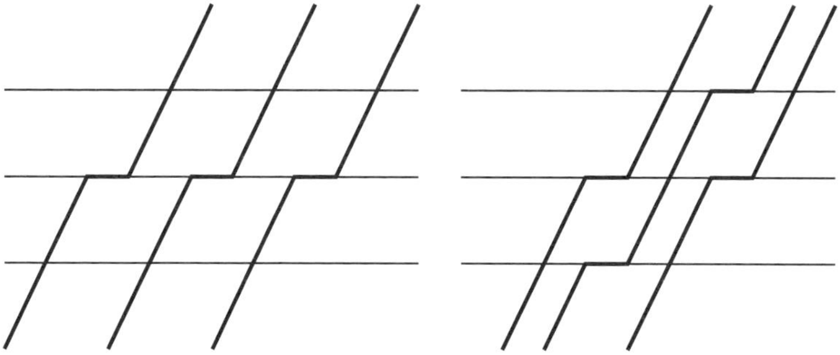

●図 5.35　通常のダイヤ（左）と千鳥停車方式のダイヤ（右）―模式図

になる．

・先行列車が前方駅で停車中に，後続列車が手前の駅に停車することで，停車時間を確保するとともに，双方同時に出発することができるので，続行列車が先行列車に追いついて場外で待つことを極力避けることが可能になる．踏切が数多く存在する当社にとっては，踏切遮断時間の短縮対策としても一役買っている．

乗降人員の多い駅が連続するこの区間では，千鳥停車方式のダイヤは，列車ごとの混雑の平準化，それによる遅延発生の防止，場外待ちによる踏切の長時間遮断の防止などに大変有効に機能している．また，一般に，千鳥停車方式には，列車種別が多くなり，利用者は自分が乗るべき列車の選定に戸惑うという問題点があるといわれる．しかし，西武鉄道で千鳥停車方式を採用しているのは通勤時間帯であり，この時間帯には乗客が利用する列車はほぼ固定されているので，特に混乱や苦情はない．

5.3.3　野球輸送への対応

(1)　試合終了時間が定まらない中での復路輸送

2019年度（コロナ禍以前）の西武ドーム（ベルーナドーム）では，平日ナイターで12,000人，休日のデーゲーム，ナイターで16,000人の観客が鉄道を利用して帰途につく．平均入場者数の総数は，平日ナイターで約22,000人，休日のデーゲーム，ナイターでは約30,000人であるので，球場入場者の約55％が鉄道の利用者ということになる．

西武鉄道沿線では野球輸送に限らず，日本三大曳山祭りの一つである「秩父夜祭」や航空自衛隊入間基地で行なわれる「航空祭」など，他にも大きな催事がある．しかし，これらの催事は，いずれも終了する時間があらかじめ決まっており，ピーク時間帯も予測可能である．したがって，それらの時間に合わせて，効率的かつ効果的な臨時ダイヤを設定することができる．しかし，野球輸送においては，肝心の終了時間が決まっていない．当日の入場者数も，リーグ順位や対戦相手，登場選手により変動する．ワンサイドゲームになると，負けているチームの観客は早々に帰路につくが，競り合いのゲームになると，途中で帰る観客はほぼ皆無である．また，試合終了後にセレモニーなどのイベントがある場合には，試合が終了しても多くの観客が球場内に留まる．このように，復路輸送においては規則性がないことが大きな特徴といえる．また，球場から駅までの距離が遠ければ，利用者の流れがある程度分散されるが，西武球場前駅はドームから改札口までの距離が約 150 m と近いため（図 5.36），イベント終了とともに大勢の鉄道利用者が一気に駅に押し寄せることになる．

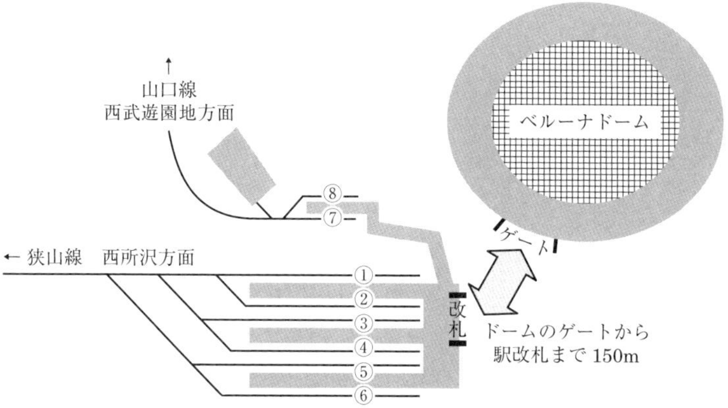

●図 5.36　西武球場前駅とベルーナドーム

これらの条件をクリアして，この多くの利用者を，より効率的になるべく短時間に，かつむだがないように運ぶために考え出されたのが「野球ダイヤ」と「終了パターン」である．

(2) 野球ダイヤと終了パターン

「野球ダイヤ」とは，野球輸送に関連して運転される可能性のある列車を含めた基本ダイヤのことをいう．そして，それらの列車のうち，どの列車を実際に運転するかを指定するのが「終了パターン」である（これらによる輸送を，以下では「パターン輸送」と呼ぶことにする）．

当社では，ダイヤ改正時に，平日ダイヤ（野球なし），平日ナイターダイヤ，土休日ダイヤ（野球なし），土休日デーゲームダイヤ，土休日ナイターダイヤの5種類の基本ダイヤを作成する（これらのうち，平日ナイターダイヤ，土休日デーゲームダイヤ，土休日ナイターダイヤが「野球ダイヤ」である．例えば，平日ナイターダイヤは，「ナイターが開催される平日に施行されるダイヤ」を意味する）．図 5.37 に，野球ダイヤと終了パターンの使用例のイメージを示す．図 5.37 左は野球開催なしのときのダイヤ，図 5.37 右は野球ダイヤである．これらからわ

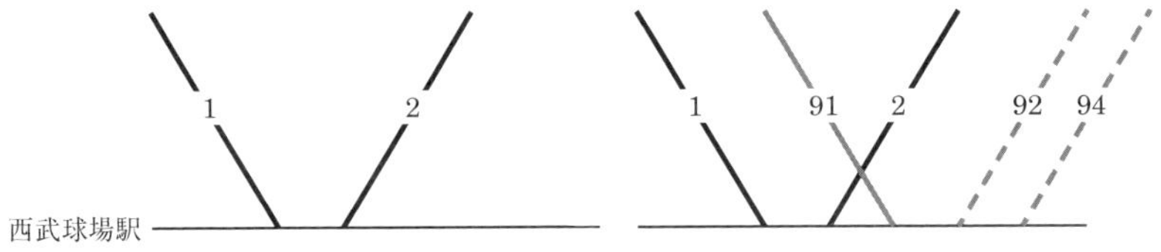

●図5.37 野球ダイヤと終了パターンのイメージ

かるように，列車91，列車92，列車94は，野球が開催されない日には運転されない．野球が開催される日には，列車91が運転される（細かいことをいうと，91は，この野球ダイヤが施行される日には必ず運転されるので，位置付けとしては「定期列車」になる）．また，列車92と列車94は，試合の終了時刻に応じて運転するかどうかを決める（必ず運転されるわけではないので，位置付けとしては「不定期列車」になる．以下では，わかりやすさを重視して「臨時列車」と呼ぶ）．試合終了時刻に応じて，どの列車を運転するのかを決めるのが，終了パターンである．したがって，終了パターンは，試合の終了時刻ごとに複数作成しておく（詳細は，後述する）．また，終了パターンには，臨時列車の運転計画だけでなく，臨時列車に関連する車両の運用計画も含まれている．また，終了パターンごとの乗務員（運転士，車掌）の運用計画も作成しておく．

他の鉄道会社では，突発的に発生する大きな需要（花火大会など）に対応するためには，ダイヤ改正時に，平日と土休の二つの基本ダイヤを作成し，それらに対して臨時列車を運転するという方策がとられることが一般的である．その際，駅や車両基地，乗務員区所などの関係箇所には，基本ダイヤからの変更（臨時列車の運転時刻，臨時列車を走らせるために生じる定期列車の時刻や番線などの変更，車両運用計画の変更，乗務員運用計画の変更など）を，前もって伝達しておく．また，何らかの手段（駅での掲示，ホームページ，SNSなど）によって利用者にもあらかじめ知らせる．しかし，当社の野球場輸送にこの考え方を適用しようとすると，いくつかの問題が出てくる．一つは，野球の終了時刻は事前にはわからないため，基本ダイヤからの変更の情報を前もって関係箇所に伝達しておくことはできないということである．そのため，野球の終了時刻判明後，直ちにこれらの情報を伝達する必要があるが，時間的制約がある中で大量の情報を伝達することは非常に困難である．もう一つは，基本ダイヤからの変更が大量になるため，伝達すべき情報が多くなり，係員の作業も利用者への案内も非常に複雑になってしまうことである．このような事情から，当社では，平日や土休日ダイヤをもととしつつも，それらに対して必要な変更を組み込んだダイヤを野球ダイヤとしてあらかじめ作成し，野球開催日は，そのダイヤを基本ダイヤとして終日使用するという方式をとっている．

(3) 野球ダイヤ，終了パターンの作成手順

野球ダイヤの作成手順としては，ダイヤ改正時に，平日，土休日のダイヤを作成したあと，そのダイヤをもとに，平日ナイターダイヤ，土休日デーゲームダイヤ，土休日ナイターダイヤの野球ダイヤを作成してゆく．それが終了すると，続いて，終了パターンの作成を開始する．野球の試合がどの時間に終了しても，十分な輸送力が提供でき，かつ効率良く輸送が行なえるように，野球終了時刻15分ごとに一つの終了パターンを作成する．それぞれの計画ダイヤに対して終了パターンを作成することから，結果として，終了パターンの数は，それぞれの野球ダイヤに対しておおよそ10～20となる．これを終了パターン表として，ダイヤ改正時に関係箇所に周知しておく．終了パターン表の一部を図5.38に示す．ここには，パターン番号，その終了パターンを適用することを決定する最終時刻（この終了パターンを適用するためには，この時刻以前にそのことを決定する必要がある），運転する臨時列車–通常は，野球終了時刻に合わせて，池袋行きの10両

パターン番号	最終決定時刻	運転する列車	運休となる列車	車両の運用・着発線の指定
P1	20：22：00	8252　8751 8254　8253 8256　8755 8757　8752	8715 8722	西武球場前 8252　10両　4番線，8254　10両　3番線，8256　10両　2番線 西所沢 6226を6223にあてる　2番線，6230を6227にあてる　2番線 保谷 5743を8757にあてる　1番線
P2	20：37：00	8254　8753 8256　8755 8758　8759 8757　8752	8715 8722	西武球場前 8254　10両　4番線，8256　10両　3番線，8258　10両　2番線 西所沢 6226を6223にあてる　2番線，6230を6227にあてる　2番線 保谷 5743を8757にあてる　1番線
≀≀	≀≀	≀≀	≀≀	≀≀
P9	22：22：00	8372　8771 8376　8773 8380　8775 8574　8578	6228 6230 8772 8724	西武球場前 8372　10両　4番線，8376　10両　3番線，8380　10両　2番線 62221を8574にあてる　1番線，6223を8578にあてる　1番線 ※8574は池袋行となる 西所沢 6226を6225にあてる　2～5～2番線，6232を6227にあてる　2番線 保谷 8574を5758にあてる，5745　入庫，5751　2～2 6番線

●図5.38　終了パターン表（一部）

編成の列車を3本運転するが（コンサートなどの多客時には，さらに多くの臨時列車が運転される．詳細は後述），これらの列車と，これらの列車を運転するために必要な列車[*7]の運転計画，運転しない臨時列車，車両運用計画や番線の情報などが含まれている．車両運用計画の作成にあたっては，翌日の列車の運転に必要な編成が所要の場所に収容されるように留意する．また，乗務員の勤務内容についてもあらかじめ定めておく．

また，いずれの終了パターンにおいても，西武球場前駅では，4番線（臨時列車）–1番線（定期列車）–3番線（臨時列車）–1番線（定期列車）–2番線（臨時列車）–1番線（定期列車）–5番線（臨時列車）の順に番線を使うようになっている（西武球場前駅の番線は，図5.36参照）．これは，番線をいわば交互に使うことによって，ホーム上の混雑を分散させるためである．なお，このような事情から，基本ダイヤ（野球ダイヤ）には，臨時列車の番線は含まれておらず，終了パターンの中で指定される．

(4) 終了パターンの適用

前述のように，野球開催日，池袋線系統の路線では，初列車から野球ダイヤを基本ダイヤとして運行する．とはいっても平日ナイターダイヤでは，朝～夕方までは通常の平日ダイヤと同じ内容である．試合開始時刻（18時）の約2時間前から，狭山線からの入場者が増え始め，1時間前から開始直前までがピークとなる．平日の場合は仕事帰りの人が多く，試合開始後も少しの間は往路輸送が続く．試合時間は平均で3時間程度であるので，試合開始時刻から1時間程度経過すると，利用者の足もパタッと止まる．臨時列車として運転する車両の据付も完了し，狭山線はいつもの通勤・通学の乗客だけで一時的に閑散となる．西武球場前駅責任者は，輸送が落ち着いているタイミングを見てドーム内に入場し，実際の入場者の状況を自分の目で確認する．試合が7回を終えると，球場に詰めている駅・乗務所管理者を中心に復路輸送に関する打合せを行なって入場者数や球場からの情報を共有する．また，復路輸送の注意点などの確認を行なう．あわせて，西武球場前駅乗務員詰め所に待機している乗務員が臨時列車になる車両の出庫点検を開始し，各ホームに待機していた車両に灯りがともる．このようにして，帰

*7 車庫などから西武球場駅に向けて運転される列車．それらの車両が，野球終了時に運転される列車にあてられる．

路につく利用者を輸送する体制を整える．

9回裏（西武が勝っている場合は9回表）の攻撃に入ると，いよいよ復路輸送のカウントダウンが始まる．西武球場前駅責任者は，その試合のゲーム展開，終了後のイベントの有無，自動改札機データ（出場者数－入場者数）による復路輸送に必要な輸送力などを勘案し，終了時刻によるパターン番号を見定めておく．野球が終了するとドームから野球終了の連絡が入る．この連絡により，西武球場前駅責任者が終了パターンの最終判断を行ない，決定したパターン番号を運転司令に連絡する．

野球終了と決定したパターン番号の連絡を受けた運転司令では，運行管理装置の運転整理画面において，パターン番号を入力・実行する（図5.39）．これにより，終了パターンに含まれているダイヤの変更の塊が一斉に全駅に送られ，そのパターンに合わせた信号制御・案内表示が全線で反映される．また，それと同時に，全駅・乗務員に対して，列車無線・有線放送を使用して一斉に野球が終了し復路輸送に入ることとパターン番号を知らせる．運転関係で直接関係がある駅・所に関しては，個別に司令通告によって周知徹底を図る．

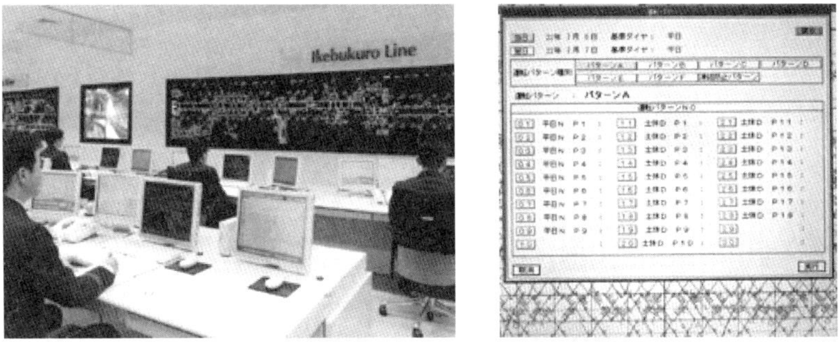

●図5.39　運転司令（左）と運行管理装置の終了パターン指定画面（右）

野球が終わる，終わらないかというタイミングで帰路につき始める客もいるため，その流れで野球の終了を感じることもできる．その後は，徐々に改札から入場する利用者が増え続け，あっという間にホームや停車中の電車内はいっぱいになる（図5.40）．西武球場前駅は，頭端式ホームの駅であるため，改札寄りの最後部車両は満員でも，前の車両に行くほど空いている．そのため，なるべく前方車両に乗車するような案内も実施する．

●図 5.40　野球終了時復路輸送の風景

西武球場前駅責任者は，混雑状況に応じて，ホームへの入場規制，改札入場規制などの対応を段階的に実施・解除しながら利用者の安全を確保してゆく．この流れが 1 時間ほど続き，既に列車の発着が終了したホームから，徐々に閉鎖をしてゆく．利用者の状況にもよるが，野球終了から約 1 時間半を経過するころに復路輸送の体制は解除となる．

(5) ダイヤ作成上の制約

野球ダイヤ，終了パターンの大まかな作成・適用手順は以上のとおりであるが，それらの作成にあたっては，さまざまな制約があり，それらが作成作業を困難なものにしている．

①西武球場前駅は，単線支線の終端に位置する駅であること

西武球場前駅がある狭山線は，西所沢駅で池袋線から分岐する 4.2 km の単線の支線である．中間の下山口駅には交換施設があり，野球・イベントのない通常の時間帯は15～20分間隔で列車が運転されているローカル路線である（図5.41）．

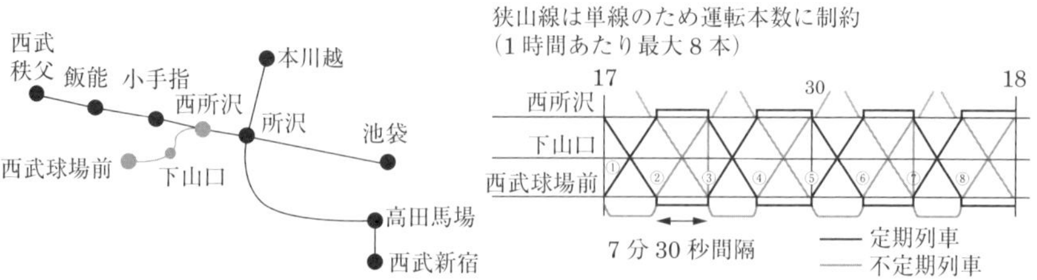

●図 5.41　本線から分岐した単線区間における制約

通常時では十分な本数を確保できるが，野球やイベントが行なわれたときには，列車を増発したくても，単線区間のため何本も続行で設定することはできない．すべての列車が中間の下山口駅で交換する基本的なダイヤで，1 時間あたり片道 8 本が最大となる．

②本線と合流する西所沢駅で平面交差支障が発生すること

西武球場前駅から出発した池袋方面行の列車（上り列車）は，西所沢駅で本線（池袋線）に合流する．この駅は，図 5.42 で示すように平面交差支障が発生する配線となっている．具体的には，西所沢駅から所沢方面に出て行く進路と，所沢方面から西所沢駅に到着する進路が互いに交差している（図 5.43）．すなわち，この二つの進路を同時に使うことはできず，どちらかの列車が待たされることになる．引上線からの進路についても同様である．しかし，西所沢駅の下り方の隣

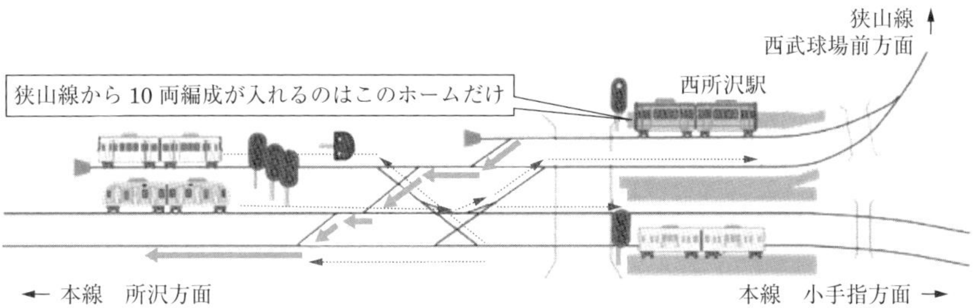

●図 5.42　西所沢駅の配線

●図 5.43　所沢方より西所沢駅を望む

の駅である小手指は，池袋線で最大の車両を留置する車両基地（小手指車両基地）を有する駅であるため，本線側の運転本数も多く，交差支障時分を考慮しながら本線の隙間を縫うような形で列車の時刻を決めていくことになり，ダイヤ作成にあたっての苦労が絶えない．

③西所沢駅使用ホームの編成制限

西所沢駅には，ダイヤを作成するうえで配慮しなければならない制限が，もう一つある．それは，2本ある狭山線の番線のうち，本線と橋を渡らずに乗換えができる2番線は，10両編成の運用が大きく制限されてしまうことである．2番線のホームは10両収容可能であるが，西武球場前方の2両分は曲線がきつく，電車とホームの間に大きな隙間ができてしまうため，10両編成の列車については，進入は可能であるものの，ドア扱いは行なわないこととしている．野球終了後は，効率的に輸送するために，基本的に10両編成の列車を運行させることとなるが，この制限のため，西武球場前からの上り列車を進入させられるのは1番線だけとなる．2番線は，本来，下り本線から1番線への進入と，2番線から上り本線への進出が同時にできるという意味で使い勝手のいい番線であるのだが，この理由で使うことができない．1番線から本線所沢方面に進出する進路は，本線までの距離が2番線からの進路よりも長くなるので，交差支障の時間も2番線にくらべて若干大きくなってしまうという問題があり，頭の痛いところである．

(6) 野球輸送の歴史

①野球輸送の開始と配線の変更

西武鉄道の野球輸送は，1979（昭和54）年，西武ライオンズ（現：埼玉西武ライオンズ）球団誕生の最初のシーズンにスタートした．現在では，プロ野球の試合を中心に，コンサートなどのイベントもあわせ，年間で80～100日程度，パターン輸送を実施している．

最寄り駅である西武球場前駅は，池袋線の西所沢駅から分岐する狭山線の終端に位置し，野球場が出来るまでは狭山湖駅として多摩湖・狭山湖への行楽目的で利用されていた．狭山線は，途中に「下山口」という1面1線の停留場があるのみの4.2 kmの単線区間で，当時は途中の行き違い設備もないローカルな支線であった．

野球輸送を始めるにあたり，大量輸送を行なうため駅自体を新たな場所に新設し，駅名も「狭山湖駅」から「西武球場前駅」に改称した．また，配線も2面2

線の相対式のホームから，3面6線と大きく改良された．さらに，1981（昭和56）年には，棒線駅であった下山口駅に番線を増設し，10両編成の列車の交換が可能となった（図5.44参照）．また，1985（昭和60）年には，西武園ゆうえんちとユネスコ村を結ぶ「おとぎ電車」の名称で遊戯物的な路線として親しまれていた「山口線」が，西武遊園地（現：多摩湖）～西武球場前駅間に路線を変更して，新交通システムとして開業し，現在の形に至っている．

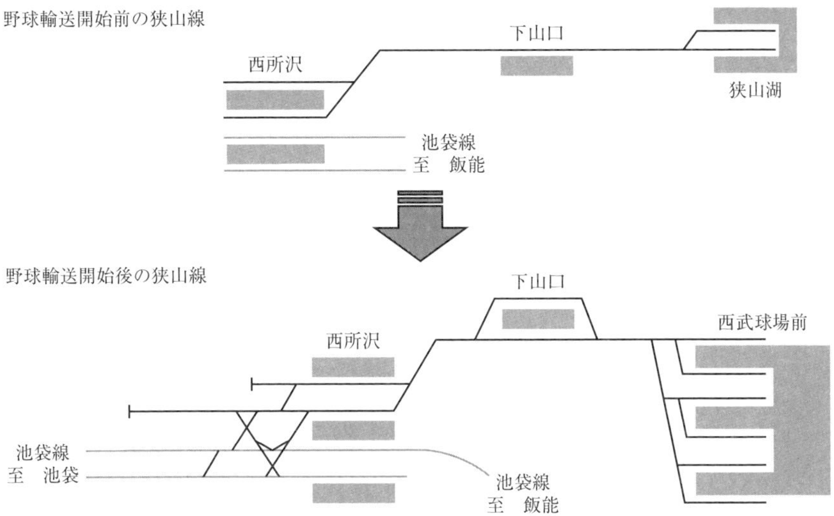

●図5.44　狭山線の配線変更

現在，ドーム化されている球場も，当初はオープン型の屋根なし球場であった．そのため，天候に左右されることがしばしばあり，ドーム化されるまでは野球が途中で中止になった場合に使用する「野球中止パターン」も存在し，往路輸送から始まり，試合開始からは，中止パターン，終了パターンと長時間にわたるパターンの作成をしており，パターンの種類も現在よりも多く存在した．

往路の輸送に関しては，特急ドーム号の運行や，相互直通運転の開始に伴って新木場（東京メトロ）や元町・中華街（横浜高速鉄道）始発の直通電車の運行を始めたほかは大きく変わっていない．しかし，復路の輸送に関しては，次に述べるように，形を変えて今に至っている．

②往路輸送と初期の復路終了パターン

往路輸送の場合，試合開始時刻に合わせて来場する観戦者が多い．しかし，遠方からは早めに来場する人もいるとか，あるいは，事前の練習から観覧する人もいることから，ある程度分散する傾向にある．このことから，例えば，平日ナイターの場合は，約1時間半前から臨時列車を設定し，通常15分間隔のところを平均9分間隔で臨時列車を設定している（図5.45）．

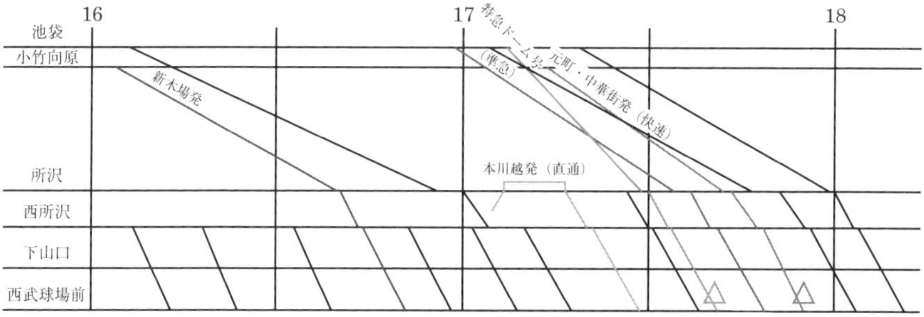

●図5.45　往路輸送（平日ナイターダイヤ）

当初の復路輸送では，不定期の優等列車が多く設定されたダイヤになっていた．これは，池袋行きの臨時急行を多数運転できるようにするためである．終了パターンによって運転されることとなった臨時列車と競合する定期列車については，臨時列車の通過待ちのために，途中駅での着発線や時刻の変更が生じていた．加えて，車両運用や行先の変更など，定期列車の運行に多くの変更が発生していた．また，これに伴い，利用者への案内も必要になるため（たとえば，終着駅への先着列車や優等列車の乗換駅が変更になるなどを案内しなければならない）ため，乗務員への通告作業が数多く発生していた（図5.46）．

このため，当時は，終了パターンが決定すると，主要駅のホームに乗務所の管理者が出場して関係列車の乗務員に口頭で変更内容の通告を行なっていた．また，時間的余裕がないものについては，列車無線を介して運転司令が通告を行なっていた．

③パターンなしダイヤ

その後，1999年のドーム化に伴い，天候不良による試合中止がなくなったことなどから，2000（平成12）年には，平日ナイターでのパターン輸送を廃止し

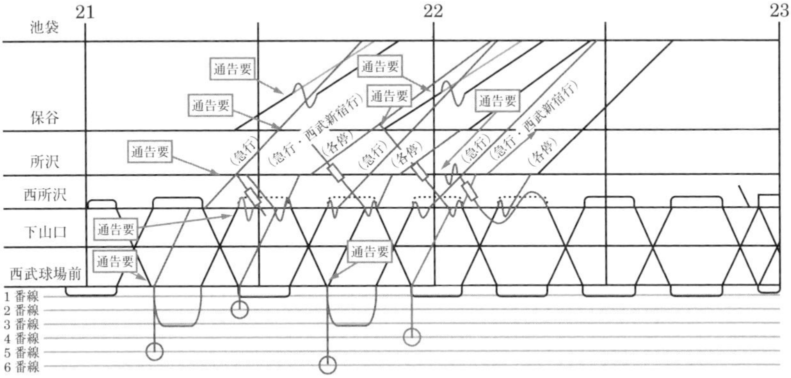

●図 5.46　初期の野球終了パターン発生時の例（平日ナイターダイヤ）.「通告要」は，乗務員への通告が必要な箇所を示す.

た．そして，翌 2001（平成 13）年には，土曜・休日を含め，パターン輸送そのものを廃止することとなった．

その代わりに誕生したのが，「パターンなしダイヤ」である．パターンなしダイヤは，野球の試合がある日には，試合開始時刻から 2 時間 30 分後～4 時間 30 分後にかけて，いつ試合が終わっても復路の輸送ができるように，常に各停と準急の池袋行きを一定間隔で設定したダイヤであった（図 5.47）．このダイヤは，野球のない日は所沢までの運転である列車を，野球がある日のダイヤでは所沢～西所沢間に延長運転し，狭山線の西所沢折り返し列車のスジとつなぎあわせるダイヤである．車両運用・乗務員運用的にも効率的なダイヤであった．試合の動向

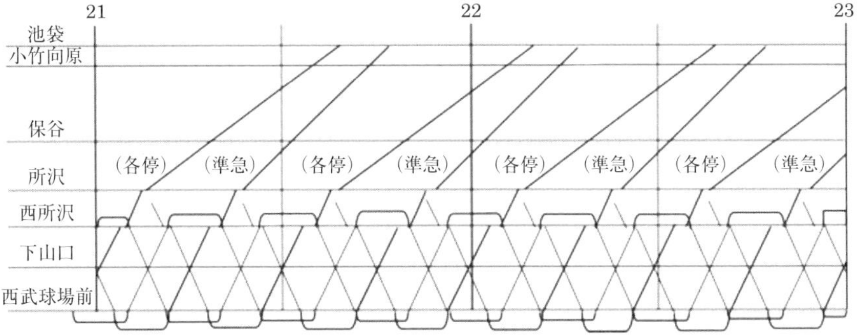

●図 5.47　パターンなしダイヤ（平日ナイターダイヤ）

に関係なく輸送が行なえるダイヤとして一定の効果があり，何よりも，これにより複雑な通告作業や案内を軽減することができた．

④復活した野球終了パターン

パターンなしダイヤは10年間続いた．しかし，グループ会社である株式会社西武ライオンズが飲食エリアの新設やグラウンドにせり出すように作られた「フィールドビューシート」の導入などの大規模改修を行なったことと，試合終了後にさまざまなイベントを取り入れた結果，入場者数が増加したことに加え，利用者からは，試合終了に合わせて池袋線への速達性の高い直通列車の増発を求める声が上がるようになっていた．そこで，これらを背景に，2010（平成22）年，新たなパターン輸送を開始することになった．

現在実施しているパターン輸送では，野球ダイヤとして，定期列車の間に約15分間隔で池袋行きの臨時列車を，速達性の高い「急行」または「快速」として設定しておく．また，その臨時列車は折り返した後は，車庫まで回送とし，途中駅での定期列車への運行振替えは行なわないこととした．また，定期列車については，臨時列車運転時に待避となる駅での停車時間を確保したり，着発線を変更しておくことで，臨時列車の運転が定期列車の運行計画に影響を与えないようにした．これらの措置により，野球の終了時刻にかかわらず，定期列車は通常どおり運行することが可能となり，通告や乗客への案内もほぼ不要となった．いわば，初期の終了パターンとパターンなしダイヤの良い点を取り込んだ，良いとこ取りのパターンとなったといえる（図5.48）．

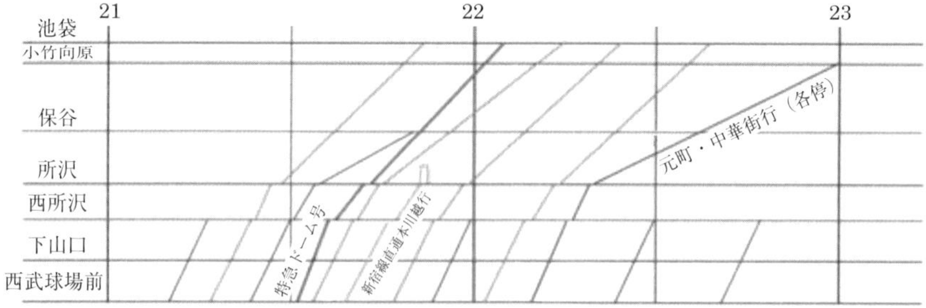

●図5.48　現行の野球終了パターン（平日ナイターダイヤ）

パターン輸送復活後も，東京地下鉄への直通列車や特急電車の運行を開始するなど，以下のように，利便性向上を図ってきた．

・2000（平成 12）年：営団地下鉄（現：東京地下鉄）有楽町線新木場から西武球場前に直通する列車を設定
・2008（平成 20）年：副都心線開業に合わせ，渋谷から西武球場前に直通する列車を設定
・2013（平成 25）年：東急東横線，横浜高速鉄道みなとみらい線との相互直通開始に伴い，元町・中華街から西武球場前に直通する列車を設定
・2007（平成 19）年：池袋～西武球場前間で，特急「ドーム号」の運行を開始．これは，「確実に座って行きたい」との声に応えるべく設定したものである．

その後，さらに，2019（平成 31）年 3 月より，野球輸送だけでなく，コンサート輸送にもそのまま対応できるパターンダイヤとして「多客パターン」を追加した．西武ドームでは，コロナ前は，年間平均で約 20 回のコンサートが開催されていた．コンサートでの鉄道利用者は 1 回平均約 28,000 人で，野球輸送の約 2 倍となる．また，野球と違うのは，途中で帰る人はほぼ皆無で，終了とともに一斉に退場して帰路につく．したがって，復路については，野球の約 2～2.5 倍の輸送力が必要となる．

それまで，ドームにおいてコンサートが開催される際には，コンサートの開始・終了時間を考慮して，野球ダイヤをベースに臨時列車をさらに追加したコンサートダイヤをその都度作成し対応してきた．しかし，コンサートの開催が増えるに従って，「その都度の臨時ダイヤで対応すると乗務員仕業の作成やその手配に係る作業負担が大きいので何とかならないか？」との声が現場から上がったことなどから，野球ダイヤに手を加え，野球の多客時やコンサートでも使用できるように運転する列車の数を柔軟に対応できる終了パターン（多客パターン）を作成した．

通常の試合ではパターンで運転する列車は，10 両 3 本が基本であるが，多客パターンでは，そこからさらに最大 7 本までの増便を可能とした．これにより，コンサートなど多客時にもパターン輸送を可能とし，その都度臨時ダイヤを作成しなくてもよいようにした（図 5.49 に臨時列車を 7 本運行するダイヤを示す）．

このように，野球ダイヤは時代の需要にあわせ，変化しながら今に至っている．

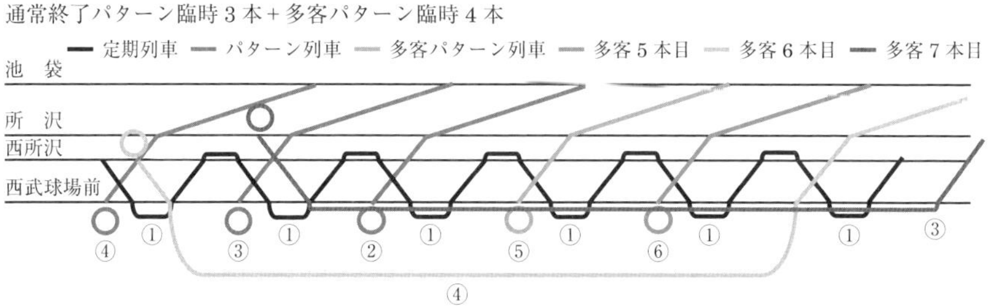

●図 5.49　多客パターン（臨時列車７本を運転するパターン，①などは番線を表す）

5.3.4　ま　と　め

ダイヤを作るうえでは，運行間隔・交差時間・続行時間・接続など，考慮しなければならない条件が多々存在する．ダイヤは鉄道会社にとって商品であり，私たちダイヤ作成担当は「商品の企画開発担当」，現業で列車に乗務する乗務員や乗客の案内を行なう駅係員は「商品の販売担当」，日々の運行を管理する運転司令員，線路や電気信号設備，車両の保守を行なう係員は「商品の品質管理担当」である．ダイヤを商品と考えたときに，利用者の声はもちろんであるが，それを販売する乗務員や駅係員，また品質管理を行なう運転司令員や保守係員らの声も受け止め，反映させることもダイヤ作成において重要なことである．今後もそれら多くの声を聞き，自らも現場を見てどのような商品が有効かを日々観察して，より良い商品づくりに努めていきたいと考えている．

5.4　小田急電鉄—複々線化完成時のダイヤとその後の状況

5.4.1　は　じ　め　に

(1)　小田急線の概要

小田急線は，東京副都心の新宿駅を起点に，神奈川県西部の城下町として知られ箱根の玄関口である小田原駅に至る「小田原線」82.5 km，小田原線のほぼ中央に位置する相模大野駅から分岐して，湘南エリアの片瀬江ノ島駅に至る「江ノ島線」27.4 km，小田原線の新百合ヶ丘駅から分岐し多摩ニュータウンを通り唐木田駅に至る「多摩線」10.6 km の計 120.5 km，全 70 駅からなる．利用者の数は，1日約210万人[*8]である．

2018年3月，最後の工事区間である代々木上原駅～梅ヶ丘駅間の複々線化工事が完了することで，構想から50年，着工から30年，小田急電鉄の悲願であり，利用者から期待の大きかった代々木上原駅～登戸駅間11.7 kmの複々線化が完成し，いわゆる「白紙」から作成した「新ダイヤ」による運行を開始した．

本節では複々線化完成時に実施した2018年3月ダイヤ改正の内容を中心に，実施に至った背景とその後の状況について紹介する．

5.4.2 複々線化完成前のダイヤと課題

(1) 混んでいて，遅い，遅れる

複々線化完成前の小田急線のイメージといえば「混んでいて，遅い，遅れる」ではないだろうか．実際，朝の通勤ラッシュ時間帯では，複々線化が完成する以前は，複線設備で運行できる限界である1時間あたり27本の列車を運行していたものの，平均混雑率が192 %にまで達し，混雑率では，首都圏でワースト3[*9]という状況であった．

複々線化完成前の列車ダイヤでは，最も混雑の激しい世田谷代田駅～下北沢駅間を通過する列車の混雑率がどの列車もおおよそ均一になるように設定されていた．具体的には，8両編成の各駅停車1本に対し，10両編成の急行（または準急）2本の計3本を約6分40秒間隔で運転するというダイヤパターンを長年採用していた．工事の進捗により一部区間の複々線は既に使用を開始しており，着工前と比較すると所要時間は大幅に短縮していたものの，残る複線区間において6分40秒間隔で運転する各駅停車の合間を縫うようにして走行する急行（および準急）については，日中と比較して所要時間が大幅に長い状態が続いていた．また，先行の各駅停車に追いついて駅間で停止し，再び走行するというノロノロ運転をせざるを得ない（そのように運転し，自列車の後方の閉そく区間を明け渡さないと，さらに後ろの列車が遅れてしまう）ことから，体感的にも非常に遅いというイメージにつながっていた．

さらに課題が多かったのが各駅停車の遅延である．急行（および準急）は下北

＊8　2019年度実績．
＊9　平成29年度 国土交通省「東京圏における主要区間の混雑率」．

沢駅の一つ手前の成城学園前駅を発車する時点で既に超満員となってしまうため，経堂駅に停車させることはできず，祖師ヶ谷大蔵駅～世田谷代田駅までの6駅については，8両編成の各駅停車の輸送力に頼らざるを得ない状況であった．そのため，複々線化完成前は，各駅停車がひとたび遅れると，雪だるま式に遅延が増大してしまうという状況が発生していた（図5.50に，このときの典型的な状況を示す）．

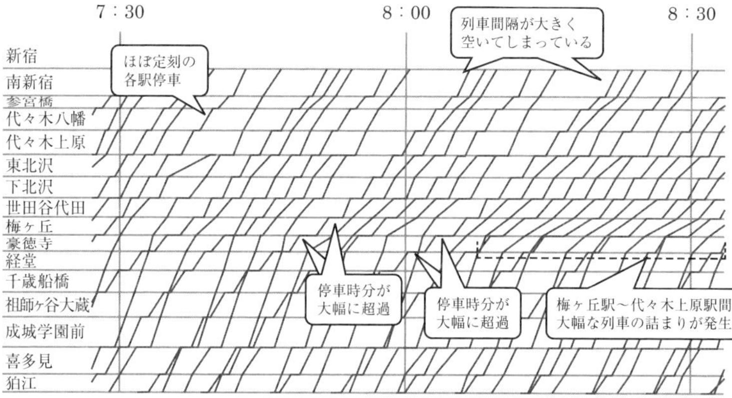

●図 5.50　複々線化完成前の典型的な遅延拡大の例

詳しいメカニズムを記載すると以下のとおりである．祖師谷大蔵駅～世田谷代田駅の各駅から下北沢駅～新宿駅間までの各駅停車の利用者の数は，1時間あたり概ね14,000人である．1列車あたりの乗車人数を計算すると，定員（8両編成で約1,540人）に対し，約130％の利用者という計算になる．成城学園前駅発車時点の乗車率は40～50％程度と，すでに座席は埋まり立っている利用者もいる状況であるため，途中駅で降りる乗客を差し引いても，下北沢駅到着時点の混雑率は優に170％を超えてくるという計算になる．

すべての利用者が均等に駅に到着すると仮定した場合，1本の各駅停車が2分遅れたとすると，1分あたり約233人，2分なら約467人の利用者が遅れた各駅停車に乗車しようとすることになる．これは，1扉あたりに換算すると，約15人になる．8両編成の定員で混雑率を計算すると，さらに約40％分上乗せされることになる．当然ながら，各駅で乗降に時間がかかるため，所定の停車時分に収まりきらなくなり，この各駅停車のみ下北沢駅への到着が大幅に遅れ，その後の列車の詰まりへと発展してしまう．これが，複々線化実現前の遅れ発生の主要な原因であった．

さらに，ひとたび列車の詰まりが発生すると，赤信号を見ながらのノロノロ運転となり，各列車の所要時分が通常よりも大幅に増加するうえ，下北沢駅付近で各駅停車の運転間隔が通常時の6分40秒から最大で7分30秒程度まで拡大してしまい，遅延がさらに拡散するという現象が発生してしまっていた．

以上のように，複々線化完成直前は課題が非常に多く，複々線化完成による抜本的な改善が求められていた．

(2) 利用区間とダイヤの乖離

図5.51に，複々線化完成前の列車ダイヤの種別と運転区間の構成を示す．複々線化完成前は，小田原線から新宿駅および千代田線に直通する急行・準急が13本あるのに対し，江ノ島線からの急行は4本，多摩線からの急行は1本のみであった．すなわち，江ノ島線および多摩線から新宿駅および千代田線への直通列車が少なく，小田原線と比較して，直通利便性が相対的に低いという課題があった．また，都心に近い世田谷エリアからの利用者については，小田急線から新宿駅方

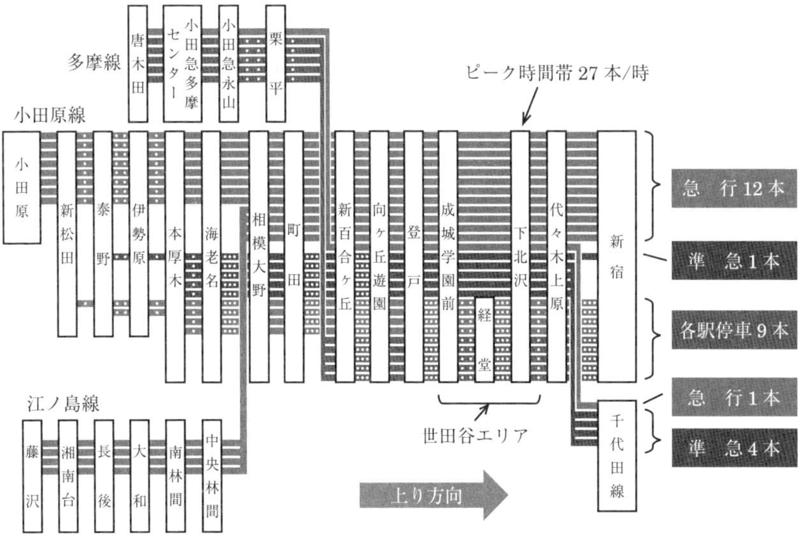

※このほかにも，小田原～新松田間，江ノ島線，多摩線内を運転する各駅停車がある

●図5.51　複々線化完成前の朝ラッシュ種別構成

面だけでなく千代田線方面への利用者も非常に多い．しかしながら，各駅停車の千代田線直通列車の設定はなく，必ず代々木上原駅での乗換えが必要であった．これは，世田谷エリアにおいて，各駅停車のみが停車する駅のホーム有効長が8両編成分しかなく，千代田線に直通する10両編成の列車を設定することができなかったためである．

(3) 複々線化完成時のダイヤのねらい

複々線化完成に伴って，「混んでいる，遅い，遅れる」という，これまでの小田急線の悪しきイメージを払しょくし，「快適，スピーディ，いつも定時」の鉄道輸送サービスを提供することを目指すこととした．そして，2018年3月の平日ダイヤでは，以下の六つの項目を柱に据えてダイヤ案の検討を進めることとした．

①速達性の向上

②混雑緩和

③千代田線直通利便性の向上

④江ノ島線，多摩線から新宿駅への直通利便性の向上

⑤観光輸送の強化

⑥遅延に強いダイヤ

5.4.3　複々線設備の概要

複々線化完成時の列車ダイヤの話題に入る前に，列車ダイヤを検討する前提となる，複々線設備の概要を紹介する．

図5.52は，完成した複々線区間を含む，新百合ヶ丘駅～代々木上原駅間の配線略図である．小田原線と多摩線の分岐駅である新百合ヶ丘駅～向ヶ丘遊園駅間は複線，向ヶ丘遊園駅～登戸間は上り線のみ2線，登戸駅～代々木上原駅間が複々線となっている．また，上り方面の列車は，代々木上原駅に進入する手前の分岐器により，新宿方面と千代田線への乗入れに振り分けられる線路構造となっている．

複々線区間では，基本的に内側を急行線，外側を緩行線として使用している．ただし，下北沢駅付近の地下区間で立体交差をして，代々木上原駅では緩行線が内側になる構造となっているのが特徴である．これは，急行線から新宿方面への列車と，緩行線から千代田線への直通列車が交差支障することなく直通できるようにするためである．

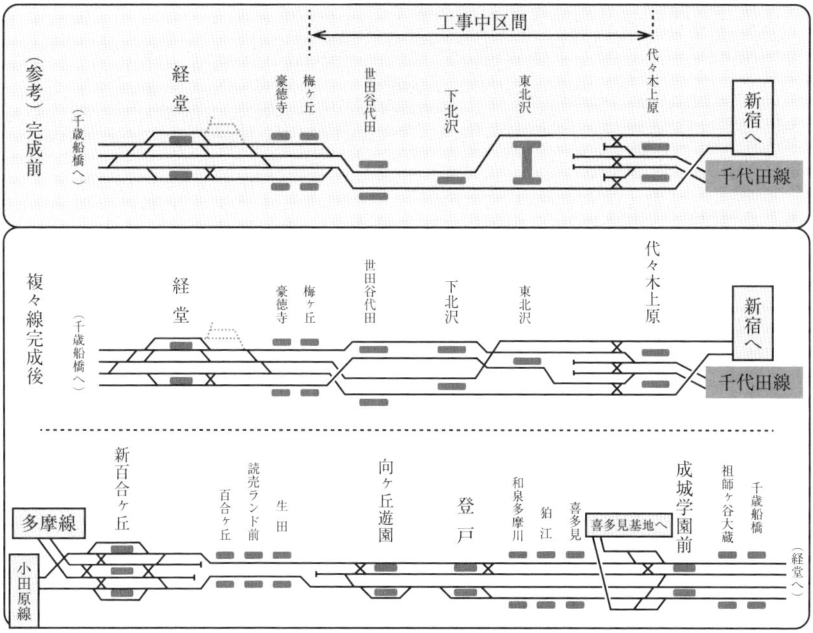

●図 5.52　複々線化完成後の配線略図

また，向ヶ丘遊園駅の新百合ヶ丘駅寄りには折返し設備があり，下りの向ヶ丘遊園駅止まりの列車の車両を入換えて，上り始発列車を設定することができる．さらに，成城学園前駅の新百合ヶ丘駅寄りに喜多見車両基地への出入庫線があり，成城学園前駅始発の上り列車を設定することができる．あわせて，上り列車については，向ヶ丘遊園駅進入時，登戸駅進出時，成城学園前駅進入時，経堂駅進入・進出時において，急行線と緩行線を行き来できるようにするための分岐器が設置されている．また，ホームの有効長は，複々線区間の全駅において，10 両編成に対応できるようにした．

5.4.4　平日朝方ラッシュ時間帯の「新ダイヤ」

複々線の設備を最大限に活用し，5.6.2（3）で挙げた六つの柱のうち，「⑤観光輸送の強化」を除くすべての柱を満たすために，列車ダイヤを白紙ベースで作成し，さまざまな施策を実施した．

(1) 列車の大増発と運転パターンの一新

複々線化の完成によって列車の大幅な増発が可能となったことから，平均混雑率を150％台まで改善させるべく，1時間あたりの列車本数を9本増として，36本の列車を運転することとした．また，速達性向上効果をより高めるため，それまで運行していた急行中心の列車の種別構成で単純に増発するのではなく，列車種別構成および停車駅を一新することとした．

図5.53に，複々線化完成時の朝ラッシュピーク時間帯の列車種別構成を示す．まず，これまでの急行中心のダイヤから，停車駅の少ない快速急行を中心としたダイヤに変更した．なお，このダイヤ改正から，交通結節点で乗降の多い登戸駅を快速急行の停車駅に追加している．また，それまでの準急については，朝ラッシュ時間帯のみの運行となったため，「通勤準急」に名称を改めたうえ，新たに経堂駅を停車駅に追加している．そのほか，多摩線から新宿駅に直通する「通勤急行」を新設した．

新設した「通勤急行」は，混雑の分散化と多摩線の各駅・快速急行が通過する

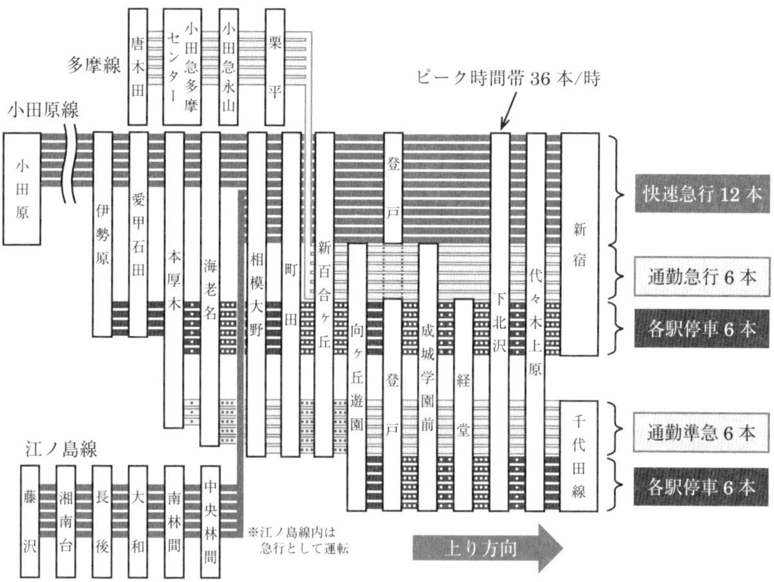

※このほかに，小田原駅～町田駅間，江ノ島線，多摩線内を運転する列車がある

●図5.53 複々線化完成時の朝ラッシュ種別構成

向ヶ丘遊園駅・成城学園前駅からの速達性を確保するため，向ヶ丘遊園駅に停車した後，あえて快速急行の停車駅である登戸駅は通過する．

36本の列車の内訳は以下のとおりである．はじめに，各方面からの新宿駅直通利便性を確保するため，小田原線，江ノ島線からの快速急行を，それぞれ6本，計12本設定し，約5分間隔で運転している．続いて江ノ島線からの快速急行の後続に，多摩線から新宿駅に直通する通勤急行を10分間隔で6本新設した．

そのほか，千代田線直通の通勤準急を10分間隔で6本設定した．これまで朝方の優等列車は成城学園前駅までで超満員となってしまうため，経堂駅は全列車通過していたが，列車増発により各列車の混雑率に若干の余裕を見込めることから，通勤準急の停車駅に経堂駅を追加した．これにより，これまで各駅停車しか停車しなかった経堂駅からの都心への直通・速達利便性を大幅に向上させることができている．

また，各駅停車は，新宿駅行き6本に加え，前述のように複々線化完成と同時にホームの有効長が10両編成になったため，向ヶ丘遊園駅始発の千代田線直通列車を6本設定した．これにより，千代田線方面への流動が比較的多い世田谷地区からの直通利便の向上を図った．この結果，千代田線への直通列車は，通勤準急と各駅停車を合わせて12本（複々線化完成前は5本から）となり，直通利便性の大幅な向上を図ることができた．

●●1本だけ8両編成の通勤急行が誕生

車両のやりくり（何両編成の車両をどこから出庫させて，どの列車に充当するか，どの番線に到着させて，折り返しどの列車に充当するか，といった車両運用の基本計画）を考えるのも小田急電鉄ではダイヤ担当者が行なっている．近年，新宿駅まで運転する列車は各駅停車を除き10両編成で運転することを基本としていた．当然ながら8両編成では混雑するためである．しかし，複々線化完成時はどうしてもそれが叶わなかった．1本だけ8両編成の通勤急行が誕生してしまったのである．その理由は以下の二つである．

①代々木八幡駅の10両化工事が複々線化完成と時期がずれてしまった（※複々線化完成は2018年3月，代々木八幡駅10両ホーム完成は2019年3月）

②朝と夕夜間で新宿駅着発の各駅停車の運転頻度が異なる

ダイヤ担当者としては，特に①の影響が非常に大きく，代々木八幡駅の10両化対応が完成しなかったことで，複々線完成時も新宿駅に発着する各駅停車は8両編成でなければならないという，これまでの制約が残った．このため，朝ラッシュの輸送形態に合わせて保有車両や設備を決定するのが一般的であるが，朝の時間帯に必要な10両編成を確保すると，夕夜間の各駅停車の運転に必要な8両編成が足りなくなる…という現象が発生してしまった（朝～日中の各駅停車は1時間あたり6本に対し，夕夜間は1時間あたり8本運転）．

その日の途中で「4両+6両=10両編成」で運用している車両を2本もってきて，「4両+4両=8両編成」にできないか…ということも考えたかったが，そうすると余った「6両+6両=12両」では運転できず，元々夕方に使用する予定であった10両編成が1本不足してしまうことから断念せざるを得なかった．

以上の理由から，やむを得ず，朝の最後の通勤急行1本は8両編成で運転することとした（なお，その後の2019年3月ダイヤより，ホーム工事の完成，および車両の増備の完了に伴って，無事にすべての通勤急行を10両編成で運転できている）．

(2) 複々線設備を最大限に活用した列車の走行と急緩接続による利便性向上

複々線化完成前，朝方ラッシュ時間帯で既に使用していた複々線区間では，急行・準急は急行線，各駅停車は緩行線を走行し，双方の列車の遅延が他の列車に波及しないよう，登戸駅・成城学園前駅での急緩接続は行なわないダイヤとしていた．

複々線化完成後は，列車本数の増加により優等列車の混雑率に若干の余裕が見込めることから，登戸駅・成城学園前駅・経堂駅の3駅で急緩接続ダイヤとすることで，各駅停車しか停車しない途中駅からも，乗換えによる主要駅までの所要時間短縮を図った．

特に，千代田線直通の通勤準急は複々線区間に設置された分岐器を最大限に活用した走行をすることで急緩接続を実現する（図5.54）．この列車は登戸駅までは各駅に停車することから，登戸駅では，緩行列車の立場として快速急行と急緩接続を取る．登戸駅発車後，和泉多摩川駅・狛江駅・喜多見駅は通過するものの，急行線ではなく，快速急行と同時に発車して緩行線を走行する．これは，登戸駅で快速急行の発車を待ってから急行線へ進出すると，後続の各駅停車の登戸駅発車に影響が出てしまうためである．その後，成城学園前駅の手前で，快速急行が成城学園前駅を通過後，速やかに急行線に転線し，今度は優等列車として各駅停

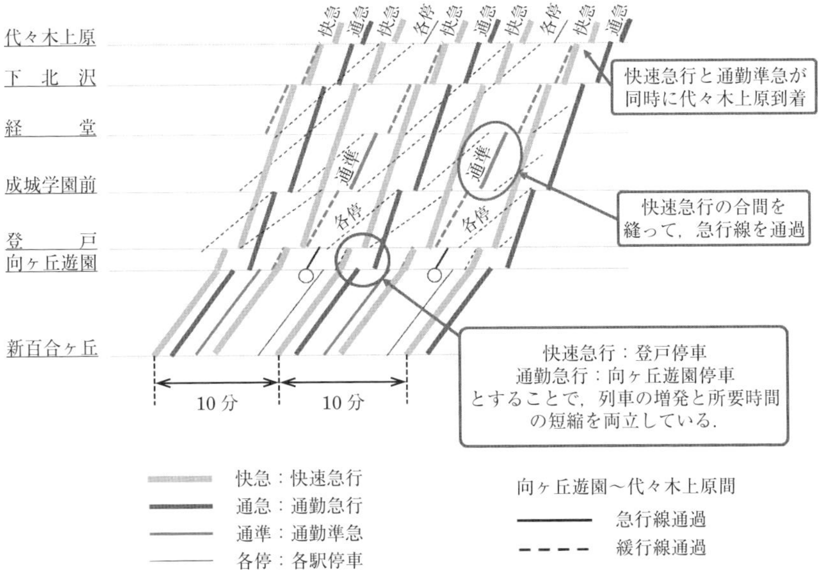

●図 5.54　複々線区間のダイヤ図イメージ

車と急緩接続を実施する．その後，成城学園前駅～経堂駅間は急行線を走行した後，経堂駅ではホームのある 4 番線（3 番ホーム）に進入する．経堂駅で各駅停車と急緩接続し，経堂駅～代々木上原間は緩行線を走行する．通勤準急が経堂駅を発車すると，ほぼ同じタイミングで後続の快速急行が急行線を並走する．そして代々木上原駅では，並走する快速急行と進路を支障することなく，千代田線に直通できるダイヤとなっている．

また，向ヶ丘遊園駅始発の千代田線直通の各駅停車については，向ヶ丘遊園駅～登戸駅間，緩行線ではなく急行線を走行し，登戸駅発車後に緩行線へ渡るダイヤとした．これにより，すぐ後に続く，基本どおり緩行線を走行する新宿行各駅停車との列車間隔を最小限とすることができ，列車の詰まりを発生させることなく増発を図ることができた．

(3) 新百合ヶ丘駅～向ヶ丘遊園駅間の高密度運転

複々線化完成に伴ってダイヤを一新するにあたり，複線区間である新百合ヶ丘駅～向ヶ丘遊園駅間においても列車を増発し，それまでの 1 時間あたり 27 本を 30 本とすることとなった．

この区間では，途中駅に停車する列車を複々線完成前の14本から，各駅停車と通勤準急の12本に抑え，残りの18本は通過とし，新百合ヶ丘駅と向ヶ丘遊園駅の着発番線を可能な限り交互に使用するようにすることで，1時間あたり30本の運転*10を実現した．

また，通常の信号現示に従った運転では，途中駅を通過する優等列車が各駅停車に追いつき，これまで以上に停止と走行を繰り返すことが想定された．駅間での停止は遅延の要因になりやすいことが知られているうえ，駅周辺の踏切において，遮断時間の大幅な悪化も懸念された．そのため，同区間の通過列車には特殊な抑速制御を導入し，列車間隔を適切に保ち，列車の詰まり防止と踏切遮断時間の悪化防止を図ることとした（図5.55）．

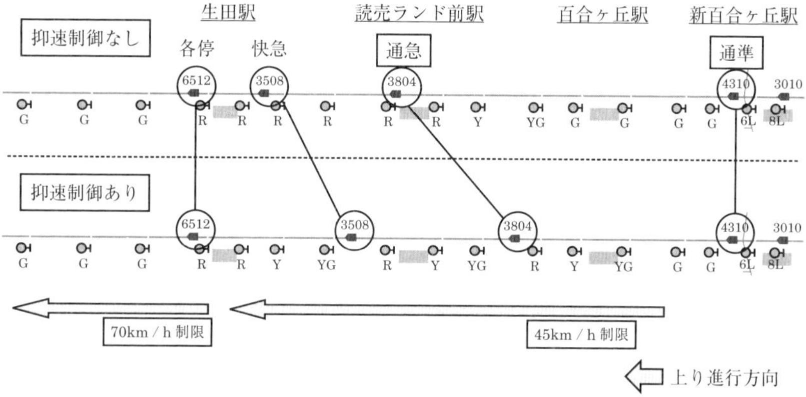

上段の抑速制御なしの場合，快速急行と通勤急行が生田駅手前で各駅停車に追いつき詰まりが発生しているのに対し，抑速制御ありの場合は適切な間隔が保たれているうえ，後続の通勤準急も問題なく運行できていることがわかる．

●図5.55　抑速制御実施の有無による列車走行位置の違い

なお，この区間では，途中駅に停車する列車は2本減少するものの，登戸駅に快速急行と同時に到着し，乗換えが可能となることで，都心までの速達性を高めている．また，通勤準急から向ヶ丘遊園駅始発の各駅停車に乗換えができることで，各駅停車のみ停車する駅への利用者の利便低下を最小限に抑えることができ

*10　2022年3月ダイヤより，各駅停車の停車時分を見直し，ピーク時間帯に途中駅を通過する特急列車が3本加わり，1時間あたり33本運転を実施している．

ている.

●● 抑速区間の運転速度決定とダイヤの決め方

列車ダイヤは，発車後，最高速度まで速度を上げ，次の駅まで最短で何分何秒で運転できるか，および，そのような運転ができるようにするためには列車と列車の間隔を何秒空ける必要があるかの２項目を算出することで決まる．しかしながら，朝ラッシュ時の運転のように，優等列車が先行の各駅列車に接近しながら運転する場合は，そのような簡単な計算どおりには事が進まない．なぜならば，先行列車に追いつくと，信号の現示により速度が制限され，最高速度まで速度を上げた通常運転はできないためである．そこで，小田急電鉄では，特に遅れの発生しやすい重要な区間（新宿駅～町田駅間）については，マイクロスコピックシミュレーションと呼ばれるシミュレータを用いて，事前に詳細な運行のシミュレーションによる分析を行なっている．

このシミュレータでは，あらかじめ勾配や曲線といった線路条件，信号現示条件，車両性能を設定したうえで，ダイヤ（案）を入力することにより，運転士の操縦方法を再現しながら，各列車の走行位置，走行速度などについて運動方程式を用いて逐次算出し，信号現示をも再現しながら細かい運行シミュレーション分析が可能になっている．

今回の抑速制御設定にあたっては，このシミュレータを用いて，どの列車がどの区間をどのくらいの速度で走行すると，定時性と頑健性が十分に確保されるかを繰り返し検証のうえ，ダイヤの設定を行なった．詳細は，文献*11 をご覧いただきたい．

(4) 着席機会の向上

5.4.4 (1)～(3) までの施策に加え，ピーク時間帯の前後に，全席指定の特急ロマンスカー「モーニングウェイ号」，「メトロモーニングウェイ号」を増発した．増発にあたっては，時間帯や旅客需要を考慮したなかで，きめ細かく停車パターンを設定している．

なお，特急列車については，乗車定員が，一般車（特急列車以外の列車）の定員の 30～40 %程度であることと，扉が各車両 1 か所しかないことから，乗降の

*11 落合康文 (2021),「稠密運行路線における運転士の運転方法に着目した列車ダイヤの作成とその頑健性向上に関する研究」, 日本大学博士論文, 2019.

多い駅に停車させるためには停車時分を十分に確保する必要がある．このため，乗降の多い時間帯にひとたび特急を停車させると，前後の一般車の間隔が空いてしまう．したがって，特急の運転時間帯，ならびに停車駅については，一般車の混雑具合を見極めながら，慎重に決定する必要がある．

複々線化完成前は，前述のとおり一般車の混雑が激しかったため，新宿駅に7時34分に到着する列車の後，9時16分着の列車まで特急は運転していなかった．複々線化完成時のダイヤでは，一般車の混雑率に若干の余裕が見込めたことから，新宿駅7時40分着の後，8時42分着の列車を設定することとした．このラッシュピーク時間帯の直前直後の列車は，海老名駅～新宿駅間をノンストップで走る．これは，途中駅の一般車への影響を最小限に抑えることと，長距離の利用者が特急を利用することで，前後の快速急行の近郊区間の混雑が緩和される効果を狙ったものである．

そのほか，より多くの駅から，着席できる機会を提供できるように，藤沢駅・海老名駅・向ヶ丘遊園駅・成城学園前駅始発の列車を大幅に増加させたほか，小田急多摩センター駅についても，始発列車を新たに6本設定した．

特急列車の愛称と列車番号

小田急電鉄では，運行管理上，4桁の列車番号で列車種別や停車駅を区別している．表5.5に示すとおり，定期運行の特急列車については0000～0999を割り当てることとなっている．特急の列車番号を決定するにあたっては，以下のような五つの制約がある．

①愛称名は運転区間（停車駅），運転時間帯で決定する（朝方の上り列車は「モーニングウェイ号」，箱根湯本駅発着の列車は「はこね号」，小田原駅発着の列車は「さがみ号」，夕方の下り列車は「ホームウェイ号」等）．

②愛称名と停車駅パターンは列車番号の割当範囲で決定する（例：0001～0100など）．

③利用者への案内は，愛称名と「列車番号の下2桁」号とする．

④同じ愛称名の列車については，「列車番号の下2桁」が一緒になってはならない．よって，例えば，0150と0250の両方を同一日に使用することはできない．

⑤平日ダイヤでも，土休日ダイヤでも①～④が成立している必要がある．

2018年ダイヤでは，特急の停車駅・停車駅パターンを時間帯や利用状況を考慮して細分化したほか，朝方通勤時間帯の愛称名が変更され，「モーニングウェ

■表 5.5 2018 年ダイヤ 特急列車番号体系表

					小田原線														江ノ島線			
列車番号			種別・愛称	運転区間	新宿	代々木上原	成城学園前	向ヶ丘遊園	新百合ヶ丘	町田	相模大野	海老名	本厚木	伊勢原	秦野	新松田	小田原	箱根湯本	相模大野	大和	藤沢	片瀬江ノ島
0000	～	0049	はこね	新～湯	●	–	–	–	–	●	–	●	–	–	–	–	●	●				
0050	～	0069	はこね	新～湯	●	–	–	–	–	●	–	●	–	●	–	–	●	●				
0070	～	0099	さがみ	新～小	●	–	–	–	–	●	–	●	–	–	–	–	●					
0100	～	0149	はこね	新～湯	●	–	–	–	–	●	–	–	●	–	–	–	●	●				
0150	～	0159	はこね	新～湯	●	–	–	–	●	●	–	–	●	–	–	–	●	●				
0170	～	0199	さがみ	新～小	●	–	–	–	–	●	–	–	●	–	–	–	●					
0200	～	0249	はこね	新～湯	●	–	–	–	–	●	–	●	–	–	●	–	●	●				
0250	～	0269	はこね	新～湯	●	–	–	–	●	●	–	●	–	●	●	–	●	●				
0270	～	0279	はこね	新～湯	●	–	–	–	–	●	–	●	●	–	–	–	●	●				
0300	～	0349	はこね	新～湯	●	–	–	–	●	–	●	–	●	–	●	–	●	●				
0350	～	0359	モーニングウェイ	新～小	●	–	–	–	●	–	●	–	●	–	●	–	●					
0360	～	0369	さがみ	新～小	●	–	–	–	●	●	–	–	●	●	●	–	●					
0370	～	0399	さがみ	新～小	●	–	–	–	●	–	●	–	●	–	●	–	●					
0400	～	0419	ふじさん	新～松	●	–	–	–	●	–	●	–	●	–	●	●						
0420	～	0429	メトロはこね	上～湯		●	●	–	–	●	–	–	●	–	–	–	●	●				
0430	～	0439	メトロモーニングウェイ	上～小		●	●	–	●	●	–	●	●	–	–	–	●					
0440	～	0449	メトロモーニングウェイ	上～小		●	–	–	–	●	–	●	●	–	–	–	●					
0490	～	0499	メトロはこね	上～湯		●	●	–	–	–	●	–	–	–	–	–	●	●				
0500	～	0539	えのしま	新～江	●	–	–	–	●	–	●								●	●	●	●
0550	～	0559	モーニングウェイ	新～江	●	–	–	–	–	–	●								●	●	●	●
0560	～	0569	モーニングウェイ	新～江	●	–	–	–	●	–	●								●	●	●	●
0590	～	0599	メトロえのしま	上～江		●	●	–	–	–	●								●	–	●	●
0600	～	0629	ホームウェイ	新～湯	●	–	–	–	–	●	–	–	●	–	●	–	●	●				
0640	～	0659	メトロホームウェイ	上～小		●	–	–	●	●	–	●	●	–	–	–	●	●				
0660	～	0669	ホームウェイ	新～湯	●	–	–	–	–	●	●	–	–	–	–	–	●	●				
0670	～	0679	モーニングウェイ	新～小	●	–	–	–	–	–	–	●	●	–	●	–	●					
0680	～	0699	ホームウェイ	新～江	●	–	–	–	●	–	●								●	●	●	●
0700	～	0719	スーパーはこね	新～湯	●	–	–	–	–	–	–	–	–	–	–	–	●	●				
0770	～	0779	はこね	新～湯	●	–	–	–	–	●	–	●	●	–	●	–	●	●				
0780	～	0789	はこね	新～湯	●	–	–	–	–	●	–	–	●	–	●	–	●	●				
0900	～	0929	ホームウェイ	新～湯	●	–	–	–	–	●	–	●	●	–	●	–	●	●				
0930	～	0939	モーニングウェイ	新～小	●	–	–	–	–	●	–	–	●	–	●	–	●					
0940	～	0959	メトロホームウェイ	上～湯		●	●	–	●	●	–	●	●	–	–	–	●	●				
0970	～	0989	モーニングウェイ	新～小	●	–	–	–	–	●	–	●	●	–	●	–	●					
0990	～	0999	モーニングウェイ	新～小	●	–	–	–	●	●	●	–	–	–	–	–	●					

イ号」「メトロモーニングウェイ号」が追加されることになった．さらに土休日ダイヤに「メトロえのしま号」も新設された．そのため，上記四つの制約を守れる列車番号体系を設定するのは，非常に複雑にならざるを得ないのであるが，この列車番号の割当体系を考えるのも，小田急電鉄ではダイヤ担当の仕事である（※「ふじさん号」も新設されたが，それまでの「あさぎり号」の置き換えであるため，ここでは複雑化した要因の対象外である）．

運行管理システムの改修や，車両の案内システムの改修には十分な期間を確保する必要があることから，列車番号の割当体系は，ダイヤ改正の相当前に決定しなければならない．一方で，列車番号の割当が確定した後も，実際に細かいダイヤ調整を行なうなかで，実はかなり直前まで停車パターンの改善・見直しを実施していた．設定に不備があると，例えば二つの列車で列車番号は異なるにもかかわらず，運転時刻・停車駅ともに異なる「はこね２号」が１日のうちに２本走行する，といった事象が発生してしまう恐れがある．そのため，ダイヤが確定するまでは本当に大丈夫か，設定に不備がないかなど，ダイヤ担当にとって眠れない日々が生じる一つの要因であった．

(5) 新ダイヤの効果

以上の施策を実施することにより，朝方ラッシュピーク時間帯の平均混雑率は152 %まで改善され，複々線以前の「ワースト 3 位」から，同年度の基準（脚注＊9 参照）で「20 位圏外」相当にまで混雑率が改善された．

表 5.6 に示すとおり，所要時間についても大幅に短縮を図ることができた．町田～新宿間のピーク時間帯における平均所要時間は全線複線だった 1995 年 3 月ダイヤと比較すると，17 分短縮の 37 分，登戸駅～新宿駅間では 14 分短縮の 18

■表 5.6　最混雑時間帯，一般列車最上位種別（一部乗換含む）での平均所要時間

	（全線複線時）	（一部区間複々線使用開始）		（複々線化完成時）
	1995 年ダイヤ	1997 年ダイヤ	2017 年ダイヤ	2018 年ダイヤ
経堂駅～新宿駅	19 分	18 分	20 分	14 分*
登戸駅～新宿駅	32 分	28 分	25 分	18 分
町田駅～新宿駅	54 分	47 分	47 分	37 分
小田急多摩センター駅～新宿駅	58 分*	53 分*	45 分*	40 分

＊途中駅乗換を含む

分で結ぶことができるようになった．

図 5.56 は複々線化完成前後のダイヤでの平日朝ラッシュ時間帯（下北沢駅に 7 時 00 分～10 時 00 分の間に到着する列車）の遅延時分別，発生頻度をグラフにしたものである．2017 年ダイヤと 2018 年ダイヤ，それぞれで運行された平日の遅延発生頻度を比較すると，1 分未満で到着できた列車の割合を複々線化完成前の 59.4 %から 85.8 %まで改善することができた．また，平均遅延時間（5 分以上の遅れは 5 分として算出）も 78 秒から 32 秒となり，複々線の効果により，定時性も大幅に改善することができた．

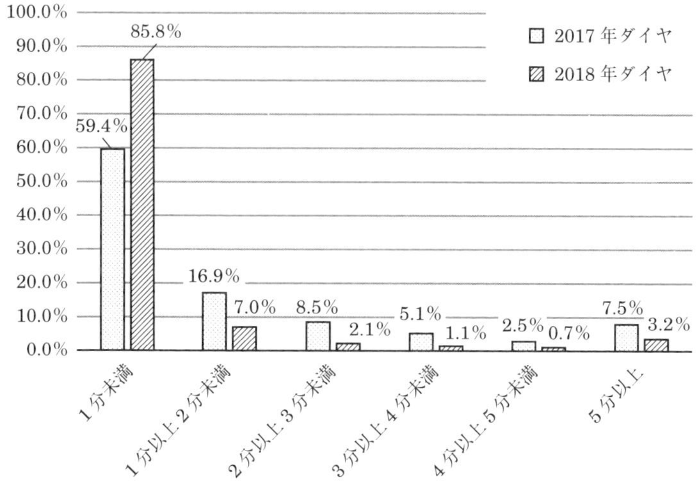

●図 5.56　下北沢駅到着（7 時～10 時）遅延分布

5.4.5　平日夕夜間通勤時間帯の「新ダイヤ」

(1)　列車種別構成の見直しと千代田線直通列車の大増発

平日夕夜間の通勤時間帯についても，大幅なダイヤの見直しを図った．これまでは急行中心のダイヤで，新宿 18 時台～0 時台に発車する快速急行は 7 本のみであったものを 35 本に増発し，多摩線にも直通運転を開始した．また，千代田線直通列車についてもこれまで毎時 3 本だったものを，18～21 時台まで毎時 8 本（伊勢原または本厚木行急行・準急を 4 本，成城学園前行き準急・各駅停車を 4 本）へと大幅に増発し直通利便性の向上を図った．

なお，夕夜間については，新宿駅発の各駅停車を複々線化完成前と同じ，約7分30秒間隔で運転することを基本としたダイヤのうえで，列車の増発を行なった（図5.57）．各駅停車6本，10分間隔を基準としたダイヤと比較すると，複線区間における各駅停車の運転本数が相対的に多くなるため，速達性が劣るものの，駅に到着後待ち時間なく列車に乗れることと，一部列車への混雑集中を避けることを優先したダイヤとした．

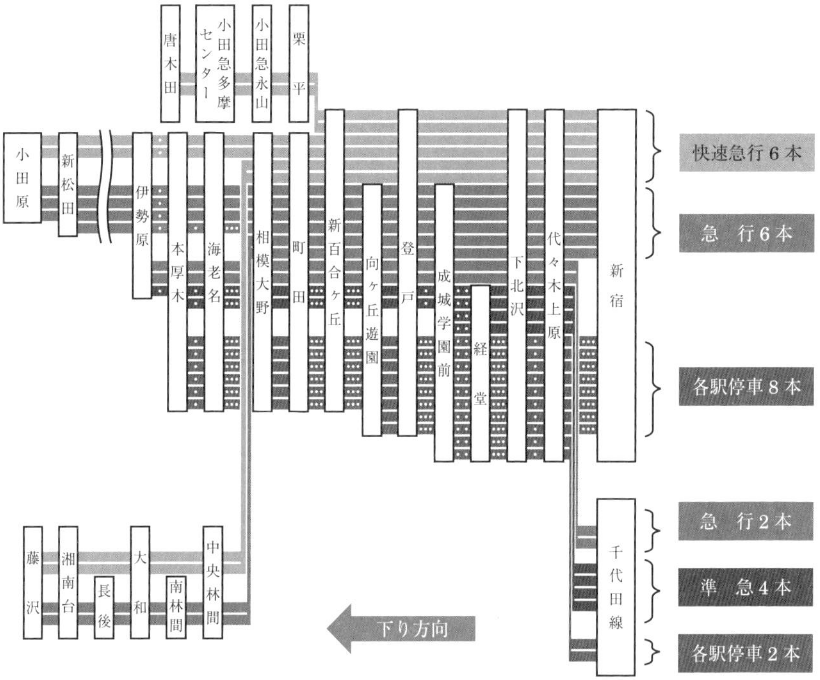

※このほかにも，特急，小田原～新松田間，江ノ島線，多摩線内を運転する各駅停車がある

●図5.57　複々線化完成時の夕夜間ラッシュ種別構成（ピーク1時間）

(2) 新百合ヶ丘3番線の活用拡大

5.4.5（1）で述べたとおり，複々線化完成前と同じ，7分30秒サイクルで各駅停車を運転しながら，増発を図ることとなった．ここで課題となったのが，下り新百合ヶ丘駅における列車の詰まりと，遅延防止である．

増発を図ることで，1本の各駅停車に対し，必ず2本の優等列車を待避するダイヤ構成となった．この場合，複々線化完成前と同様の運用でダイヤを組むと，新百合ヶ丘駅では，1 番線に各駅停車が到着したあと，2 番線に優等列車を 2 本続けて着発させることになる．その場合，所要時間の増加に加え，各列車の停車時分増大による遅延の拡大が懸念された．

そこで活用したのが新百合ヶ丘駅 3 番線である．3 番線は，複々線化完成前，夕夜間の特急を除き，多摩線唐木田駅行の列車のみに利用していたが，片瀬江ノ島方面に直通する急行・快速急行も着発させることにより，ほぼすべての列車で交互発着をさせることができるようになった（図 5.58）[*12]．これにより，後続列車との運転間隔を 1 分程度縮めることができていることに加え，一部列車が停車時分を超過した場合でも後続の列車に遅延が波及しにくくなるようにした．

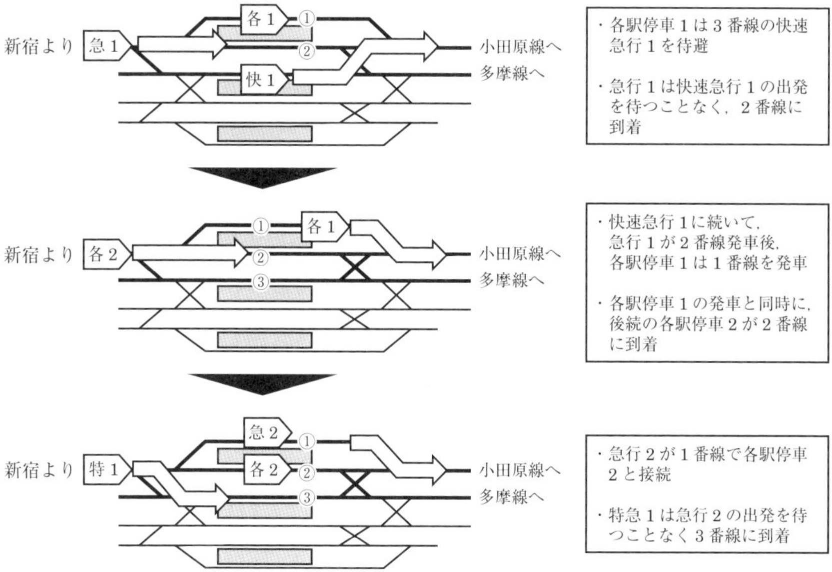

●図 5.58　新百合ヶ丘駅 3 線活用のイメージ

＊12　2022 年 3 月ダイヤにおける運行形態変更により，特急列車以外は基本どおりの 2 番線での着発となっている．

ラッシュの逆方向はなぜ回送ばかり？

利用者から（たまに上司からも？），「回送ばかり走っていてけしからん！乗せてくれたらよいのに」という意見をいただくことがしばしばある．ごもっともである．しかしながら，ダイヤ担当としても理由なく回送を引いているわけではないことをこの機会に弁解させていただきたい．

なぜ回送なのか？という問いに対して一言で答えると，「車両と乗務員が足りないから」となる．朝ラッシュ時間帯を例にもう少し詳細に説明すると，上り方向の巨大な需要に対応した車両を，下りもすべて営業列車として運転した場合，そのすべての列車が駅に停車しながら運転することになるため，下り方向も上り方向と同様に速達性が低下して，所要時間が大きくなる．すると，元々回送で各駅を通過しながら速やかに下って，次の上り列車に充当しようとしていた車両が，その列車には間に合わず（小田急電鉄の担当間では，「届かない…，届かない…（苦）」と呼んでいる），１本後，あるいは２本後の列車への充当になってしまう．あるいは，「届かない」場合，上り列車には巨大な需要があるため，列車を間引くわけにもいかない．とすると，別に新たな車両や乗務員を用意する必要があるということになる．

以上のような理由で，ラッシュ時の逆方向の営業列車については，需要に見合った列車本数とすることによって速達性を確保するとともに，適切に回送列車を設定することで，必要な車両・乗務員数を最低限に抑えることができている．結果として，利用者からいただく運賃の上昇も抑えることができている，とご理解いただけると幸いである．

5.4.6 複々線完成後のダイヤ変更

2018年3月のダイヤ改正以降，南新宿駅～代々木八幡駅間における各駅停車10両ホームの使用開始のほか，急行の開成駅への停車，経堂駅停車時間帯の拡大，ホームドア設備の拡充など，設備変更に加え，利用動向や社会情勢の変化に鑑み，年々，列車ダイヤの変更を重ねている．

なかでも，コロナ禍を経て，テレワークや時差出勤の定着により利用動向が大きく変化している．従来，一般車の混雑が激しいラッシュピーク時間帯に特急列車を運転することはできなかったが，ピーク時間帯の乗客数の減少により，一般車の途中駅停車時分を若干短縮しても定時性を確保することができるようになった．これにより，複線区間でこれまでの1時間あたり30本から33本運転することが可能になったため，2022年3月ダイヤより，新宿駅7時59分着，8時19分着の特急列車を新設し，利用者から好評をいただいている．

また，夕方ラッシュ時間帯についても，新宿駅発の各駅停車を 1 時間あたり 6 本，10 分間隔を基準としたダイヤに変更した．これにより，以前のダイヤと比較すると，新宿駅～町田駅間の特急・快速急行について 3～5 分程度，所要時間の短縮が図れている．また，急行を終日，経堂駅に停車させ，一部列車種別の運転本数を見直すことで，経堂駅・成城学園前駅の双方において，タイミング良く急緩接続ができるダイヤに変更した．これにより，優等列車が通過する駅に関しても，乗換えによる速達利便性の向上を図ることができた．

5.4.7　お　わ　り　に

本節では，小田急線の複々線化完成時のダイヤについて平日ダイヤの一部を紹介した．土休日ダイヤでは新型ロマンスカー70000 形（GSE）のデビューとともに，小田急電鉄で史上初の新宿駅～小田原駅間最速 59 分での運転も実現するなど，全線の設備・資源をフル活用し，日々利用いただく利用者の利便性を追求し，抜本的なダイヤの見直しを行なった．

新ダイヤでの運行を実現できたのは，利用者や沿線住民の方々の多大なるご理解の賜物であるが，当日の線路切替まで，綿密な計画を立て，そのとおりに実施してきた技術職場係員の技術力に加え，ダイヤ改正当日からしばらくの間，すべての信号扱いを手動で扱いきった信号扱者，停車駅や進入線路がこれまでと大幅に変わっても，一つひとつの確認を着実に行ないながら列車を運転した運転士，利用者への着実な案内と誘導を行なった駅係員・車掌，全体の運行を俯瞰し，適切に整理した運輸司令所係員の一致団結した業務遂行によりなし得ることができた．また，相互直通をしている各社のみなさまのご理解と多大なるご協力をいただいた．一人のダイヤ担当としてこの場をお借りし改めて御礼申し上げたい．

なお，列車ダイヤは生ものである．実際，複々線化完成時の 2018 年ダイヤ以降，当社ではすでに 5 回ダイヤを変更してきた*13．社会の変化に応じて，そのときに求められるダイヤも常に変化している．社会環境変化に適応するためのさまざまな制約条件の中で，より多くのニーズを満たすダイヤを素早く実現し，より多くのお客さまに喜ばれる鉄道を目指して取り組んでいきたい．

＊13　2023 年 4 月現在．

5.5　JR 西日本・奈良線—時間をかけて複線化

5.5.1　ダイヤを念頭に置いた線路の改善

奈良線は，京都と奈良を結ぶ JR 西日本の路線である（図 5.59）．奈良線そのものは，京都から木津まで（路線長 34.7 km）であるが，列車は奈良に直通する．現在（2023 年 3 月 18 日ダイヤ改正）では，快速（みやこ路快速）は，京都–奈良間を約 44 分で結ぶ．

奈良線は，かつて，京都～木津の全線が単線[*14]で非電化，各駅停車のみが走

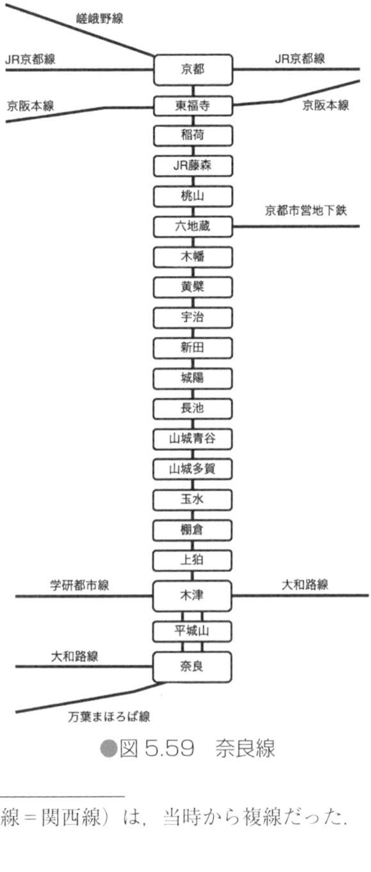

●図 5.59　奈良線

＊14　木津～奈良（大和路線＝関西線）は，当時から複線だった．

る路線で，列車の頻度は概ね 1 時間に 1 本程度であった[*15]．そのため，ほぼ並行して走る近鉄京都線[*16]（複線電化，特急や急行も走る）に対しては，「勝負にならない」状況であった．

しかし，JR 西日本発足後，長い時間をかけて線路とダイヤの改良が行なわれ，2023 年 3 月には，当初の計画がほぼ完成することとなった．具体的には，路線の 60 % 強を複線とし，列車頻度を向上するとともに，行き違いの削減などによる所要時間の短縮が図られた．本節では，ここに至るまでの歴史を振り返り，より良いダイヤを作るためには，実現したいダイヤを念頭においた線路設備の改良が重要であることを解説したい．

5.5.2　奈良線の輸送改善

かつての奈良線の昼間の列車ダイヤを図 5.60 に示す．1978（昭和 53）年 10 月の時刻表から作成したものである．前述のように，すべて各駅停車で，列車の頻度は，おおむね 1 時間に 1 本，気動車（ディーゼルカー）による運転であった．パターンダイヤにもなっておらず，かつ，所要時間も長かった．実際，京都～奈良間を走行するのに，遅い列車だと，1 時間 20 分以上を要していた．

近年，奈良線の沿線では人口の延びが著しい．また，今後の一層の延びも期待

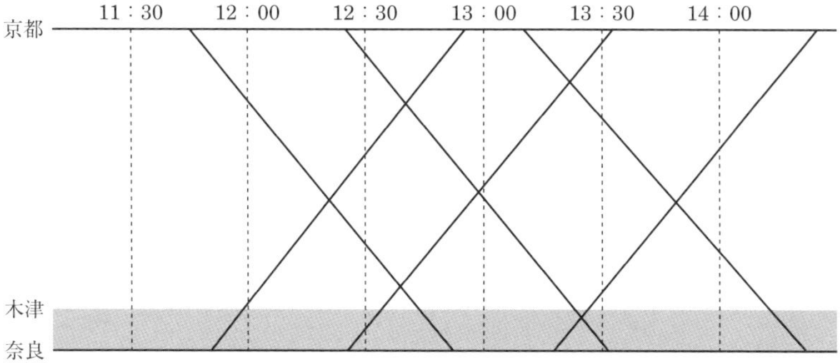

●図 5.60　かつての奈良線のダイヤ（昭和 53 年 10 月の時刻表による．網かけ部分が複線）

*15　昭和 59（1984）年に電化されるまでの状況．

*16　いずれも，京都と奈良を結ぶ路線であるが，JR 西日本は「奈良線」，近鉄では「京都線」である．

された．そこで，沿線に，よりよい輸送サービスを提供するために，線路などの改善が行なわれてきた．例えば，昭和 59（1984）年 10 月には，全線を電化し到達時分の短縮が図られた．そして，昭和 62（1987）年の JR 発足以降は，さまざまな改良が次々と実施された．具体的には，次のとおりである．

- 平成 3 年（1991）年 3 月には，昼間に宇治と木津のみに停車する快速が設定された．
- 同年 3 月には京都に奈良線用のホームが増設され，それまでの 1 面 1 線が 2 面 3 線となった（図 5.61）．
- 同年 9 月には，黄檗（おうばく），城陽の両駅が，列車の行き違いができるように改良された．
- 平成 4（1992）年 10 月には六地蔵，平成 9（1997）年 3 月には JR 藤森の二つの駅が新設された．

●図 5.61　京都駅の奈良線ホーム

沿線人口の増加やこれらの改善の効果として，平成 8（1996）年度の断面輸送量は電化前の約 3 倍に達することとなった．

このように部分的な改善は加えられてきたのであるが，全線単線という制約は非常に厳しく，ダイヤの改善にも限界があった．1992（平成 4）年 3 月の JR 時刻表から作成した列車ダイヤを図 5.62 に示す．これを見ると，昼間は，京都–奈良間で，1 時間あたり，快速 1 本，各駅停車 2 本の運転となっている（片道）．京都～奈良の所要時間は，それぞれ，43～45 分と 62～72 分である．快速が走って

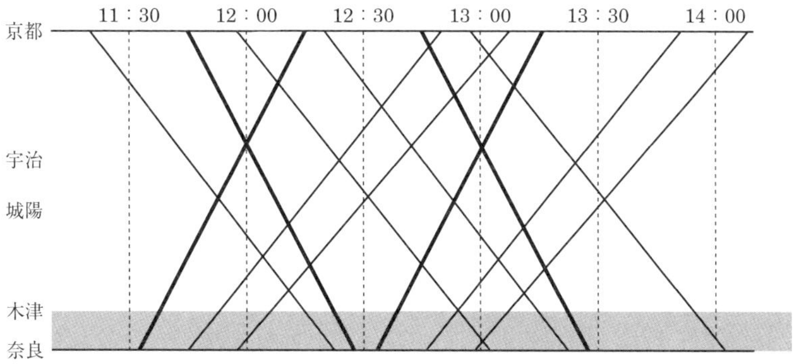

●図5.62 奈良線のダイヤ（1992（平成4）年3月，太線は快速）

いたにもかかわらず，緩急接続は実現されていなかった．一方，ほぼ並行して走る近鉄京都線では，1時間あたり，急行が4本，各駅停車が4本，有料の特急列車が2本走っており（片道），急行の京都～奈良の所要時間は，およそ45分程度であった．このように，特に列車頻度の少なさはいかんともしがたく，その結果として輸送量で競合他社に大きく水をあけられていた．例えば，1997年の数値をみると，京都口での断面輸送量で見たときのシェアは14％にとどまっていた（表5.7）．

■表5.7 京都口での断面輸送量（1997（平成9）年，断面輸送量の単位は千人/片道・日）

	JR西日本	京阪	近鉄
断面輸送量	23	80	65
シェア	14％	48％	39％

5.5.3 第一次改善とその効果

このような事情から，JR西日本では奈良線のダイヤの改善を実施することとし，地元の支援を得て，必要な設備の改良を行なうこととした．この改善計画（第一次改善）は，1997（平成9）年から2001（平成13）年3月にかけて実施された．その具体的内容は，次のとおりである．

(1) 複　線　化

・新田～宇治間（約 3.2 km）を複線とした．

・JR 藤森～京都間（約 5.1 km）を複線とした．

(2) 構　内　改　良

・宇治を 2 面 3 線[*17]から 2 面 4 線に改良し，追い越しを可能とした．

・上狛（かみこま），玉水，木幡において，一線スルー化工事を行なった．

・棚倉，新田において，分岐器の高番数化を行なった．

・山城多賀に行き違い設備を新設した．

これらに伴って，京都～木津間全線において，信号設備の改良を行なった．また，JR 小倉（おぐら）を開業した．

一線スルー化

単線区間においては，駅の配線は，図 5.63 の左のようになっていることがある（灰色の四角は，ホーム）．しかし，この配線では，列車がこの駅を通過するとき，分岐器による速度制限を受ける．そのために所要時間が延びてしまう．そこで，これを右のような配線に改修する．そして，通過列車に対しては，上りであっても下りであっても 1 番線を使用するようにする．そうすれば，通過列車が分岐器による速度制限を受けることはなくなり，所要時間の短縮を図ることができる．

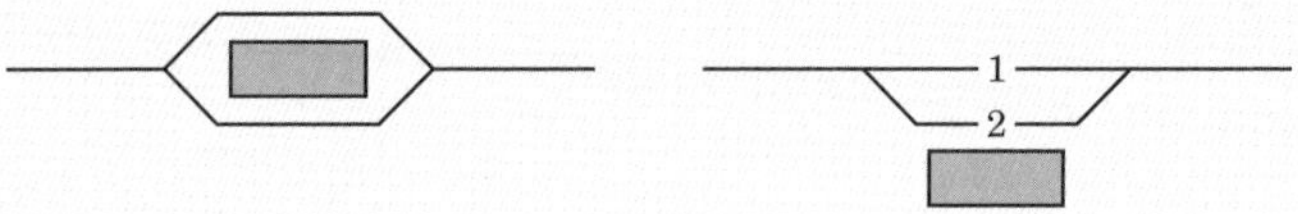

●図 5.63

分岐器高番数化

列車が分岐器の上を曲がっていく方向（曲側）に走行する場合，速度制限を受ける．どの程度の制限を受けるかは，分岐器の曲がり具合（どれくらい急に曲がるか）によって決まる．分岐器には曲がり具合を表す数字（番数）が付されている．例えば，8 番分岐器であれば，分岐器から 8 m 離れたところで 2 本の線路の間隔が 1 m になる．番数が大きくなればなるほど曲がり具合が緩やかになり，列

＊17　プラットフォームが 2 面，線路が 3 本の駅の構造のこと．

車は，より高い速度で走ることができる．一方で，分岐器のサイズも大きくなり，高価なものとなる．また，設置スペースが問題になる可能性もある．
ちなみに，鉄道業界では，分岐器は「ぶんぎき」と読む．

第一次改善をうけて，2001 年 3 月のダイヤ改正では，列車の大増発が行なわれ*18，輸送サービスは大きく改善された．それまでとは異なり，朝ラッシュ時にも快速を設定できるようになった．また，各駅停車も増発された．さらに，昼間にも快速・各駅停車の増発が行なわれた．具体的には，城陽～京都間では，朝ラッシュ時 1 時間あたり，快速 4 本，各駅停車 4 本の計 8 本の列車が運転されることとなった（それ以前は，各駅停車 5 本）．また，昼間には，1 時間あたり快速 2 本（京都～奈良．停車駅は，東福寺，宇治，玉水，木津），各駅停車 4 本（2 本は，京都～奈良，2 本は，京都～城陽）の計 6 本の列車が運転されることとなった．結果として，平日には 1 日 30 本，休日には 1 日 60 本もの各駅停車が増発されることとなった．また，宇治での緩急接続も実現された．

2008（平成 20）年 3 月の時刻表から作成した昼間のダイヤのイメージを図 5.64 に示す．網かけ部分が複線区間である．これを見ると，複線化によって駅間

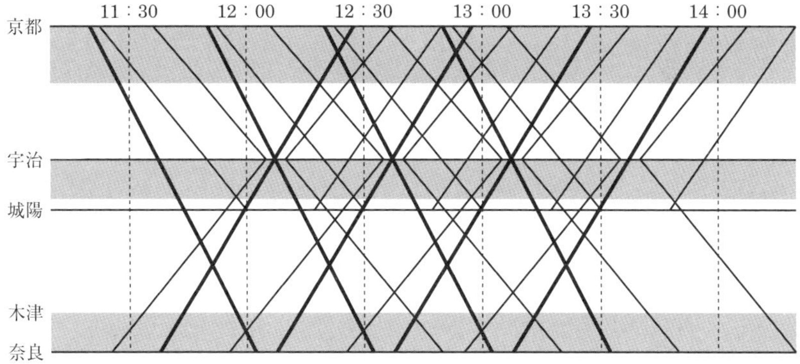

●図 5.64　奈良線のダイヤ（2008（平成 20）年 3 月，太線は快速，網かけ部分が複線）

＊18　1992 年 3 月の時刻表では，奈良線は桜井線，関西線（亀山～奈良）とあわせて 3 ページであったが，2008 年 3 月の時刻表では，奈良線だけで 3 ページとなった．ちなみに，1978 年 10 月の時刻表では，奈良線は，0.5 ページ弱だった．

で列車の行き違いが可能になったことから，列車が増発できていることがわかる．

この工事にあたっては，環境面での影響評価が実施され，騒音対策としてロングレール化（レールの継ぎ目からの騒音の防止），振動の低減のための道床の交換などが実施された．

なお，第一次改善の総事業費は約152億円で，そのうち京都府が38億円，沿線自治体が38億円，JR西日本が76億円を負担した．

5.5.4 第二次改善

(1) 奈良線の需要の特徴

前述のように，第一次改善には大きな効果があった．その結果，利用者の数は増加することとなり，城陽～京都間の利用者が多いことへの対応が望まれた．特に，宇治，東福寺，六地蔵，稲荷の各駅での乗降客が多い．東福寺，宇治については，快速の本数増加，稲荷については，伏見稲荷大社への観光客の増加，六地蔵については，2004（平成16）年の京都市営地下鉄東西線六地蔵の開業により，地下鉄との接続駅となったことが影響している．

第一次改善の結果をふまえて，奈良線の需要の特徴を改めてまとめると，次のようになる．

- 北側にあたる城陽～京都間には，城陽以南よりも多くの利用者が存在する．
- 六地蔵では，京都市営地下鉄と接続するため，乗降客が多い．
- 稲荷，東福寺，宇治は，観光客が多く，波動需要に対応する必要がある．特に，伏見稲荷は外国からの観光客にも人気が高く，その最寄駅である稲荷での乗降が多い．また，東福寺へは，特に，秋の紅葉のシーズンに多くの旅行者が訪れる．
- 両端になる，京都，木津は，それぞれ，JR京都線，大和路線・学研都市線などとの接続駅となっている．

このような事情から，利便性の高い輸送サービスを実現するために，ダイヤ作成上，次のような要求があげられた．

- 城陽～京都間については，城陽以南よりも列車頻度を上げたい．
- 特に，快速の到達時分を短縮したい．そのためには，行き違い待ちや，快速の運転停車は避けたい．

・列車の発車時刻は，特に昼間については，なるべく等間隔にしたい．
・京都，木津での列車の接続を考慮したい．
・ダイヤ乱れ時に，遅延が広範囲に波及することを避けたい．

しかし，図 5.64 からおわかりいただけるように，第一次改善後も，単線区間が多く残っていたことから，単線区間ならではの問題があった．いうまでもなく，単線区間では駅間での列車の行き違いはできない．よって，自由に列車の時刻を決められるわけではない．行き違い駅での時刻を優先して決めることになり，始発駅の発車時刻がその制限を受けることもありうる．また，行き違い時の待ち時間の発生が問題になることもある．図 5.65 を見ていただきたい．当時，木幡～宇治間は単線であった．そのために，下り列車 A は，黄檗で 2 本の列車と行き違いをすることになり，停車時間が長くなっていた．さらに，場合によっては，運転停車[*19]が必要になることもある．その例を図 5.66 に示す．快速は，本来，棚倉には止まらない．しかし，玉水～上狛は単線であるので，棚倉で行き違いをすることになり，どちらかが棚倉に止まらざるを得ない．もちろん，図 5.65 においても，図 5.66 においても，到達時分が延びる．

また，単線であるがゆえに，ダイヤ乱れ時の列車の遅延が反対方向の列車にも

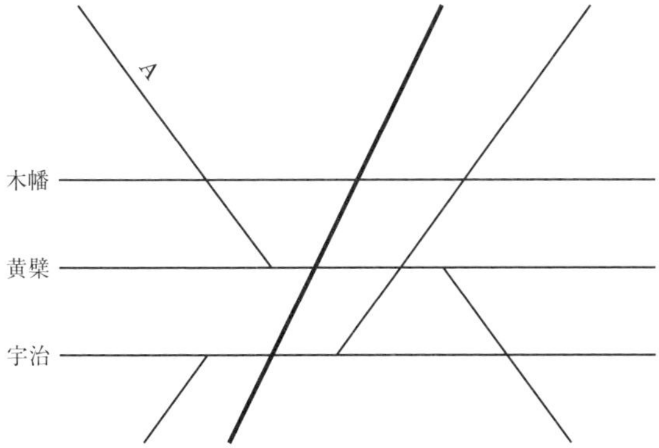

●図 5.65　行き違いのために停車時間が長くなる

＊19　運転停車：駅での停車であるが，旅客の乗降を行なわない形態をいう．例えば，長距離の夜行列車において，乗務員の交代のために行なわれることがある．本節のように，単線区間での行き違いのために優等列車がその駅に停車せざるを得ない場合にも発生する．

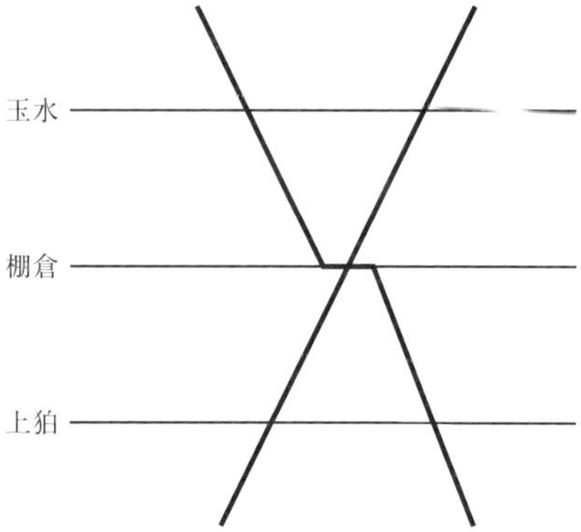

●図 5.66 快速の運転停車

波及し，遅延の収束までに長い時間を要するという問題もあった．実際，2022（平成23）年度には，332件のダイヤ乱れが発生（その半数以上は，踏切に関係する事象）し，回復までに長い時間を要することが問題となっていた．

さらに，木津～奈良間は，大和路線と線路を共用しているために，この区間では，大和路線の列車との競合を考慮して列車の時刻を決定する必要があるという難しさもある．

(2) 第二次改善における複線化工事

前節で述べたような事情を背景として，さらによい輸送サービスを実現するために，第二次改善が計画された．需要予測の結果，列車の頻度については大幅に高める必要はないと判断されたが，より利便性の高いダイヤ，ダイヤ乱れが伝播しないダイヤにすることが念頭に置かれた．

そのために複線区間の延伸が計画された．その内容は次のとおりである（図5.67）．

・JR藤森～宇治間（9.9 km）を複線化
・新田～城陽間（2.1 km）を複線化
・山城多賀～玉水間（2.0 km）を複線化[*20]
・六地蔵のホーム拡幅とホームの移設

このうち，六地蔵については，ホームが狭く，かつ，半径の小さい曲線に位置

＊20 この区間の複線化は，2020年12月6日に完成した．

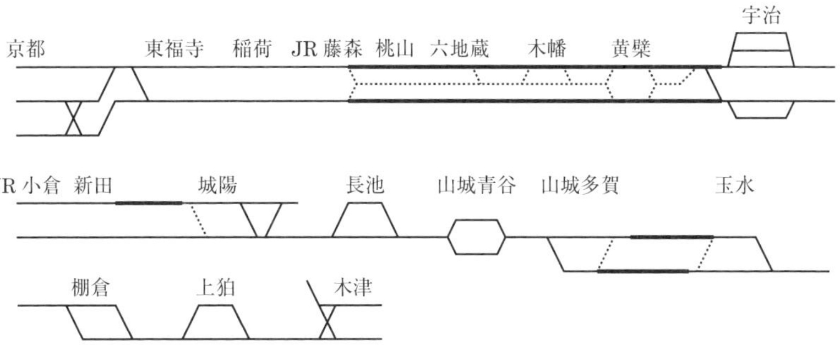

●図 5.67 第二次改善における複線化工事（模式図．太線が新たに建設された線路．点線は撤去された線路）

するホームであったため，ホームを北側に約 100 m 移設し，ホームの幅を広く，曲線半径を大きくしたものである．

これにより，利用者の多い京都～城陽間は全区間が複線となった．また，山城多賀～玉水を複線としたのは，後述するようにダイヤ構成上の理由による．この結果，複線区間の長さは 22.2 km となった．ただし，これでも，まだ京都～木津間の全長 34.7 km の 64 %である（第二次改善前は 23.6 %）．もちろん，複線化率を 100 %にできれば，ダイヤの面からは申し分ないが，それには費用も時間もかかるためである．

第二次改善は平成 28（2016）年度に着手され，7 年の歳月を経て，2023 年 3 月に完成をみた．要した費用は 397.1 億円．そのうち，京都府と関係市町がそれぞれ 148.5 億円ずつを負担し，JR 西日本が 100.1 億円を負担した．

(3) 第二次改善におけるダイヤの改善

何回かの線路切替えを経て（図 5.68），第二次改善も無事完了し，2023 年 3 月 18 日にダイヤ改正が行なわれた．

第二次改善では，次のようなダイヤが作成された．

- 朝ラッシュ時間帯に，宇治～京都間に区間快速を 1 本増発し，宇治始発であった各駅停車 2 本を城陽からの運転（区間を延長）とした．
- ダイヤを工夫し，快速の運転停車を不要として，所要時間の短縮を図った．あわせて，行き違い待ち時間が不要となったために，各駅停車についても，所要時間の短縮を実現できた．
- 稲荷については，需要の波動が大きいので，快速を常時停車させることはし

●図 5.68　線路切り替え直前の光景（2023 日 2 月 23 日撮影．桃山～六地蔵間．列車は「右側」の線路を走っている．左の白い×は，この信号機が使用停止—実際には，使用開始前—であることを示す）

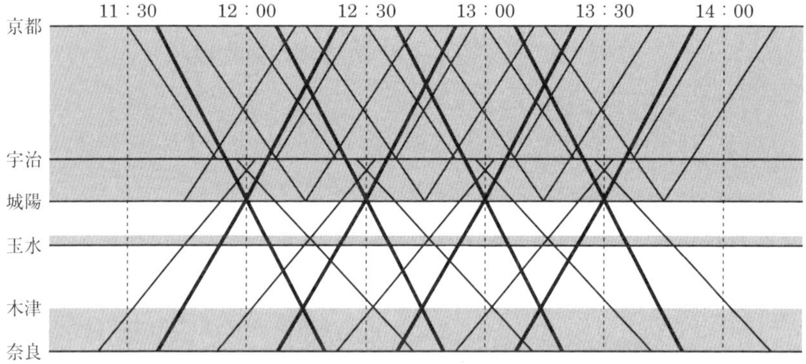

●図 5.69　第二次改善の結果（2023 年 3 月の昼間のダイヤ）

ないが，従来どおり，必要に応じて臨時停車とすることで対応することとした．

・京都，木津での接続を考慮したダイヤとした．少なくとも，長い待ち時間にならないように心がけた．

・昼間の京都口については，なるべく等間隔のダイヤとすることとした．

2023 年 3 月のダイヤ（昼間）を図 5.69 に示す．京都～城陽の全区間が複線になったことからダイヤ作成の自由度が上がった．その結果，京都での発間隔をより均等にするような改良が可能になっている．また，この図からは読み取りにくいが，上りについては棚倉，下りについては桃山での快速の運転停車が不要となり，到達時分の短縮が実現された．また，山城多賀～玉水間の複線化が有効に働いていることもご理解いただけると思う．

5.5.5 お わ り に

列車ダイヤを作成するうえでは，線路設備が決定的な制約となる．しかし，その改善は決して容易ではない．用地買収が必要になることが多く，費用も時間もかかる．費用は誰が負担するのかという問題もある．奈良線の改善についても，ここに至るまでには長い期間にわたる関係自治体や JR 西日本の関係者のひとかたならぬ苦労と努力があった．本節を読んで，そのあたりの事情をご理解いただければと思う．

なお，本節の執筆にあたっては，第一次改善については文献 1）を，第二次改善については文献 2），3）を参考にした．

［参考文献］

1）中田和廣ほか，JR 奈良線輸送改善，J-RAIL'01-平成 13 年鉄道技術連合シンポジウム，2001.

2）奈良線第 2 期複線化事業（JR 藤森～宇治・新田～城陽・山城多賀～玉水間複線化）環境影響評価書
https://www.westjr.co.jp/railroad/project/file/02_hyoukasyo.pdf

3）「より便利に！ JR 奈良線第二期複線化開業」
https://www.pref.kyoto.jp/koho/kaiken/documents/23022402.pdf

5.6 JR 北海道―快速「エアポート」毎時 5 本化実現への歩み

5.6.1 は じ め に

1992（平成 4）年 7 月，新千歳空港ターミナルビルの地下に直結した新千歳空港駅*21 開業とともに，千歳線に南千歳～新千歳空港駅間（2.6 km）の支線が開業した．そこに，札幌～新千歳空港駅間（46.6 km）を最速 36 分で結ぶ快速「エアポート」を毎時4本・1日100本設定し，これによりJR北海道の主力商品である快速「エアポート」による空港アクセス輸送が始まった．

その後，ダイヤ改正のたびに利便性向上や増発など，ダイヤのブラッシュアップを重ねてきたが，その中では，常に輸送力増強と利便性向上が求められてきた．しかし，抜本的な解決策となる快速「エアポート」の毎時5本化については，過去に幾度となく検討されてきたものの，後に詳しく説明するような課題が多く，本格的な検討までは進んでいなかった．

しかしながら，全国に先駆けて北海道を観光先進国にするためとして，2016（平成28）年4月に，国から新千歳空港の発着枠拡大が正式に発表され，これを受けて，新千歳空港のアクセス交通で唯一鉄道を運行しているJR北海道も，更に増加が見込まれるインバウンドの受け入れ態勢の強化が必要となった．

ただし，ひとくちに，快速「エアポート」毎時5本化といっても，単に本数を増やせばよいわけではなく，色々な要求事項や検討事項がある．ダイヤの面からは，発車時刻がなるべく等間隔になっていること，到達時分が今と同等であること，南千歳駅での乗換えが不便にならないこと，遅延が波及しないことなどが求められる．また，ダイヤを作成するにあたっては，札幌貨物ターミナル駅での平面交差や南千歳～新千歳空港間が単線であることが制約となる．もちろん，安全面として，新千歳空港駅のホーム上の混雑などにも気を配る必要がある．さらに，必要な要員や車両が増加することは避けたいという事情がある．

このような状況の中で，空港アクセスの輸送力増強について本格的に社内検討が始まり，約4年間という検討・準備期間を経て，ついに2020（令和2）年3月のダイヤ改正で快速「エアポート」の毎時5本化を実現することができた．本節では，ここに至るまでの道のりについて，ダイヤを設定するスジ屋の観点から，これまで断念してきた課題をどのように解決していったのかについて，順に紹介していきたい．

＊21 （前頁注）本書では，原則として「駅」は省略しているが，新千歳空港駅については，空港と混同することを避けるために，新千歳空港駅と呼ぶ．

5.6.2 快速「エアポート」の概要

(1) 快速「エアポート」が運行する千歳線について

千歳線では，快速「エアポート」と普通列車のほか，JR 北海道を代表する都市間特急「北斗」（札幌～函館），特急「すずらん」（札幌～東室蘭），特急「おおぞら」（札幌～釧路），特急「とかち」（札幌～帯広）が運行している．さらには，札幌貨物ターミナルと本州を結ぶ貨物列車も運行しているなど，さまざまな列車が混在しており，JR 北海道の路線では最も列車の密度が高い線区の一つとなっている．

このような状況から，線路設備の改良なしに快速列車の本数を増やすと現状の輸送体系に影響を与えることは明らかであった．しかし，検討の順序として，あえて，現実には成立しえない快速「エアポート」の増発ダイヤを何パターンも検討することから始めることとした．

JR 北海道では，2 分目ダイヤに手書きで 1 本ずつスジを入れながらダイヤの検討を行なっている（口絵 13 参照）．手作業での検討には膨大な時間がかかることから，これまで受け継がれてきた知識や経験をもとに，いかに効率よく進めていくかが重要であった．

しかし，この作業により，過去に検討して断念していた課題を再確認するとともに，設備の増強をしない限り，快速「エアポート」以外の列車本数を相当削らないとダイヤが入らないことを改めて認識した．そして，この結果は，課題解決に向けてどう進めていくかの材料とすることができた（なお，ダイヤ設定の際に「できない」ことを，誰にでもわかるように証明するのは，かなり厄介で，なかなか理解してもらえない部分である．しかし，設備投資や会社の施策決定には，これは必須であるため，検討ダイヤをもとに，「できない」ことを論理立てて説明する資料を作成するなど，いつも苦労する部分である）．

毎時 5 本化の実現のためには，千歳線の設備増強は必須条件であった．設備を増強するには工期もかかることから，初期段階でダイヤ検討が必要になったが，前述した検討ダイヤをもとに資料を作成することができたため，設備投資の社内決定に大いに役立った．むだなダイヤ検討はないという実例であるといえる．

(2) 快速「エアポート」の利用状況について

図 5.70 に路線図を示す．快速「エアポート」はメインとなる千歳線の新千歳空

●図 5.70　札幌圏と快速「エアポート」路線図（太線）

港駅〜札幌間のほか，毎時 2 本は主要な観光地である函館線の小樽まで直通している．観光の足として多くの利用がある小樽方面については，朝通勤時間帯は観光利用が少なく，札幌方面への通勤・通学利用が多いことから，快速運転せずに，すべて普通列車として運転している．また，千歳線の途中駅には，千歳市，恵庭市，北広島市といった都市が並ぶ．人口合計は約 23 万人となり，これらの都市からの通勤・通学や買い物などの利用客も多い．また，札幌駅に近づくほど，利用者が増える状況となっている．こちらの地域においても，朝通勤時間帯の札幌方面行きは通勤・通学利用が多いため，快速「エアポート」の車両であっても普通列車として運転している．一方，新千歳空港方面へは，空港アクセスと通勤・通学どちらも多いことから，快速「エアポート」と普通列車の両方を設定している．

ダイヤの検討をする際の判断材料として，どのような場合も，利用状況の把握が重要である．そこで，日々の「ノリホ」[*22] データをはじめ，利用実態を把握するために，必要の都度，乗降調査を行なっている．今回も，気になる快速「エアポート」に実際に乗車して，車内の混雑状況をはじめ，通勤・通学利用なのか，大きな荷物を持った空港アクセス利用なのか，ビジネス利用か観光利用かなどを調査した．自信をもってダイヤを設定するためには，デスクワークばかりでなく，実際に足を動かすことでわかることもあり，さまざまな判断をする重要な要素であると考えている．

(3) 快速「エアポート」の使用車両について

快速「エアポート」の使用車両は 3 ドア 6 両編成の通勤型電車で，快速「エアポート」だけでなく，朝通勤時間帯には普通列車としても運用している．現在，快速「エアポート」の車両は 2 種類存在する．主流となっているのは 2014（平成 26）年から順次投入されている 733 系「エアポート」車両で，混雑緩和を図るため，指定席 1 両以外はロングシートとなっている（図 5.71）．一方，開業時から使用している 721 系は現在も現役である．ただし，車内保温のために客室とデッキの間に仕切り戸を設けていることや，転換クロスシートのため通路が狭く，

●図 5.71　733 系

＊22　（前頁注）ノリホ：乗車人員（ノリ）報告（ホ）のこと．JR 北海道ではかつては車掌が決められた区間の乗車人数を報告用紙に記入し，決められた駅に提出していたが，現在は，車掌がタブレットに入力する方式となっている．千歳線は札幌～新千歳空港駅間の最大人数を報告する．

デッキ付近が混雑するため乗降に時間がかかり，遅延が発生しやすいという問題がある．

今でこそ733系が増えてきているが，2種類の車両を共通で運用しているため，ダイヤ上の駅間走行時分は，どちらの車両でも対応できるように遅れやすい721系に合わせて余裕時分を付加するなど，ダイヤ設定に配慮する必要がある．また，以前は，特急車両を快速「エアポート」として，旭川から新千歳空港駅まで直通で乗り入れていた．この旭川直通については，冬期に累計降雪が平年で5mを超える豪雪地帯である岩見沢～滝川間を通るため，降雪や吹雪による視界不良などで列車が遅れることが多く，そのために快速「エアポート」が運休となるケースが多発するなど，空港アクセスにも影響が及ぶ状況であった．また，5両編成の特急車両は定員が少なく，ドアの数も二つであるため乗降にも時間がかかっていた．そのため，快速として運転していた千歳線内では，慢性的に混雑や遅延が発生していた．このような事情から，2016（平成28）年3月のダイヤ改正にて，旭川への直通運転を取りやめることとなった．これにより，すべてが3ドア6両編成に統一され，輸送力も増強となり，混雑や遅延は緩和されることとなった．これは，快速「エアポート」の毎時5本化にあたっての課題の一つでもあったのだが，5本化の検討が本格化する前の時点で解消していたため，その後の5本化の検討はいくぶんか楽になった．

5.6.3 快速「エアポート」毎時5本化の課題と解決策の検討

前述のように，空港アクセス輸送については，20年以上前から継続的に改善を行なってきた．快速「エアポート」の増発（毎時5本化）も，当然，検討対象であったが，実現は困難とされていた．以下に，主な課題を列挙する．

(1) 快速「エアポート」毎時5本化の課題

快速「エアポート」毎時5本化を実現するために解決しなければならない課題としては

①札幌貨物ターミナルの通路線と千歳線の平面交差

②増発に必要な乗務員の要員確保

③南千歳～新千歳空港駅間の単線トンネルによる制約

④新千歳空港駅の狭いホームの混雑対策

⑤南千歳駅の快速「エアポート」と特急列車の同一ホーム乗換え

⑥「エアポート」編成の増備とそれに伴う車両基地の設備増強

⑦線路容量増強に向けた千歳線の閉そく信号機の新設・移設

⑧電力設備の増強

⑨旭川特急の直通運転による札幌00分発ヘッドダイヤの維持

などが挙げられる．しかし，⑥～⑧は増発に必須の設備であり，毎時5本化実施が決まり予算が付けば，課題としては解決されるものであった．また，⑨については，前述のとおり，2016（平成28）年3月ダイヤ改正で解決済みとなった．

最大のボトルネックとされてきた①も予算が付けば解消できるものではあるが，工費の規模から実施は難しいとされ，②の要員確保についても，JR北海道の要員不足という背景もあり，結局，①～⑤については，ダイヤの工夫などで解消できないかを検討することとなった．

(2) 札幌貨物ターミナル立体交差化なしでのダイヤの工夫

札幌貨物ターミナルにおいては，上り貨物列車が札幌貨物ターミナルを出発する際に，千歳線の下り本線と平面交差する（図5.72）．そのため，図5.73に示すように，5分間にわたって下りの旅客列車を運転できない時間が発生する．これは，千歳線におけるダイヤ設定上，大きな制約となっている．その制約の中で，快速「エアポート」の札幌～新千歳空港駅37分運転15分間隔ダイヤ（15分ヘッドダイヤ）を継続し，サービスレベルを維持してきた．

しかしながら，快速「エアポート」を毎時5本として12分ヘッドダイヤとすると，列車の運転間隔が縮まり，平面交差の制約の影響がさらに大きくなる．そのため，貨物列車，特急列車，普通列車のいずれかが設定できなく（いわゆる，「スジが入らない」状況に）なってしまう．立体交差化が抜本的な対策であるが，それには数十億円規模という莫大な費用が必要であるとされた．しかし，JR北海道にとってこの資金の捻出は難しく，検討の都度お蔵入りとなっていた．今回も，当初は札幌貨物ターミナルの立体交差化は，快速「エアポート」5本化のた

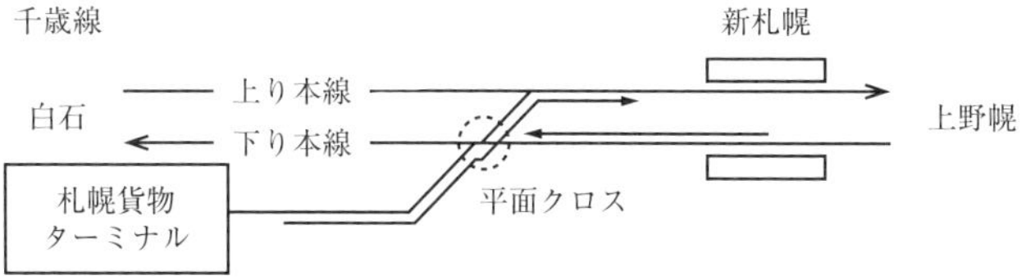

●図5.72 貨物線との平面交差

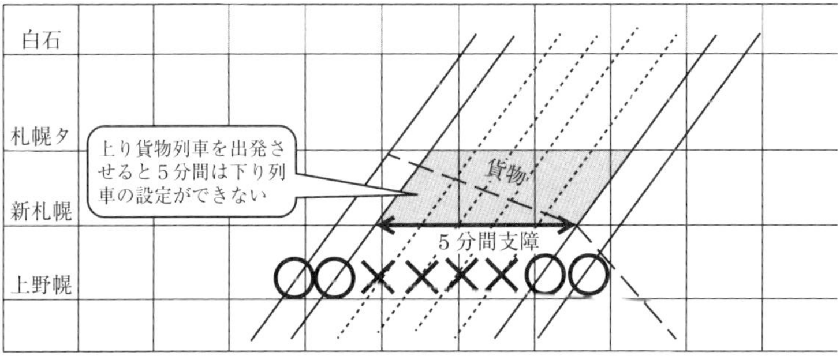

●図 5.73　貨物列車との支障

めの必須条件であるとして検討を進めてきたが，最終的には立体交差化をせずに5本化を検討することとなった．

とはいっても，さまざまな制約条件の中でダイヤとしてやれることには限りがある．結局，これまで社内的にタブーとしていた，所要時間を増やすこと，等間隔のダイヤを崩すこと，普通列車の本数を減らすことなど，これまでダイヤ改正のたびに磨き上げてきたサービスレベルに手を付けることとした．すなわち，快速「エアポート」毎時5本化をやり遂げるために，その輸送力増強を最大の目的として，サービスレベルの低下を最小限にできるよう検討を重ねていった．

図5.74に，快速「エアポート」を12分間隔で設定しようとしたときのダイヤ作成上の課題の一例を示す．前述のように，札幌貨物ターミナルでの貨物列車との平面交差の制約の中，貨物列車を設定すると，その後の普通列車の時刻を後ろにずらさざるを得ない．となると，12分間隔で設定しようとした快速「エアポート」の北広島到着時刻も後ろにずれることになり，札幌～新千歳空港駅間37分を維持できないだけでなく，南千歳～新千歳空港駅の単線区間のダイヤにも影響することとなり，結局，このダイヤは成立しえないことになる．

この例でいえば，1本目の快速「エアポート」の札幌発時刻を少し早め，それに伴って，貨物列車の札幌貨物ターミナル発時刻も少し繰り上げるという案がありうる．ただし，その案では，快速「エアポート」の札幌発時刻が等間隔にならないこと，また，新千歳空港駅までの所要時間が37分を超えてしまうという問題が生じる．

結果として，札幌～新千歳空港駅間の所要時間をこれまで37分に統一してい

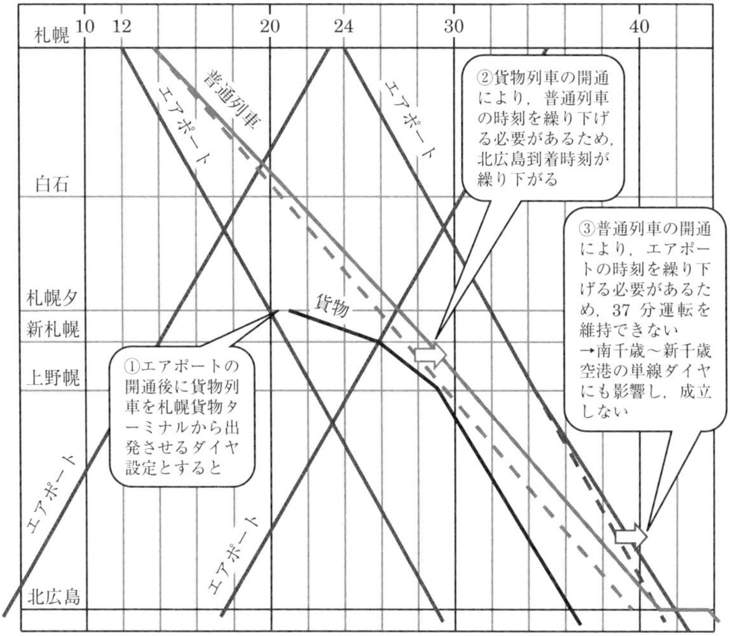

●図 5.74　ダイヤ作成上の課題

たものを，ダイヤに調整余裕をもたせるために，37～39分とした．調整余裕を優先とするのならば，40 分以上にまで調整範囲を広げることは有効かつ効果的であったが，所要時間は乗客の利便性に直結する部分であるので，余裕時分の付加は 2 分までとして所要時間 30 分台を維持している．また，これまで，札幌発を 15 分等間隔のダイヤとしていたが，毎時 5 本としたときには，12 分等間隔のダイヤはあきらめ，11～14 分間隔と不均一なダイヤとした．ただし，毎時 4 本の 15 分間隔ダイヤよりも待ち時間を短くするため，列車の発車間隔は 14 分を最大とすることとして検討を進めた．

他にも，普通列車の本数を毎時 3～4 本であったのを毎時 2～3 本に減らすなど，20年以上札幌圏輸送で妥協してこなかったことにメスを入れることで，札幌貨物ターミナルの平面交差という最大の課題をクリアすることができた．

(3) 札幌圏の見直しによる増発に必要な乗務員の要員確保

札幌圏とは北海道の政令指定都市である札幌市を中心として函館線（小樽～札幌～岩見沢），千歳線（札幌～新千歳空港駅・苫小牧），学園都市線（札幌～北海道医療大学）を指している．IC カード Kitaca が利用できるエリアもこの札幌圏となっている（図 5.70）．

札幌圏は，北海道の人口 522 万人の約半数となる 260 万人を擁しており，快速「エアポート」の新千歳空港駅～札幌～小樽間のほか，小樽～札幌～岩見沢間には区間快速いしかりライナー（以下，「いしかりライナー」）が運行していた．この札幌圏の快速体系は，平成 12 年 3 月ダイヤ改正で小樽行の快速「エアポート」が毎時 2 本と「いしかりライナー」が毎時 2 本設定されて以来，一部改善は行なわれてきたものの，20 年もの間，この快速体系が踏襲されてきた．

「いしかりライナー」は，遠距離と近距離のすみ分けを図る遠近分離というコンセプトのもと，札幌市内では最小限の停車駅として，ベッドタウンである江別市や小樽市の利便性向上を図るための列車であった．しかしながら，近年はマンション開発が進むなど，都心回帰により札幌市内の快速通過駅の利用が伸びていた．その結果，比較的空いている「いしかりライナー」がホームで列車を待っている大勢の乗客の目の前を通過していくという状況もあり，改善を望む声も寄せられていた．

また，札幌市内の駅と郊外駅のどちらにも普通列車 3 本と快速列車 2 本を設定していたため，輸送力的にも非効率なダイヤとなっていた．さらに，快速といっても，札幌～江別間では，各駅停車と 4 分しか所要時分が変わらず，速達効果も小さかった．そこで，「いしかりライナー」をすべて廃止し，手稲方面も含め，すべて各駅停車にすることとした．

これにより，江別方面は，これまで快速列車と各駅停車を合わせて毎時 5 本の列車の運転であったものを，各駅停車のみ毎時 4 本として，毎時 1 本の列車を削減することとした．これによって，輸送力の適正化を図るとともに，利用者が増えている札幌市内の駅を中心に，停車する列車の本数を毎時 3 本から 4 本に増加し，列車間隔も均一化した．これにより，これらの駅では快速停車駅も含めて，待ち時間も短くなり，利便性が向上した（図 5.75）．

千歳線についても，利用の多い朝通勤時間帯の普通列車は維持するものの，利用者が減少する日中時間帯から夕通勤時間帯の普通列車の本数を利用状況に合わせて見直した．

結果として，快速「エアポート」を 32 本増発するのに対して，札幌圏全体で 30 本の列車を減便することで，乗務員の増加を最小限として，快速「エアポー

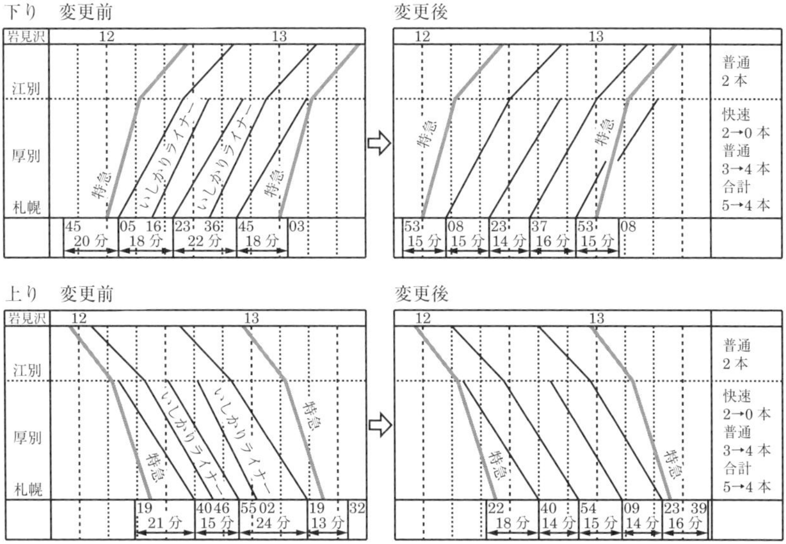

●図 5.75　いしかりライナー見直しイメージ

ト」の毎時 5 本化の課題②を解決することができた．

(4)　南千歳～新千歳空港駅間の単線トンネルの制約と南千歳駅の快速「エアポート」と特急列車の同一ホーム乗換え

南千歳～新千歳空港駅間は単線である．当然，この区間で行き違いはできない．これは，ダイヤ作成上，大きな制約となる．

さらに，南千歳での平面交差も問題であった．南千歳では，快速「エアポート」と特急列車（帯広・釧路方面の特急列車，室蘭・函館方面の特急列車）が同一ホームで乗り換えられるようなダイヤとしていた．そのため，図5.76上に示すように，南千歳の札幌方では，札幌方から南千歳に進入する上り列車のルートと，南千歳から札幌方に進出する下り列車のルートが平面交差の関係になっていた．そのため，南千歳では，上り列車の到着時刻と下り列車の発車時刻の間に，交差支障の時間として 5 分の間隔を空ける必要があった（図 5.77 左）．しかし，毎時 5 本化して列車本数が増えると，この 5 分の間隔を空けたダイヤをつくることはできない（「スジ」が入らない！）．このまま同一ホーム乗換えを維持するための方策としては，同時進入・同時発車とするというアイデアがないわけではない．直感的にいうと，上り列車が駅手前のポイントを渡ってから南千歳のホームに到

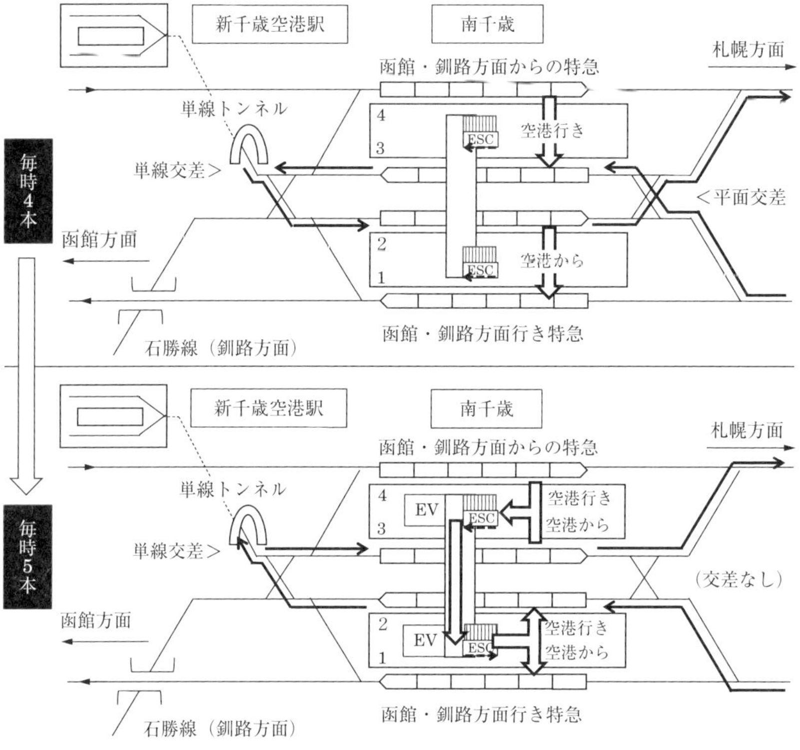

●図5.76　南千歳駅構内の平面交差と乗換えについて

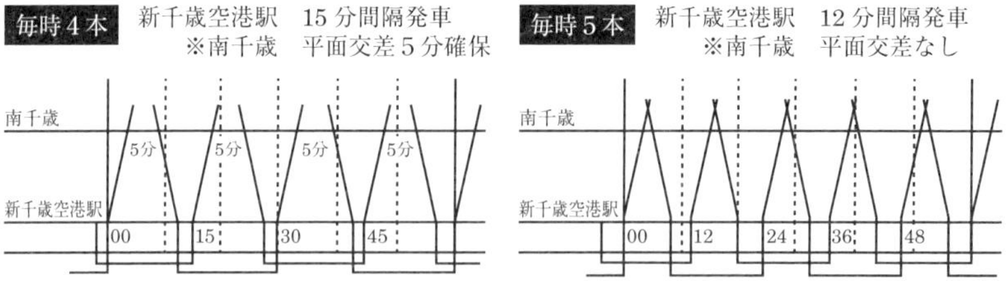

●図5.77　南千歳～新千歳空港駅間の単線区間ダイヤ比較

着するまでの間に，このポイントを転換し，上り列車がホームに着いたときには，ポイントの転換が終了して下り列車が発車可能になっている（出発信号機に青信号が出ている）というイメージになる．しかし，このようなダイヤは，遅延が波及しやすいという問題がある．上下どちらかの列車が少し遅れた場合でも，その遅延は，直ちに反対方向の列車に波及する．前述のように，南千歳～新千歳空港駅間は単線であることから，そこで，さらに遅延が拡大する恐れもある．

北海道においては，鹿などの野生動物の影響や冬期の積雪や視界不良なども懸念される．まして，千歳線には，特急列車や北海道と本州を結ぶ貨物列車など，長距離を走る列車が運転されていることから，広範囲にわたる遅延の影響が持ち込まれやすい．ただでさえ毎時 5 本化で列車が増えて遅れやすくなることが懸念されるなかで，さらに遅れが波及しやすくなる状況になることは避けたい．結局，南千歳の札幌方の平面交差は解消しなければならないと考え，これまで長年にわたって維持してきた同一ホーム乗換えをあきらめて，快速「エアポート」の発着番線を上下の列車で入れ替えることとした（図 5.76 下）．

新千歳空港駅での折返し時間には若干の余裕がある．したがって，到着の上り列車に些少の遅延があった場合でも，下り列車は定時に発車できる．しかし，南千歳の平面交差が残っていれば，上り列車の遅延がせっかく定時で発車した下り列車に波及する恐れがある．南千歳の平面交差を解消することによって，このような遅延の波及が起こらないダイヤにすることができた（図 5.77 右）．

ただし，南千歳での特急列車と快速「エアポート」の乗換えには，必ず跨（こ）線橋を渡ることになる．そこで，各ホームに 1 基ずつある上り専用のエスカレーターの運転方向を乗換え動線に合わせた向きに切り替えた．さらに，エレベーターを新設し，階段を使用せずにホーム移動ができるようにした．

(5)　新千歳空港駅のホーム混雑対策

新千歳空港駅は，1 面 2 線の島式ホームである（図 5.78）．エスカレーター脇のホームの柱部分は車イスがぎりぎり通れる幅しかないなど，ホームの狭さが課題となっている．乗車待ちの乗客と降車の乗客が重なると，ホーム上が混雑して危険な状況となりかねない．しかし，新千歳空港駅は，空港ターミナルビルの地下の躯体構造内に設置されているため，拡幅などは，構造上不可能である．

そのため，ダイヤ面で，新千歳空港駅のホーム上の安全に配慮するための工夫を行なっている．例えば，ホームに上り列車が到着した後，それを待ってから下り列車が発車するダイヤとなっている．これにより，ホームの両側に列車が在線することなり，ホーム上の混雑緩和を図ることができる．ホームの混雑対策は極めて重要であり，毎時5本化のダイヤにおいても，これを維持することを条件とした．

●図 5.78　新千歳空港駅：どちらかの番線に必ず列車が止まっている

また，下り列車が到着した直後は，エスカレーターの手前に列ができて滞留が発生する．さらに，ホーム上にも降車した乗客が溜まる．そこで，下り列車の到着から上り列車の発車までは，2～3分以上の時間を空けることとし，乗客の流れが落ち着いてから列車を発車させることで安全対策としている．これは，上り列車の到着遅れを折返しの下り列車に波及させないための対策にもなっている．

これらの条件のもと，南千歳～新千歳空港駅間の単線区間のダイヤを設定することにより，新千歳空港駅の快速「エアポート」発を毎時 06・18・30・42・54分に固定し，12 分間隔のわかりやすいダイヤとするとともに，快速「エアポート」毎時 5 本化の課題③～⑤を解決することができた．

5.6.4　2020 年 3 月ダイヤ改正概要（快速「エアポート」関係）

ダイヤで解決が求められていた課題の目途が立ったことから，やり遂げる覚悟を決め，ダイヤ上で毎時 5 本化が可能であることを社内に表明し，快速「エアポート」の毎時 5 本化に必要な設備投資計画については，社内会議の審議により可決された．

これにより，最も時間を要する快速「エアポート」車両の増備も発注を間に合わせることができ，東京オリンピックの開催によりインバウンドの入り込みも多く見込まれていた 2020 年の 3 月ダイヤ改正に快速「エアポート」の毎時 5 本化を実施することも社内会議で決まり，それからスジ屋の本来のダイヤ作成の仕事が本格化していった．

通常規模のダイヤ改正検討は，1 年ほど前から検討を始めるが，快速「エアポート」の毎時 5 本化は，札幌圏全体の輸送体系見直しの中で行なう必要があるため，JR 発足以来最大級のダイヤ改正が想定されていた．そのため，通常よりも早い 1 年以上前からダイヤの詳細を詰める検討を始めており，全道の特急体系のベースともなっている札幌圏ダイヤをいち早く形にしたことで，札幌圏以外の線区の輸送改善も検討することができた．

これにより，快速「エアポート」毎時 5 本化を基軸とした札幌圏の輸送改善のほか，民族共生象徴空間「ウポポイ」開設に合わせた特急「北斗」の白老駅停車拡大，新型 H100 形電気式気動車（DECMO）の初投入，283 系特急「おおぞら」の一部 261 系置換えなど，全道にわたる最大規模のダイヤ改正を無事にやり遂げることができた．

ここでは，快速「エアポート」毎時 5 本化と合わせて実施した，空港アクセスの輸送改善について主なものを紹介する．

(1) 速達タイプの特別快速を新設

快速「エアポート」が運転されている千歳線は，新千歳空港へのアクセス利用だけでなく，通勤・通学といった沿線利用も多く，特に朝通勤時間帯には空港アクセスと通勤・通学の利用者が重なって混雑している．

大きなスーツケースを持った空港を利用する乗客が，座ることができず立っていることが多く見受けられることもあり，通勤・通学利用とのすみ分けを図る必要があると考えた．そこで，「特別快速」という新札幌と南千歳だけに停車する空港アクセスに特化した列車を設定することとした．

特別快速の停車駅は，札幌市営地下鉄やバスターミナルからの乗換駅である新札幌と，東室蘭・苫小牧方面や石勝線からの乗換駅である南千歳の 2 か所に絞ることで（これは，特急列車と同じ），これまでの札幌～新千歳空港駅間の最速 37 分を 4 分短縮する最速 33 分で結んでいる．

これらのメリットを生み出す目玉の施策となった特別快速であるが，実はダイヤ設定上の必要性もあった．朝通勤時間帯には，もともと最大限の列車本数を設定していたこともあり，日中時間帯のように普通列車を取りやめるという手法も用いることはできず，列車本数を増やすこと自体が困難であった．最大限の本数の列車が設定されている場合，さらに列車本数を増やすためには，一番遅い普通列車に合わせてスジを寝かせる平行ダイヤとするのが一般的である．しかし，そうすると，快速「エアポート」や特急列車が札幌〜南千歳間だけで10分以上の所要時分増加となるなど，大幅にサービスレベルが低下してしまう．逆に，速い列車に合わせてスジを立てて平行ダイヤとするのも，線路容量を節約するのに有効であり，特急列車の続行で特別快速を設定することで，検討を始めた頃は難しいとしていた朝通勤時間帯に快速「エアポート」を増発することが可能となった．

このような，これまでJR北海道に設定がなかった新しい列車種別や停車駅パターンの列車を設定すると，車内放送や行き先表示などを新たに改修する必要があり，車両のICの書換えなど高額な経費がかかることからハードルも高く，乗客への案内の課題もあったため，実施までには，社内の多くの部署との調整が必要となった．社内でも特別快速の新設はすんなり採用されたわけではなく，いろいろなパターンのスジを引いて，増発するために必要であることと，すみ分けにより混雑緩和につながるなどのメリットを根気よく説明して，ようやく社内の合意を取り付け，特別快速が誕生することになった．

(2) 快速「エアポート」の始発繰り上げ

新千歳空港からの一番早い航空便は7時30分発の羽田便であるが，これまでは，新千歳空港駅に向かう始発列車は6時51分着の各駅停車で，これが一番早く空港に到着する列車であった．そのため，手荷物検査場が混雑している時などは時間に余裕がなく，JRではなく自家用車や6時30分頃に到着する空港連絡バスなどを選択される人も多いと聞いており，始発列車の繰り上げを望む声も届いていた．

そこで，札幌5時50分発，新千歳空港駅6時28分着と，これまでよりも23分早く到着する快速「エアポート」を設定することとした．しかし，これまで，札幌を6時前に発車する列車の設定はなかった．また，札幌市営地下鉄も6時00分発が始発であるなど，JRも含め各方面からの接続はなく，多くの利用が見込めない可能性もあった．そこで，需要を把握するため早朝の実態調査を実施することとした．実際に，担当4人の持ち回りで，早朝5時頃から1週間にわたり札幌駅南口周辺の調査を実施したところ，普段は目にすることのない時間帯の状況が判明した．例えば，宿泊していたホテルから大きなキャリーケースを持って5

時頃から札幌駅前の新千歳空港行きのバス乗り場に並んでいる旅行者がいたし，JR 札幌駅の改札口にも，当時は，一番早く新千歳空港に到着する札幌 6 時 02 分発の普通列車に乗る人や，6 時 15 分発の快速「エアポート」に乗るために 30 分以上前の 5 時半頃から待っている人もいた．早朝にもかかわらず，早めに新千歳空港に向かう利用者を目の当たりにして，早朝需要が高いことについて確信をもつことができ，調査結果をもとに社内に必要性を説いて，始発「エアポート」を札幌 5 時 50 分発に繰り上げることができた．

また，この列車の折返しは，新千歳空港駅 6 時 39 分発の札幌行き快速「エアポート」としたが，これまでの考え方であれば，この時間帯は，札幌方面行は普通列車として設定するところであった．しかしながら，普通列車として札幌に到着させると，到着時刻が遅くなり，後運用の発車時刻に間に合わない．需要の面でも，深夜の航空便で到着して新千歳空港や千歳駅周辺のホテルに宿泊した人が，早朝から札幌方面に移動するとか，早朝 5 時台に新千歳空港に到着する韓国便で到着した人が新千歳空港の営業時間前から改札外に並んでいたこともあるなど，早朝の需要も見込まれるため，快速列車とすることとした．ダイヤ改正後の調査によると，キャリーケースを持った観光客の利用もあり，札幌の到着が朝の 7 時 19 分ということで，通勤・通学客の利用も多い．結果として，前後列車の混雑緩和にも貢献することができている．

(3) 快速「エアポート」の毎時 5 本化による諸元比較

前述の特別快速や始発「エアポート」の繰り上げをはじめ，受けていた要望や接続改善，遅延対策など，ここには書ききれないほどの輸送改善をダイヤに盛り

■表 5.8　快速「エアポート」諸元比較

	毎時 4 本	毎時 5 本
運転本数	116 本	148 本（+32 本）
運転間隔	15 分間隔	概ね 12 分間隔
所要時間（快速）	37 分	37〜39 分
〃　（特別快速）	—	33〜35 分（新設）
南千歳特急接続	同一ホーム乗換え	跨線橋乗換え
新千歳空港常時在線	○	○（維持）
札幌駅発番線	5・6 番線固定	5・6 番線固定（維持）
小樽直通	毎時 2 本	毎時 2 本（維持）

込み，最終的に快速「エアポート」を32本増発し，116本であった快速「エアポート」を148本とすることができた．表5.8に諸元比較をまとめる．

輸送力の向上については，当初目標としていたのは3割増強であったが，本数ベースで28％増，輸送力ベースで29％増と概ね目標を達成することができている．

5.6.5 お わ り に

これまで紹介してきたように，ダイヤの検討に検討を重ねて，社内整理を進め，4年間の検討・準備期間を経て，目標であった快速「エアポート」の毎時5本化をやり遂げることができた．

それは，さまざまな部署が目標に向かって取り組み，多くの関係者の協力があったからこそ達成できたものであり，JR北海道発足以来最大級のダイヤ改正であったと実感している．

JR北海道の看板商品である快速「エアポート」は，今回の5本化で終わりとは考えていない．さらなる空港アクセスの増強は，今後の新型コロナウィルスの収束を見据え，いずれ必要となると思われる．そのときには，新たな考え方をもって，ダイヤを検討していくこととなると思われる．スジ屋の仕事に終わりはなく，少しでも便利に，少しでも効率的な究極のダイヤに近づけるように日々努力をしていきたい．そして，新型コロナウィルスを人類が克服し，かつての賑わいが戻ることを祈念し，結びの言葉としたい．

快速「エアポート」の号数について

快速「エアポート」には「○号」と号数を振っている．例えば始発の札幌5時50分発新千歳空港行きは快速「エアポート」「50号」としており，札幌の発車時刻が5時台の5が十の位，上りの1本目なので0を一の位としている．このルールでは札幌10時台発の1本目は「100号」，2本目が「102号」，…，5本目は「108号」となる．同様に下りは新千歳空港の発車時刻で決めており，19時台であれば1本目を「191号」，2本目を「193号」，…，5本目は「199号」となる．

このルールの例外を防ぐため，実はダイヤ設定上で注意する必要があり，00分発を59分発に1分繰り上げてしまうと，繰り上げた時間の列車本数が6本となってしまい，桁が足りなくなってしまう．

そのため，札幌発は11〜14分間隔と調整余裕を設定しているにもかかわらず，札幌 00 分発を固定することでうっかり変更してしまうというミスを防ぐこととしている.

同様な理由で，今後，検討することになるかもしれない毎時 6 本化など本数が 1 時間あたり 10 本をオーバーすると，今のルールを変更しないと対応できないのである.

「エアポート」の列車番号について

列車番号の付け方については社内でルール化されている．実は「エアポート」の増発を検討する際に，何本列車を増発するか決まっていない段階で，それまでのルールでは番号が足りない恐れがあり，前もってルール自体を変更した.

具体的には下 2 桁の 00〜19 は急行列車と決められており，快速・普通列車は 20〜99 が割り振られていた.

平成 28 年に急行「はまなす」が取りやめとなって以降，急行列車の運転実績はないため，急行を 00〜09 に縮小して，快速・普通列車は 10〜99 として，利用できる数字の範囲を拡大した.

ちなみに実際の快速「エアポート」は 3820M〜3899M，3910M〜3979M としているが，3810M からではなく 3820M から始めて始発列車の前に 10 本分の余裕をもたせている.

これは，将来列車本数が増減した時に，欠番などをなくして通し番号に直すのだが，全列車の列車番号を順送りに振り直すだけでなく，増発する時間帯により，前にも逆送りできるようにしている.

これには将来の列車本数増減により，変更する列車本数を最小限としてダイヤ改正作業を楽にできるようにという裏事情がある.

5.7 JR 四国—パターンダイヤの導入による地方線区の利便性の向上

5.7.1 JR 四国の概要

JR 四国は，九つの路線を有し，その営業キロは 853.7 km，駅数は 259 駅，1 日に 946 本の列車を運行している（2023 年 4 月現在）．瀬戸大橋線による本州連絡輸送および四国 4 県都間を結ぶ都市間輸送，あわせて，4 県都を中心とする都市圏輸送を軸とした，JR グループの中で唯一新幹線をもたない最もコンパクトな会社である．これまで，都市間輸送では曲線や勾配が多い管内路線の弱点を克服すべく，振り子式特急車両を積極的に導入するなど，速度向上に取り組んできた．また，都市圏輸送ではワンマン運転を進めるとともに，列車の運行本数（4県都中心駅を発着する普通列車の本数）をJR四国発足時から約3割増加させ，コストを抑えながら利便性向上に努めてきた．

しかし，鉄道運輸収入は1996（平成8）年度をピークに減少が続いている．さらに沿線人口を見ると，全国に先駆けて人口減少が進み，4県都へ人口が集中している状況である（図5.79）．このような中，今後，四国の鉄道はどうあるべきか？どのように維持していくのか？という大きな課題について議論が繰り返されてきた．これらの一つの答えがパターンダイヤ化である．2019（平成31）年3月ダイヤ改正において，第1段として牟岐線の日中時間帯にパターンダイヤを導入した．以後，導入線区を拡大すべく検討を進めているところである．本節では地方線区におけるパターンダイヤ導入について，経緯やねらい，今後の展望を記す．

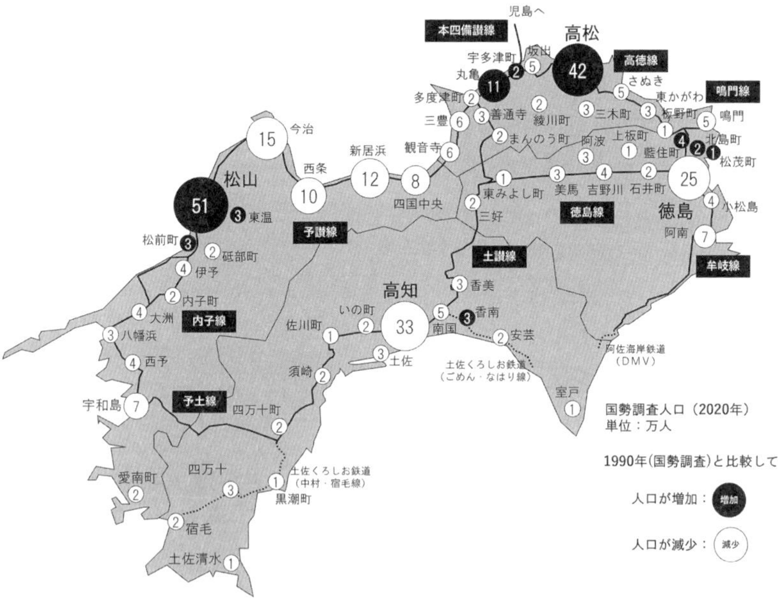

●図5.79　JR四国沿線都市の人口

5.7.2 これまでのダイヤ改正の考え方

JR 四国におけるダイヤ改正の基本的な考え方は，岡山駅での山陽新幹線との接続を最優先として，都市間特急のダイヤを磨き上げることにある．まず岡山駅を発着する特急「しおかぜ」（松山方面），「南風」「うずしお」（高知・徳島方面），快速「マリンライナー」（高松方面）のダイヤが優先的に計画される．一方，普通列車は特急列車の合間を縫って走らせることになる．複線化率 5.9 %（全国平均 33.4 %），電化率 27.5 %（全国平均 56.7 %）と線路容量が低水準の四国の路線では，行き違い待ちのため長時間停車したり，増発が困難であったりと必ずしも良いダイヤであるとはいえなかった．全線区で利用者の減少が続く中で，近年のダイヤ改正では，普通列車に関しては乗車率の低い列車の運転を取りやめるといった，輸送力の適正化に軸足を置いた方策がメインとなっていた．そのため，本来高めるべき利便性向上施策が見つからない状況で閉塞感を感じていた．

5.7.3 救世主，現る

2014（平成 26）年，オランダより救世主が現れた．ProRail 社（旧オランダ国鉄の上下分離に伴って誕生した鉄道インフラ管理会社）にてダイヤ・インフラ計画を担当している Klaas Hofstra 氏である．リモートワークを活用し，しばらく高松に滞在されるということから，輸送計画について定期的な勉強会が始まった．30 年ほど前のオランダでは，鉄道利用者減少のため鉄道路線の存廃議論がなされていた．そこでオランダは廃線を進めるのではなく，鉄道の利便性を高める道を選んだ．その手法が上下分離方式であり，パターンダイヤ化であった．ポイントは利便性向上と運行コスト最小化の両立である．

オランダでは，運行コストの妥当性を関係者間で合意できることが重要である．手の内を明かして誰が見ても妥当な運行コストであると理解してもらうことを，Hofstra 氏は「オープンキッチン」という言葉で説明されていたことが印象的であった．具体的には，車両数，乗務員数が最小となるようにダイヤを計画することにある．図 5.80 に示した運転間隔が 30 分の二つのパターンダイヤでは，案 1 よりも案 2 を目指すということである．案 1 では車両も乗務員も 2 編成，2 ペア必要であるが，行先地での折返し時間を最短とする案 2 では 1 編成の車両，1 ペアの乗務員で運用が可能である．さらに，このダイヤが将来にわたって固定

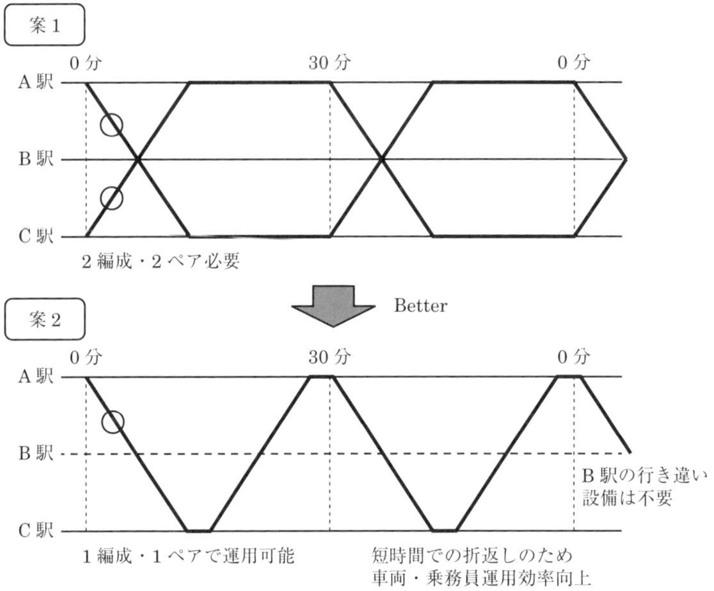

●図5.80 車両・乗務員運用を意識したパターンダイヤ化

できるのであれば，B駅の行き違い設備も削減できる．

運行コスト最小化を目指してパターンダイヤを導入してきたオランダの考え方はJR四国の目指すべき方向性と一致しており，これぞ探していた答えだと確信した．

1年あまりの勉強会のなかで四国全線におけるパターンダイヤの素案を作成いただいた．これをもとに社内でも検討が本格化する．

5.7.4 社内での検討が本格化

2015（平成27）年度より，Hofstra氏の素案をもとに社内でもパターンダイヤの本格検討が始まった．検討に際しては京都大学 中川大教授（当時）ら学識経験者に利便性評価などについてご指導をいただいた．パターンダイヤの利便性評価指標で欠かせないものが「期待所要時間」である．これは，駅での待ち時間も含めた所要時間の平均値のことをいう．図5.81に示すように，列車の運転間隔が等間隔である方（等間隔ダイヤ）が，運転間隔が不揃いであるダイヤ（バラバラ

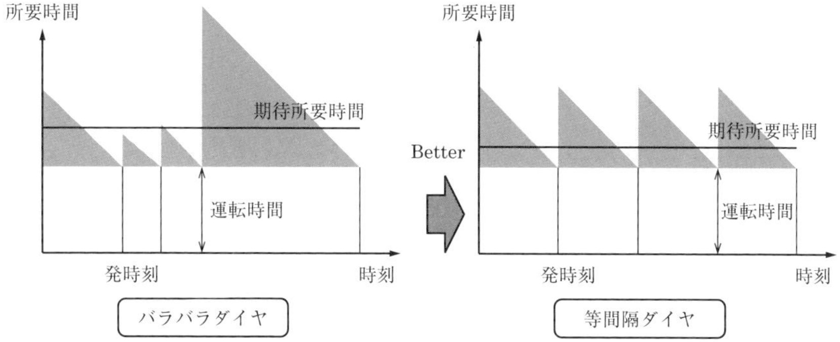

●図 5.81　パターンダイヤは期待所要時間が小さくなる

ダイヤ）よりも，待ち時間も含めた所要時間は短くなることがわかる．この指標でみれば，時刻を揃えるだけで増発と同様の効果を得ることも可能である．

さらに中川教授には利用者便益の観点からダイヤを評価する手法をご教示いただいた．パターンダイヤが鉄道事業者のみならず沿線地域に便益をもたらすことを定量的に表現するものである．これまで社内では採算性を中心に議論がなされてきたが，地域社会全体にプラスとなる施策を実施することの大切さを改めて認識した．公共交通機関として地域に必要とされるダイヤづくりを常に意識すべきであると考えている．

ここで目指すべきパターンダイヤのねらいを整理する（表 5.9）．利用者は，発車時刻を記憶でき，時刻表がなくても利用しやすくなる．さらに，接続するバスなどのダイヤのパターン化にもつながるため，地域公共交通の利便性が向上する．鉄道事業者は，運行コストの最小化を考慮して，効率的な車両・乗務員運用を計画する．ダイヤと合わせて運用もパターン化されシンプルになる．運用のシ

■表 5.9　パターンダイヤのメリット

関係者	メリット
利用者・沿線地域	・各駅の発車時刻が統一されることで発車時刻を覚えやすくなる ・待ち時間を含めた期待所要時間が短縮される ・鉄道に接続するバスなどのダイヤがパターン化される
鉄道事業者	・車両・乗務員運用の効率化，シンプル化 ・一度ダイヤを決めると変更の必要がない ・異常時における輸送指令対応がしやすくなる ・ダイヤが固定されることで不要となる設備を削減することができる

ンプル化は，輸送計画の作成が容易になるばかりか，事故などで運休が発生した場合の平常ダイヤへの復旧など，輸送指令の対応もしやすくなる．理想的なダイヤが決まれば，行き違い設備など，不要になる設備の削減も可能となる．

これらのねらいを実際のダイヤに落とし込む際，次に示す列車それぞれの使命をうまくバランスさせなければならない．

①特急列車

JR 四国においては，特急列車は，主要な都市を結ぶ重要な輸送手段となっている．例えば，「うずしお」（徳島～高松など），「いしづち」（高松～松山など），「しおかぜ」（岡山～松山），「南風」（岡山～高知）などの特急列車が，各路線において，概ね 1 時間に 1 本程度運転されている．したがって，主要な特急列車については，運行本数，所要時間を一定水準で満足させる必要がある．最も優先される本州直通列車の岡山駅発着場面では，朝通勤通学時間帯を除き，ほぼ時刻が揃っている．岡山～高松を運行する快速「マリンライナー」は，高松駅の時刻もパターン化されている．しかし，長距離を走る特急「しおかぜ」（松山方面），「南風」（高知方面）は，松山，高知に向かうに従ってパターンが崩れてくる．これは，列車ごとの所要時間を最短とすることや，保有車両数の制約，行き違い駅が必ずしも理想的な配置となっていないことが影響する．特急列車の時刻が揃わない区間では完全なパターン化は難しい．

このイメージを説明する．図 5.82 に単線区間における理想的なパターンダイヤを示す．A 駅を発車した下り列車が B 駅に到着し，上り列車と行き違いを行なう．B 駅で行き違いを行なった上り列車が A 駅に到着し，次の下り列車の発時刻までの時間が 1 時間に収まっており，上下列車ともむだのない運転である．しかし，B 駅から先では下り列車と上り列車が行き違うべき場所が C 駅と D 駅の間に位置し，ここが単線であると，ダイヤが成立しない．そこで図 5.83 に示すように手前の C 駅で行き違いとするか，図 5.84 に示すように C 駅，D 駅の双方で行き違いをすることとなる．このように，単線区間ではパターンが崩れたり，所要時間が増加したりする傾向にある．

②観光列車，貨物列車

ものがたり列車（「伊予灘ものがたり」など，四国の景色と料理，地元のおもてなしが堪能できる観光列車で人気を博している），トロッコ列車などの観光列車や貨物列車にもそれぞれ走らせたいダイヤがある．速度の違い（観光列車では，

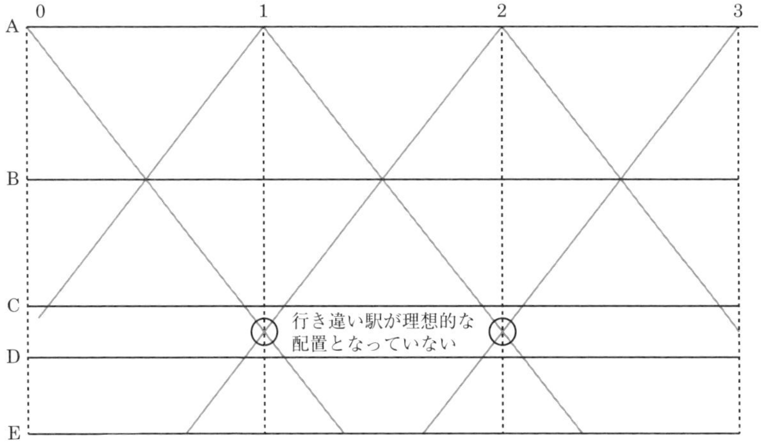

●図 5.82　単線区間における理想的なパターンダイヤ

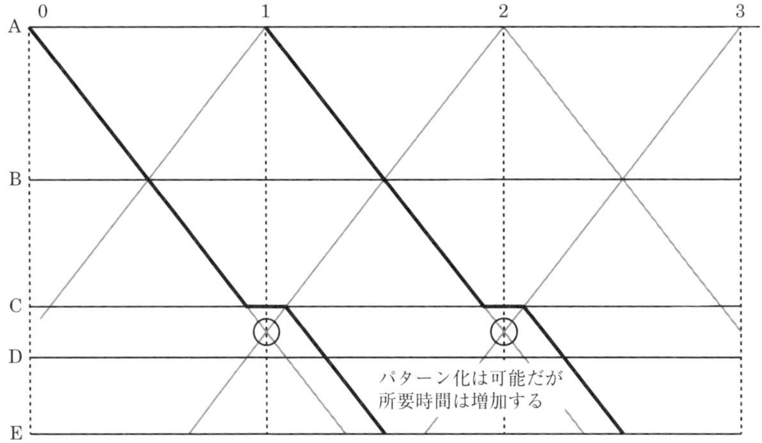

●図 5.83　単線区間における実際のダイヤ①

沿線住民の方からの手振りや景色を楽しんでいただくために，通常よりも速度を落として走る区間が多く設定されている）もあり，パターンに組み込むためには工夫が必要である．

③普通列車

地域の足であり，通勤・通学輸送が主体となる．朝通勤通学時間帯は，習慣化した利用者への影響を考慮して，時刻を大きく変更できない．一方，日中時間帯

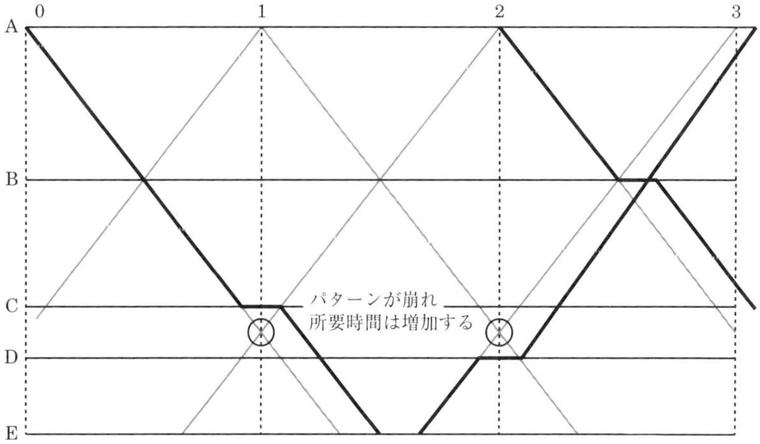

●図 5.84 単線区間における実際のダイヤ②

は特急や観光列車との競合がなければパターン化は可能である．しかし，単線中心の現行設備では，運転間隔を 30 分以下に短縮することは難しい．

以上を考慮してダイヤ検討を進めていくと，現行設備では本数を増やせないことや，パターン化することで所要時間が増加することがわかってきた．そこで，線路容量を増やすための行き違い設備を新設し，さらに需要喚起のため新駅を加え，全時間帯にパターンダイヤを導入する設備改良案を検討した．設備改良案は将来目指すべき理想形である．しかし，設備改良には地域の理解と協力に加え，収支採算性が課題となることや，整備のための工期が必要となるなど，実現に向けたハードルは高い．当面，現行設備を基本に，朝の通勤・通学時間帯は現行ダイヤを維持し，日中時間帯にパターンダイヤを導入する現行設備案をもとにダイヤの実装を目指すこととした．

これらを踏まえ，パターン化しやすいエリアとして，まず徳島都市圏から先行的に導入し，効果を検証しながら進めることとなった．ターゲットは2019（平成31）年 3 月改正とした．これまでは総合企画本部を中心として検討を行なってきたが，実行に向けて鉄道事業本部がダイヤを深度化し，総合企画本部が沿線地域との調整を行なうなど，役割を分担して進めることとなった．

5.7.5 実行ベースの基本ダイヤ検討

(1) 徳島都市圏の特長

徳島都市圏は，中心の徳島駅に，牟岐線，高徳線，鳴門線，徳島線の 4 方面の路線が乗り入れ，ハブを形成している．徳島駅の乗車人員は 6,322 人/日（2022 年度）であり，JR 四国管内では高松駅に続き第 2 位である．徳島市は四国の他の県都と異なり，JR 以外の鉄軌道がないことから，都市圏輸送を充実させることで利用者数の増加が見込まれる可能性のある線区と位置付けており，これまでにも輸送改善策の検討を行なってきた．

設備面では，全線単線非電化（徳島県は全国で唯一電車が走っていない県といわれる），牟岐線は，電子閉そく装置（コラム参照）による列車制御であるため線路容量に余裕がない．朝の通勤通学時間帯には，各線区において徳島方面に向かう列車が 3 本/時間（3～4 両編成）設定されており，これが運行本数の限界である．また車両，乗務員運用面では，高徳線を除いて徳島運転所の車両，乗務員が充当されており，比較的閉じたエリアである．車両は加減速性能の良い気動車にほぼ統一されており，パターン化しやすい．

電子閉そく装置（特殊自動閉塞式（電子符号照査式））

国鉄末期，通票閉そく区間の効率化など，線区の経営改善を目的に全国の地方線区に導入された．乗務員の操作により信号制御を行なう．運転士が車上の無線機（車載器）を操作することで出発信号機が制御される．一方，列車が向かう先の駅の場内信号機は，列車出発後一定時間（通称「タイマー値」）が経過すると自動的に制御される．タイマー値は，それぞれの駅間，列車種別（通過の有無）で決まっており，前駅の出発時刻と次駅の到着時刻が連動することとなる．行き違いが発生する駅では先着列車と後着列車の順序を確定するために，双方の到着時刻間隔を余分に確保する必要があり，ダイヤ設定上の制約となる．さらに導入時には存在した行き違い設備も一部廃止されており，線路容量が限られる．土讃線高知～窪川間が同様の方式であり，両線区とも導入後 40 年近く経過し，更新時期を迎えている．

(2) まずは牟岐線から

2017（平成 29）年度より，鉄道事業本部にて現行設備案をもとに高徳線，鳴門線，牟岐線，徳島線を対象に，実行ベースの基本ダイヤ（ダイヤ改正にて決定されるダイヤのこと）の検討が始まった．これまでとは異なり，基本ダイヤでは前提条件を一つひとつ確定していかなければならない．

まず，特急体系の制約が課題となった．本州直通列車によるダイヤ制約が少ないエリアとはいえ，図 5.85 に示すような特急列車どうしの接続を考慮しなければならない．具体的には，高徳線の特急「うずしお」は，1 日 2 往復が岡山まで運転されている．この岡山直通「うずしお」は，予讃線宇多津駅で，高知から来た特急「南風」と連結されて岡山に向かう．さらに徳島線徳島～阿波池田間の特急「剣山」が土讃線阿波池田駅で上下「南風」と接続している．徳島，阿波池田，宇多津 3 点での特急の接続と，徳島都市圏 4 線区のパターン化の両立を図ったダイヤの実現はこの時点では難しく，やむなく影響の少ない牟岐線の日中時間帯からの導入に絞って詳細に検討していくこととした．

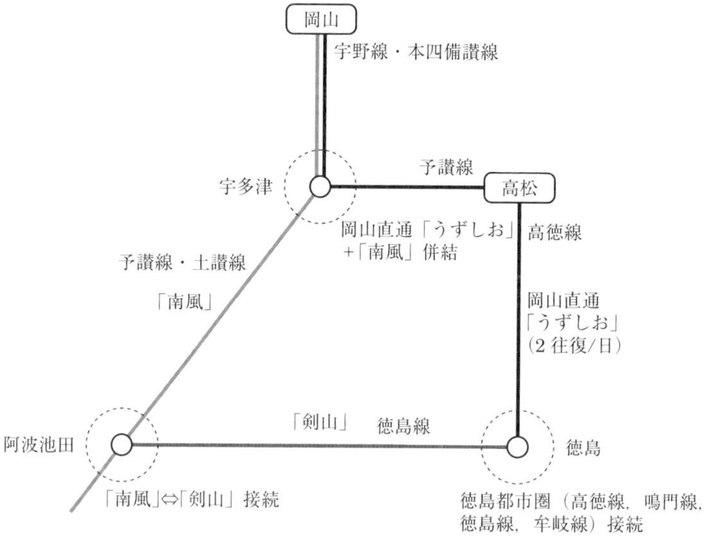

●図 5.85 特急列車の接続

(3) 特急か普通か

牟岐線は，徳島から県南部の阿波海南までを結ぶ営業キロ 77.8 km の路線である．徳島～阿南（24.5 km）までが比較的利用の多い都市圏である．特急列車が徳島～牟岐を 3 往復（「むろと」），通勤向けに徳島～阿南を 1 往復（「ホームエクスプレス阿南」）運転していた．ダイヤ設定上制約の多い電子閉そく区間である牟岐線では，特急列車と普通列車を両立させたパターン化は難しい．またも，どちらを優先すべきかという問題が発生した．多くはないとはいえ，一定の利用がある特急「むろと」は，昭和 30 年代の「準急むろと」をルーツとする伝統のある列車である．また日々列車を運行している鉄道事業本部には，現在利用していただいているお客様を大事にするという思いがあり，大きくダイヤを変更することに抵抗を感じる担当者もいた．特急利用者への影響を緩和するために，特急の代替として快速を設定する案など議論を重ねた結果，特急列車は，パターン時間帯から外れる通勤向けに徳島～牟岐間 1 往復のみを残し，スジを普通列車に譲ることとなった．

(4) 00，30 へのこだわり

次の決定事項は，区間別の運行本数である．鉄道の特性を発揮できる都市圏（徳島～阿南）において 30 分間隔の運転を目指すとなると増発が必要となる．運行コスト面も考慮すると，線区全体で列車キロ[*23] を増加できない状況の中で，運行本数を確保し需要喚起する都市圏と，利用状況に合わせて列車設定を見直す郊外について，考え方を分けて運行本数を決定した（表 5.10）．普通列車は徳島～阿南で 8 本の増便，阿南以南では 4 本の減便，特急列車は 6 本の減便となった．減便となった阿南以南ではバス会社の協力により，並行する大阪方面行高速バスを乗合バスとして途中乗降できることとなり，影響の緩和につなげることができた．

■表 5.10　導入前後での牟岐線運行本数の変化

	区間	導入前 （2018 年 3 月）	導入後 （2019 年 3 月）
特急	徳島～阿南	4	1（−3）
〃	阿南～牟岐	3	1（−2）
普通	徳島～阿南	27.5	31.5（+4）
〃	日和佐～牟岐	12.5	10.5（−2）

単位：往復（増減）

＊23　列車キロ：各列車の走行距離，およびその総和のこと．

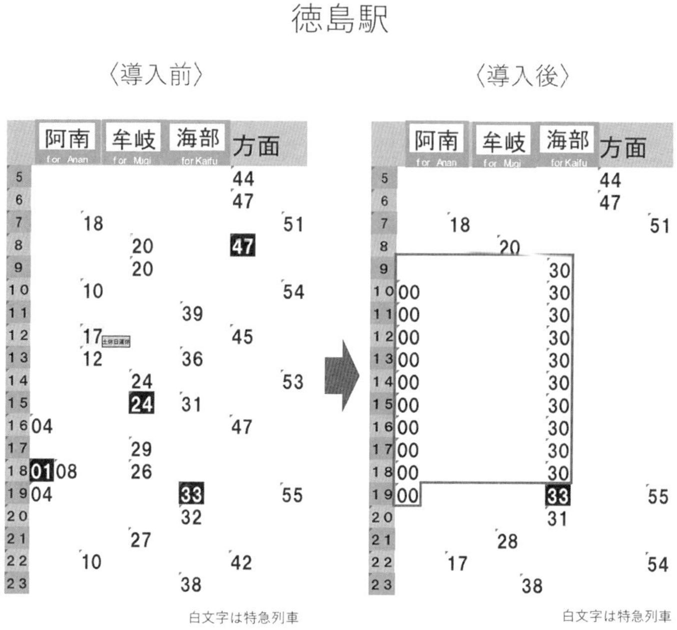

●図 5.86　徳島駅発車時刻が 0 分，30 分に統一された牟岐線ダイヤ

本数が決まり，いよいよスジの検討である．所要時間や徳島駅での他線区列車との接続を考慮したうえで最適な行き違いパターンを作成する．牟岐線の場合，二軒屋，南小松島，羽ノ浦で上下列車が行き違うパターンが最適となった．行先地の阿南駅でも折返し時間が 10 分程度と比較的短時間となり，運用効率化も考慮することができた．また，パターン化されたことを最もわかりやすく感じてもらうために，基準を徳島駅の発車時刻に置き，毎時 0 分，30 分に固定した（図 5.86）．その後，徳島都市圏においてパターンダイヤを拡大しているが，牟岐線徳島駅の発車時刻は 00 分，30 分発を維持している．結果として，徳島～阿南では 9 時～19 時台，阿南～海部間は 10 時～15 時台の発車時刻を揃えたダイヤが完成し，2019（平成 31）年 3 月 16 日牟岐線パターンダイヤがスタートした（図 5.87，5.88）．

(5) 導入効果とその後のエリア拡大―導入効果やいかに

ダイヤ改正直後の 2019（平成 31）年度上期の徳島～阿南の利用者数（平均通過人員）は，前年同期と比較して 2.9 %の増加となった．ここ数年はコロナ禍の

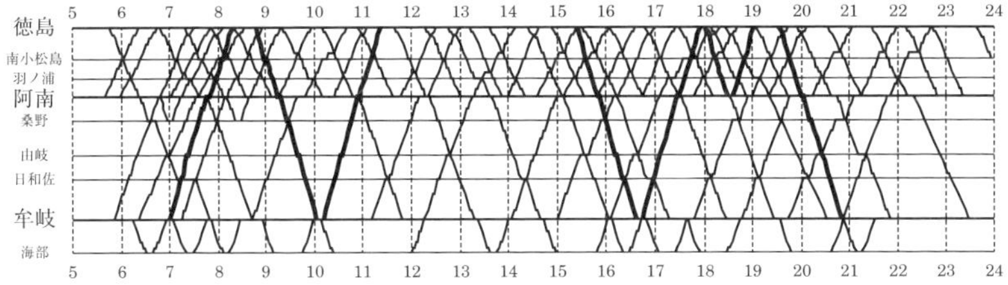

●図 5.87　従来の牟岐線ダイヤ

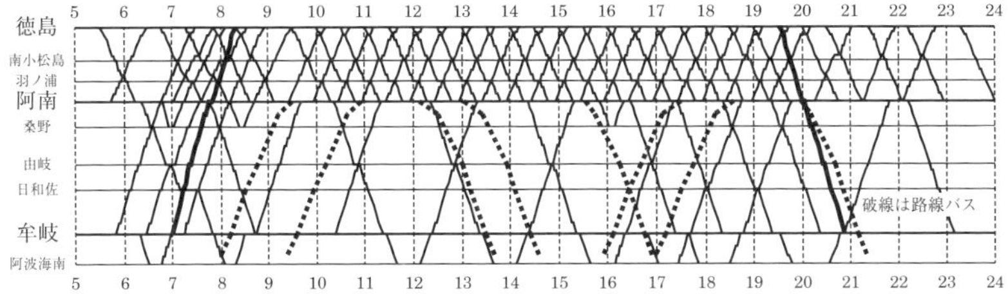

●図 5.88　現在の牟岐線ダイヤ（2022 年 3 月改正）

影響もあり，パターン化の効果を明確に把握することは容易ではないが，今後も継続的に評価していく予定である．

その後，相反する要素を何とかバランスさせながら徳島都市圏全体への拡大を進めた．2020（令和 2）年 3 月には徳島線，加えて土讃線（土佐山田～高知），2022（令和 4）年 3 月，高徳線（板野～徳島），鳴門線に導入し，徳島都市圏全線で日中時間帯のダイヤをパターン化することができた．

5.7.6　他交通機関との連携

徳島地区でのパターンダイヤ導入に合わせて，徳島県が主導する協議会において議論を重ね，自治体，バス会社，JR が協調した以下の取組みを行なった．地域公共交通全体の利便性が向上し，パターンダイヤの効果をより高めることとなった．

①南小松島駅における路線バスの接続（2018 年 4 月～）

徳島県が幹線バス事業者と調整を行ない，南小松島駅への路線バスの乗り入れ便数が大幅に増加した．

②バスと鉄道の乗継環境の整備

駅やバス停へのデジタルサイネージの設置や，待合所，駐輪場を整備するとともに，バスと鉄道が連携した時刻表を作成，掲出した（図 5.89）.

③減便となった区間の路線バスによる補完（2019 年 3 月～）

徳島バスが徳島県および JR 四国と連携し，牟岐線阿南以南の減便に合わせて高速バス「室戸・生見・阿南大阪線」の阿南駅～甲浦のバス停（牟岐線と並行する一般道を運行する区間）の途中乗降を可能とした.

④路線バスとの共通運賃（2022 年 4 月～）

③の取組みに加え，徳島バスと JR 四国が独占禁止法特例法に基づく共同経営計画を作成し，両モードの運賃一体化を実現した．JR 乗車券や定期券で阿南～浅川間にて乗合バスを利用することができるようになった．また阿南駅でバスと鉄道を乗り継ぐ場合でも通し運賃が適用されることとなった（並行モード連携モデル）.

これら一連の取組みが国土交通省より評価され，2022（令和 4）年 7 月，徳島

鉄道・バス時刻表

牟岐線・徳島バス 時刻表（徳島→甲浦）

牟岐線・徳島バス　（徳島→甲浦）

鉄道駅	バス停	521D	4523D	525D		527D	529D	531D		4533D	535D	4537D	4539D	Bus
徳島発		‥	531	646	‥	716	751	820	‥	930	1000	1030	1100	‥
南小松島〃		‥	550	707	‥	739	816	845	‥	950	1020	1050	1120	‥
阿南着		‥	613	735	‥	808	835	907	‥	1017	1047	1117	1147	‥
阿南発	阿南駅発	‥	622	746	‥	811	‥	‥	‥	1021	‥	‥	‥	1208
阿波橘〃	橘営業所〃	‥	628	752	‥	818	‥	‥	‥	1027	‥	‥	‥	1230
由岐〃	由岐〃	‥	658	813	‥	桑野823着	‥	‥	‥	1052	‥	‥	‥	1300
日和佐〃	日和佐〃	‥	731	824	‥		‥	‥	‥	1103	‥	‥	‥	1310
牟岐着	牟岐着	‥	748	842	‥		‥	‥	‥	1121	‥	‥	‥	1329
牟岐発	牟岐発	619	751	‥	‥	‥	‥	‥	‥	1126	‥	‥	‥	1329
浅川〃	浅川〃	628	800	‥	‥	‥	‥	‥	‥	1135	‥	‥	‥	1340
阿波海南着		631	803	‥	‥	‥	‥	‥	‥	1138	‥	‥	‥	||
	海部発	‥	‥	‥	‥	‥	‥	‥	‥	‥	‥	‥	‥	1346
	宍喰〃	‥	‥	‥	‥	‥	‥	‥	‥	‥	‥	‥	‥	1353
	甲浦着	‥	‥	‥	‥	‥	‥	‥	‥	‥	‥	‥	‥	1358

鉄道駅	バス停	4541D		4543D	Bus		4545D	547D	4549D		4551D	553D	Bus	555D
徳島発		1130	‥	1200	‥	‥	1230	1300	1330	‥	1400	1430	‥	1500
南小松島〃		1150	‥	1220	‥	‥	1250	1320	1350	‥	1420	1450	‥	1520
阿南着		1217	‥	1247	‥	‥	1317	1347	1417	‥	1447	1517	‥	1547
阿南発	阿南駅発	1221	‥	‥	1303	‥	‥	‥	1421	‥	‥	‥	1533	1550
阿波橘〃	橘営業所〃	1227	‥	‥	1325	‥	‥	‥	1427	‥	‥	‥	1545	1556
由岐〃	由岐〃	1252	‥	‥	1355	‥	‥	‥	1452	‥	‥	‥	1615	桑野1600着
日和佐〃	日和佐〃	1303	‥	‥	1405	‥	‥	‥	1503	‥	‥	‥	1625	
牟岐着	牟岐着	1321	‥	‥	1424	‥	‥	‥	1521	‥	‥	‥	1644	
牟岐発	牟岐発	1326	‥	‥	1424	‥	‥	‥	1526	‥	‥	‥	1644	‥
浅川〃	浅川〃	1335	‥	‥	1435	‥	‥	‥	1535	‥	‥	‥	1655	‥
阿波海南着		1338	‥	‥	||	‥	‥	‥	1538	‥	‥	‥	||	‥
	海部発	‥	‥	‥	1441	‥	‥	‥	‥	‥	‥	‥	1701	‥
	宍喰〃	‥	‥	‥	1448	‥	‥	‥	‥	‥	‥	‥	1708	‥
	甲浦着	‥	‥	‥	1453	‥	‥	‥	‥	‥	‥	‥	1713	‥

鉄道駅	バス停	4557D	559D	4559D		561D	563D		565D	567D	4567D	569D	571D	
徳島発		‥	1530	‥	‥	1600	1630	‥	1700	1730	‥	1800	1830	‥
南小松島〃		‥	1550	‥	‥	1620	1650	‥	1720	1750	‥	1820	1855	‥
阿南着		‥	1617	‥	‥	1647	1717	‥	1747	1817	‥	1847	1918	‥
阿南発	阿南駅発	‥	└→	1628	‥	‥	1725	‥	‥	1821	‥	‥	1922	‥
阿波橘〃	橘営業所〃	‥	‥	1634	‥	‥	1731	‥	‥	1827	‥	‥	1928	‥

●図 5.89　鉄道とバスの時刻が記載された時刻表（JR 四国ポケット時刻表）

県，徳島バス，JR 四国の連名で，公共交通優良団体大臣表彰を受けている．

5.7.7 まとめと今後の展望

四国全体の構想から，エリア，線区を限定し，第 1 弾として牟岐線に導入するまで 5 年の期間を要した．現行設備を基本としながら，特急体系など列車ごとの使命をバランスさせパターン化していくことの難しさがあった．現在他線区へ少しずつ拡大しているが，さらにダイヤを良くしていくため，長期的には，以下の課題解決が必要であると考えている．

①所要時間の短縮

現行設備のままパターン化すると所要時間が延びる線区もある．特に運行本数を確保したい都市圏では設備改良（行き違い設備新設等線路容量増）を行ない，所要時間を短縮することが求められる．

②さらなる運行コストの最小化

これまで日中時間帯を中心にパターン化してきたが，運行コスト面では朝ピーク時間帯の列車体系が課題となる．車両・乗務員の必要数は朝ピーク時間帯で決まる．現在は企業や学校の始業時間に合わせ，朝 8 時頃に列車が集中するダイヤとなっている．コロナ禍で進んだ時差出勤など，利用状況が分散すれば，ピーク需要の平準化も可能となり，全時間帯においてパターン化できる．

また，今回の取組みは鉄道事業者のみならず自治体，他交通機関，学識経験者など，関係者が知恵を出し合うことで実現したものである．四国版パターンダイヤは単に時刻が揃ったダイヤを作ることではない．一言で表現すると「運行コストを最小化したパターンダイヤにより利便性と効率性を両立させるとともに，フィーダー交通との連携により地域公共交通全体のレベルアップを目指す」といえる．地域によって求められるダイヤの形は異なる．自分たちが作りたいダイヤではなく，地域に受け入れられ，必要とされるダイヤづくりがスジ屋の使命である．JR 四国のスジ屋には，職人芸だけではなく，地域の公共交通全体を広く見る目が求められている．

［参考文献］

・数字でみる鉄道 2022
・(公財)交通協力会ホームページ電子図書館
・国有鉄道 1960 年 4 月号

・国鉄線 1960 年 7 月号，8 月号，9 月号，1961 年 6 月号，1963 年 8 月号
・JTB 時刻表復刻版 3　1959 年 7 月号，1961 年 9 月号
・四国運輸局ニュースリリース「令和 4 年地域公共交通優良団体大臣表彰について」2022.7.15

四国におけるパターンダイヤの大先輩

国鉄の歴史を紐解くと，元祖パターンダイヤともいえる白紙ダイヤ改正を見つけることができる．1959（昭和 34）年 4 月，四国鉄道管理局長に就任した矢山康夫氏の号令により，気動車の大量投入と貨物駅の集約化により列車のスピードアップと高頻度運転を実現したものである．当時四国の鉄道は，旅客の営業係数 160，通勤・通学を除き過去 10 年間乗車人員が増えていない，貨物の営業係数は 210 と完全にトラック・船に水をあけられているというまさに斜陽の状況であった．

単年度に 98 両もの気動車を導入し，都市近郊は 30 分間隔，郊外区間でも 1 時間間隔の運転を行なうことにより一気に近代化を目指した．それまでは蒸気機関車牽引の列車が中心であり，行先地では機関車を付け替えるなど折返しに時間を要していたが，気動車であれば運転台を交換するだけなので短時間で折返し運転ができる．当時の時刻表によると，3 分で折り返している列車もある．また，旅客列車の大幅な増発には貨物列車が支障するため，思い切って貨物駅を 3 分の 1 程度に集約しスジを旅客列車に譲っている．

1960（昭和 35）年 2 月の宇和島線（予土線の前身）から始まり，1961（昭和 36）年 4 月の予讃線（高松～松山）・土讃線（多度津～讃岐財田）までの 1 年あまりの間にほぼ四国のダイヤを作り替えた．牟岐線に着目すると 1959（昭和 34）年 3 月時点（改正前）と 1961（昭和 36）年 4 月時点（改正後）の運行本数は，小松島線直通列車を含む徳島～中田駅間で 41 本/日が 80 本/日，阿波富岡（現阿南）～桑野駅間で 22 本/日が 34 本/日と 2 倍ほどの大幅増発であったことがわかる（図 5.90）．

また，実施に際しては市場調査を実施し，民間バスからの転移可能性について，現在の 2～3 時間間隔を 30 分～1 時間間隔に改善すれば 20～30 %が国鉄に移ると予測している．調査方法についても入念である．バスの停留場において旅客に行先地などに関する聞き取りを行ない，実際にバスに乗車し，旅客 OD をカウントしたそうである．

単年度での集中的な車両投入ということもあり，本改正はテストケースとして全国から注目され成果が期待された．1958（昭和 33）年度と 1961（昭和 36）

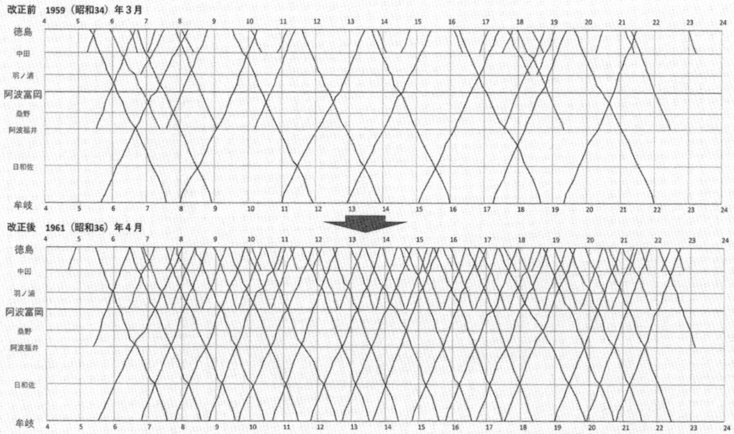

●図 5.90　昭和 36 年元祖パターンダイヤ（牟岐線）

年度の輸送人員を比較すると，定期 18 %増，定期外 8 %増，計 14 %増となった．計画の 38 %増には及ばなかったが大幅な増加を達成した．気動車による増発については，道路整備が遅れバス便が少なかった徳島，高知地区で近距離が若干増加したようである．その後は，中長距離輸送に重点を置き，優等列車の増発により徐々に普通列車が削減されることとなった．しかしわれわれは，短期間に大規模な輸送改善を成し遂げた昔日の大先輩のチャレンジに大いに勇気づけられている．

5.8　江ノ島電鉄－等間隔パターンダイヤの維持

5.8.1　は じ め に

江ノ島電鉄線（江ノ電）は，藤沢と鎌倉を結ぶ路線である（図 5.91）．路線長は 10 km で，全線単線となっている．江ノ電の大きな特徴として，長年，ほぼ終日にわたる等間隔のパターンダイヤ（2023 年 3 月 17 日までは 12 分間隔，2023 年 3 月 18 日からは 14 分間隔）を施行していることが挙げられる．一方で，沿線に多くの人気観光地があるため，多客期には乗降時間の増加や併用軌道区間での車の渋滞の影響による遅延が発生し，そして，単線であるがゆえに，その遅延が

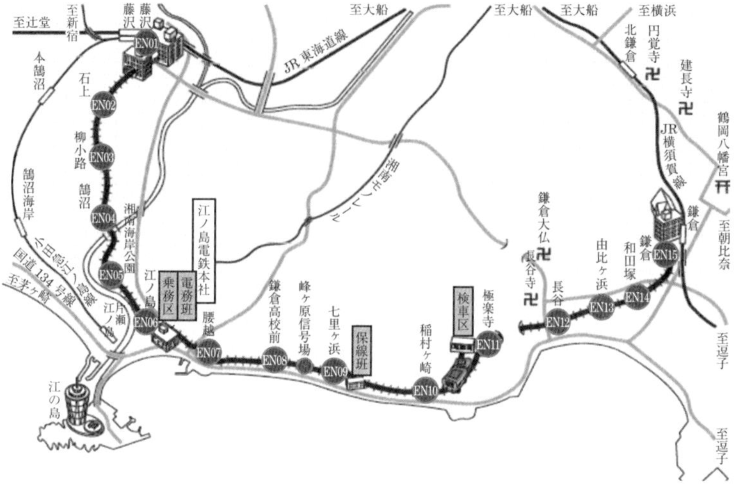

●図 5.91　江ノ島電鉄の路線図

広範囲に波及・拡大するという問題を抱えていた．本節では，そのような状況の中で，等間隔のパターンダイヤを維持するためにこれまで実施してきた事柄を紹介する．

5.8.2 江ノ電の歴史

江ノ島電鉄線は，小田急江ノ島線，JR 東海道線との連絡口である藤沢駅を起点として，鵠沼の閑静な住宅街，日本有数の観光地江の島を経て，七里ヶ浜付近では湘南の海を眺め，JR 横須賀線鎌倉駅までを結ぶ（藤沢から鎌倉方向が下り，鎌倉から藤沢方向が上りである）．観光地でありながらも，沿線住民の日常の足としての役目も担っている．その間には，15 の駅と信号場が一つある．短い路線ではあるが，高架橋，橋梁，併用軌道，信号場，隧道など，ほぼすべての種類の鉄道の施設が存在する「箱庭」のような路線である．東京近郊では珍しい路面区間や民家の軒先すれすれを走る車窓から見える昭和の雰囲気を残した街並みと，何よりも湘南の海沿いを走るロケーションの良さから，内外の多くの観光客を集めている*24．

2021 年度の年間輸送人員は，約 1.330 万人（コロナ禍前の 2018 年度は 1.950 万人），1 日平均約 7 万 9 千人，そのうち定期外利用が全体の 7 割近くを占めてい

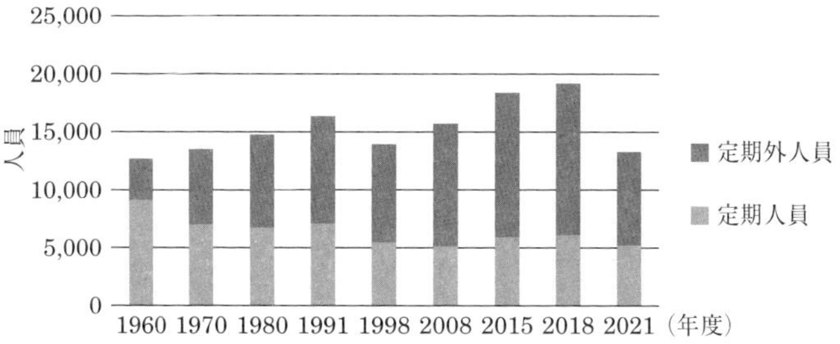

●図 5.92　輸送人員の推移

ることが特徴となっている（図 5.92 に，輸送人員の推移を示す）．

江ノ電は，1902（明治 35）年に藤沢～片瀬（現：江ノ島）間で江之島電気鉄道として開通した．その後，1910（明治 43）年には，藤沢～小町（現：鎌倉）に至る．そして，2022 年 9 月には開業 120 周年を迎えるなど，電気鉄道として長い歴史を有している．

江ノ電は，開業当初，軌道法による路面電車として営業してきた．しかし，1944（昭和 19）年，当時の運輸通信省と内務省から，軌道法ではなく地方鉄道法（のちの鉄道事業法の前身となる法令の一つ）に沿ったものとするようにとの要請があった．そのためには，施設を地方鉄道法に合わせたものとする必要があったが，その後の終戦，戦後の混乱などの社会情勢のなかで，列車運行の確保に精いっぱいであったため完全に対応することはできず，車両および施設の特別設計，建築限界支障箇所の承認を得て，1945（昭和 20）年 11 月に地方鉄道となった．しかし，このような経緯から併用軌道区間（江ノ島駅～腰越駅間，峰ヶ原信号場～七里ヶ浜駅間，七里ヶ浜駅～稲村ヶ崎駅間，稲村ヶ崎駅～極楽寺駅間の 4 か所に存在する）や民家すれすれの建築限界など，軌道法時代の環境を残したまま現在に至っている．

5.8.3　列車ダイヤの変遷

1902（明治 35）年 9 月 1 日の開業当初は，藤沢～片瀬（現：江ノ島）間で，1

＊24　（前頁注）このような事情から，数多くのドラマ・映画のロケ地になっている．「シン・ゴジラ」「海街 diary」「最後から二番目の恋」など．特に，「俺たちの朝」（1976–1977，日本テレビ）は，江ノ電の人気の火付け役となった．

日平均24往復の列車を運行していたとの記録がある．その後，大正時代に入ると，藤沢～片瀬，長谷～鎌倉間は12分間隔，片瀬～長谷間は24分間隔運行としていたが，旅客の増加が顕著となり，増便を図るために，腰越と稲村ヶ崎に待避線を新設し，繁忙期には10分間隔で運行していたという記録がある．

戦後，1946（昭和21）年には15分間隔，1960（昭和25）年には13分間隔運行となった．駅間が短く，混雑時には遅延の原因となっていたことから，全線開業当初39あった停留場を順次廃止（一部移設，新設）している．1931（昭和6）年に13か所を廃止，戦時中には9か所を廃止している．当時は，駅というより土を盛っただけの昇降場で，駅間でも手を挙げればどこでも止まったといわれていた．図5.93に開業時の江ノ電藤沢駅の様子を示す．

開業時の江ノ電藤沢駅（手前）
奥の東海道線は蒸気機関車である

●図5.93　開業時の江ノ電藤沢駅

1952（昭和27）年からは，12分間隔運行とした．信号方式は票券閉そく方式[*25]で，基本1両運転ではあったものの，混雑に応じて輸送力増強のため，特殊続行運転（軌道で用いられる運転方式）を行なっていた．しかし，それでも輸

＊25　票券閉そくは，単線区間における閉そく方式の一種である．同方向に連続して列車を運転する場合，最後の列車に「通票」，それより前の列車には「通券」とよばれる，いわば通行手形のようなものを交付して，衝突や追突を防ぐしくみ．

送力は不足し，2 両連結とするか，または，連接化改造を行なった 2 両編成で運転していた．

1971（昭和 46）年には，特殊続行運転を廃止し，また，単線自動閉そく式の使用を開始した．その後，4 両編成運行を開始し，1 時間当たり 5 本，12 分間隔のパターンダイヤとなった．このダイヤでは，ほぼすべての時間帯において 12 分間隔のパターンダイヤを実現しており，6 本の編成を使用して，1 日あたり，上り 91 本，下り 90 本の上下 181 本の列車（列車キロは，1734.5 km）を運行していた（2022 年当時）．このダイヤは，行き違い可能な駅・信号場（鵠沼，江ノ島，峰ヶ原信号場，稲村ヶ崎，長谷の計 5 か所）のすべてで上下列車が行き違うようになっている（図 5.94 に配線図，図 5.95 にダイヤの模式図を示す）．したがって，どこかで停車時分の超過などによる遅延が発生すると，その遅延は行き違うすべての列車に直接・間接に伝播し，結果として，広範囲に遅延が波及するという現象が発生していた．

12 分間隔のダイヤは 2023 年 3 月まで長く続き，沿線の利用者に親しまれてい

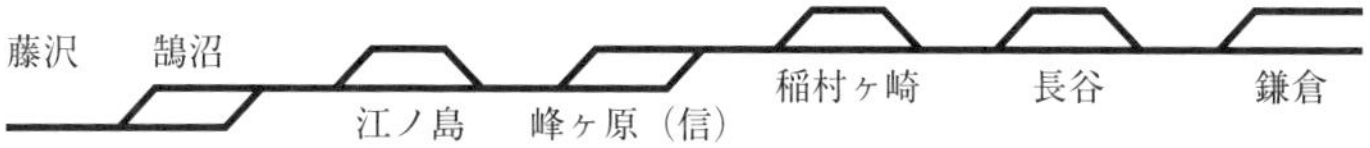

●図 5.94 江ノ電の配線図ー藤沢，鎌倉と行き違い可能な駅

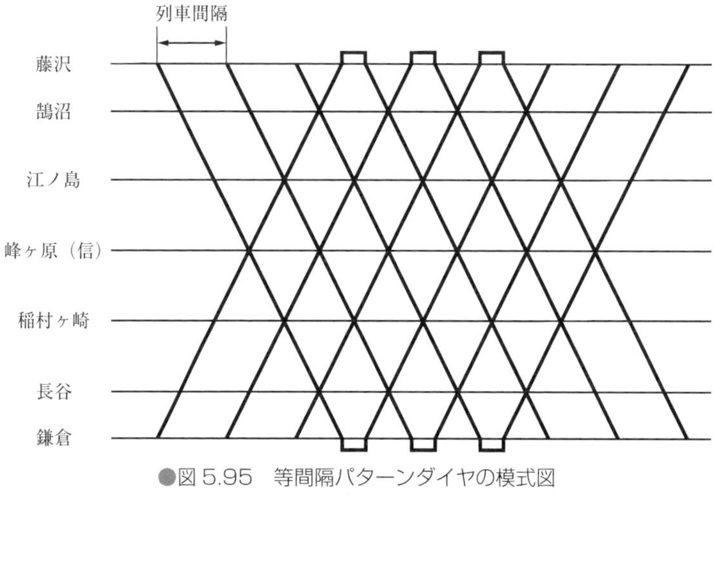

●図 5.95 等間隔パターンダイヤの模式図

た（図 5.96）．しかし，後述するように，特に休日に大きな遅延が発生することが問題となり，これを防ぐために，2023 年 3 月 18 日からは，ダイヤの骨格は変えないものの，列車間隔を 14 分としたダイヤを施行している．

江ノ電の車両の特徴として，急曲線が多いことに対応するために，2 両を 1 組とした連接車両を使用していることがある．そして，多くの乗客が見込まれる列車には，2 両編成を連結した 4 両編成を充当する．列車ダイヤ上は，平日と土休日の区別はない（時刻は同じである）が，土休日などには，平日よりも早い時間帯から 4 両編成を走行させて多客に対応している．

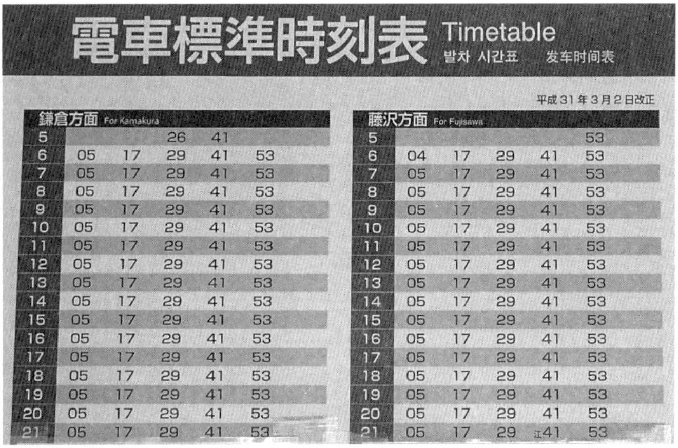

●図 5.96　長谷駅時刻表（2021 年）

5.8.4　等間隔パターンダイヤを維持するために

(1)　新運転曲線の策定

2014（平成 26）年当時の運転曲線は，2 両編成，釣り掛け[*26]駆動，自動制動車両という相当以前の状況を基本として策定されたものであった．しかし，その後，主電動機の出力向上，カルダン駆動車や VVVF 車の導入などの車両の高性能化が図られていた．また，輸送力増強のために 4 両編成の列車が主流となって，力行，制動などの運転操作面にも違いが生じていた．そのため，当時の運転曲線

＊26　吊り掛けとも表記する．電車において，モータの回転を車軸に伝える方式として，かつて用いられていた（一部では，現在も用いられている）方式．

から算出された運転時分に基づいて作成した列車ダイヤでは，多少の遅延はカバーできたものの，繁忙期に駅の停車時分が増加することによって度々発生していた列車遅延は吸収しきれず，結果的に大きな遅延が発生していた．特に，ゴールデンウィークなどには，遅延した列車の時刻が次（さらに遅延が大きくなると，次の次などの場合も）の列車と重なることとなり，結果として1日に上下計8～10本もの列車を運休せざるを得ない状況になることもあった．

列車遅延やそれに伴う列車の運休は大きな課題であったことから，2014（平成26）年に，現状の車両性能，4両編成を考慮した運転曲線の策定を開始することとした．12分間隔のダイヤを実現するためには，図5.97に示すように，X駅とY駅（いずれも，列車が交換する駅）の時刻について，X駅からY駅の走行時分＋Y駅での列車2到着から列車3発車までの時間＋Y駅からX駅の走行時分＋X駅で列車3から列車4発車までの時間≦12分という条件が成立していなければならない．これは上り列車に対する条件であるが，下り列車に対しても同様である．もちろん，他のすべての行き違い駅についても，この条件が成り立っている必要がある．しかし，実際に運転曲線を作成してみると，この条件の成立が難しい区間があることが判明した．

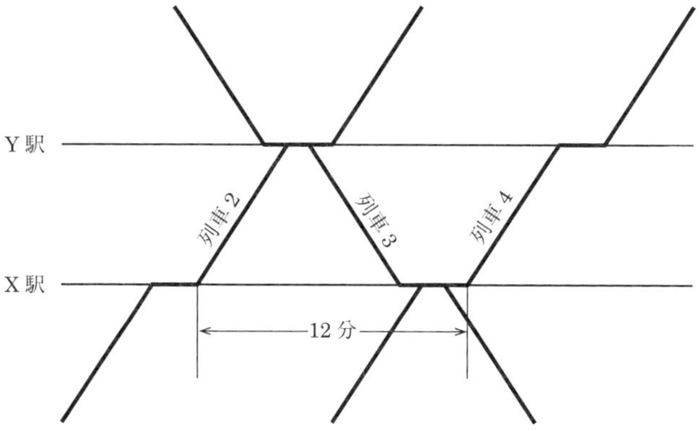

●図5.97　等間隔パターンダイヤ成立の条件（模式図）

そこで，駅間運転時分の短縮を検討することとした．江ノ電の列車の最高速度は45 km/hであるが，この速度で運転する区間（距離）は少ない．したがって，35 km/h以上の高速域での速度向上を行なっても，運転時分の短縮に寄与する度合いは小さい．このことから，高速域での速度向上ではなく，曲線部分，特に曲線半径 100 m 以下の急曲線における通過速度の向上を図ることとした．

速度向上は国土交通省の認可事項で，第三者機関の安全性評価が必要となることから，（一財）鉄道総合技術研究所に安全性評価試験を依頼した．そして，PQ*27 輪軸試験による車両（車輪）と軌道（レール）の安全にかかわるさまざまな数値を測定したうえで，最終的な安全性に関する評価を行なっていただいた．その試験評価により，無事，関東運輸局から認可を得ることができ，2019 年 3 月には，新たに作成した運転曲線から算出した駅間運転時分に基づいて，ダイヤの一部修正を実施した．

このダイヤ修正では，四つの大きな変更点が挙げられる．

① 4 両編成の運転曲線の作成

実状に則したものとするために，それまでの 2 両編成の運転曲線から，4 両編成の運転曲線を基本とした．

②駅停車時分の適正化

実状に則したものとするために，ダイヤ上の最小の駅停車時分を 15 秒とした（それ以前は，10 秒であった）．

③稲村ヶ崎駅における時刻変更

下り列車の稲村ヶ崎駅発車時刻を 30 秒繰り上げた．これは，下り鎌倉行き列車の次の行き違い駅である長谷駅の到着を早めることで，上り列車を長谷駅の場内信号機で停止させることなく，スムーズに進入させることを目的としたものである（次の項で，詳細を述べる）．それ以前のダイヤでは，藤沢駅，鎌倉駅と江ノ島駅下り，稲村ヶ崎駅下りについては，いずれにおいても，早朝，夜間時間帯を除き，毎時 0 分，12 分，24 分，36 分，48 分と規則的な，わかりやすい発車時刻となっていたのだが，これによって，時刻表の表記では，稲村ヶ崎の発車時刻は 1 分繰り上がることとなった．

④全線 8 か所の急曲線の速度向上

当社路線には 93 か所の曲線が存在する．そのうち曲線半径 100 m 以下の曲線は 35 か所である．当初は，それらすべての曲線で速度向上を計画していたが，

---

*27　横圧（車輪がレールに与える力のうち横方向のもの）Q と，軸重（車輪がレールに与える力のうち縦方向のもの）P の比（Q/P）．脱線係数と呼ばれる．

当社の路線は開業当初から大きな変更はなく，いわゆる軌道時代のままで，場所によっては，複数の曲線で一つの曲線となっている箇所や，民家など沿線境界の敷地に合わせて曲線を整正している箇所があることなどから，通常用いられる正矢[*28]や移動平均法による管理が難しかった．このことから，速度向上計画を当初計画から変更することとし，11か所の曲線で速度向上を行なうこととした．結果として，8か所の急曲線で，通過速度を5 km/h，または10 km/h向上することができ，4両編成12分間隔のダイヤを策定することができた．

(2) 信号設備とダイヤの工夫による逆進入の防止

江ノ電は，全線がARC[*29]単線自動閉そく方式で，停車場の上り方，下り方それぞれに対して，指定された軌道分界点（以下，セクションという）を列車が通過したタイミングで当該停車場への進路が構成されるという単純なシステムとなっている．江ノ島，稲村ヶ崎，長谷の3駅および峰ヶ原信号場では，線路有効長に余裕がない[*30]ため，安全上の理由から，上下列車が同時に進入すること（同時進入）はできない．すなわち，先着列車が駅に到着するまで，対向列車は駅に進入することができず，駅の手前で停止して待たされる（機外停止．図5.98参照）．

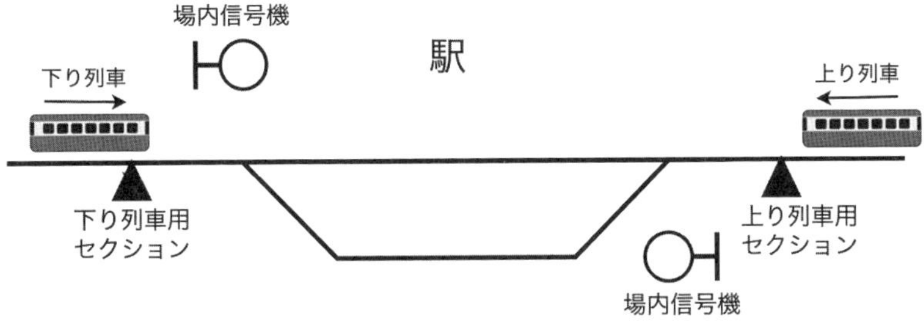

●図5.98 セクションー先にセクションを通過した列車（この図では左の列車）が駅に先着し，対向列車（この図では右の列車）は，それまで場内信号機の手前で待たされる

＊28 角度θに対する正矢とは，$(1-\cos\theta)$のことをいう．軌道管理の指標として用いられる．本来は「せいし」と読むが，鉄道業界では，「せいや」と呼ばれる．

＊29 Automatic Route Controlの略．進路制御のしくみの一つ．（ダイヤによることなく）列車の種別などの簡易な情報によってのみ，進路を制御する．

＊30 いわゆる「過走余裕距離」．

江ノ島，稲村ヶ崎，峰ヶ原信号場では，セクションは，停車場（信号場）間にある．セクションの設置箇所は，上下列車の運転時分を考慮したうえで決定し，ダイヤもそれにのっとって策定する．しかし，状況によっては，列車が場内信号機の手前で機外停止となり，遅延拡大の原因となる．例えば，図 5.99 左のように，下り列車が駅に先着するように計画ダイヤが作成されていたとする．このとき，下り列車に遅延が発生すると，上り列車が先にセクションを通過し，上り列車の進路が先に構成されて，上り列車が先着することになる．同時進入ができないことから，下り列車は，駅の手前での停止（機外停止）を余儀なくされ（図 5.99 右），遅延が拡大することになる（以下では，この現象―計画ダイヤで意図していた順序とは逆の順序で駅に進入すること―を「逆進入」と呼ぶことにする）．

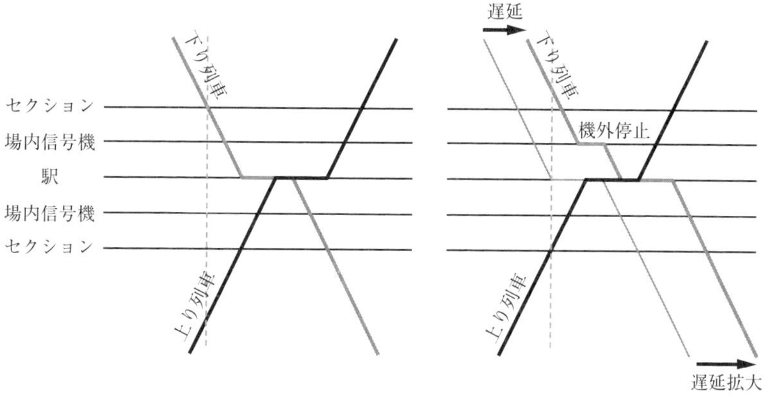

●図 5.99　逆進入による遅延の拡大

輸送力増強のために 4 両編成運行が増え始めると，いくつかの停車場で逆進入が発生するようになった．さらに，1998 年（平成 10 年）より全線 6 運行すべてで 4 両編成での運行を実施したときには逆進入が多発した．そのため，場内信号機手前での機外停止が増加し，これが原因となってゴールデンウィークや正月輸送などの繁忙期はもちろん，それ以外の閑散期においても列車の遅延が度々発生するようになった．すなわち，2 両編成の列車を主体として運行していた時代の信号設備を変更せずに編成両数を増やしてきたため，輸送力は増えても定時性への影響が発生するようになっていたものである．

逆進入は，特に峰ヶ原信号場で頻繁に発生していた．江ノ島駅から峰ヶ原信号場へは，併用軌道や曲線半径 50 m 以下の急曲線が存在するなど，回復運転が難しい区間である．江ノ島駅を発車した下り列車は，併用軌道を走行し，次の腰越駅に到着する．峰ヶ原信号場の下り列車に対するセクションは，腰越駅の鎌倉方直近に設置している．腰越駅（図 5.100）は，ホーム有効長が 3 両分しかないため，4 両編成の列車は鎌倉方に 1 両ホームをはみ出して停車する．そのため，このセクションを通過してから腰越駅に停車することになる（2 両編成の列車の場合には，4 両編成の場合よりも手前に停車するため，このセクションを通過するのは，腰越駅を発車した後である．図 5.101 参照）．すなわち，4 両編成の列車の場合，峰ヶ原信号場への下り列車の進路が構成されるタイミングは，2 両編成の列車よりも，おおよそ停車時分のぶんだけ早くなる．そして，4 両編成の場合，セクション通過後に腰越駅に停車するため，対向の上り列車は，その時間，峰ヶ原信号場の手前で機外停止することになり，上り列車の遅延が拡大する．このセクションの位置は，2 両編成の列車が主体の頃に決められたもので，2 両編成に対しては，このような状況はほぼ発生しない．しかし，4 両編成が主体となった近年では，これによって峰ヶ原信号場における逆進入が発生し，遅延の原因となっていることが判明した．

峰ヶ原信号場の逆進入の問題を解決すべく，改めて調査を実施した．最初に，

●図 5.100　腰越駅下り 2 両停止目標（これの先にセクション，さらにその先に，4 両の停止位置目標がある）

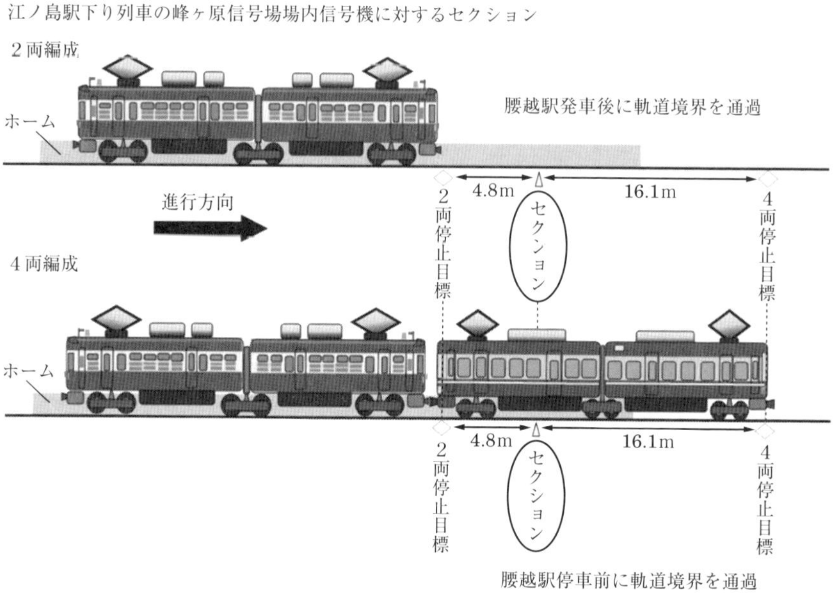

●図 5.101　腰越駅停車位置とセクションの位置関係

運転曲線上からセクション距離程とセクションまでの運転時分を割り出した．ダイヤ上，下り列車の江ノ島駅発車と上り列車の稲村ヶ崎駅発車は同時刻である．上り列車は，稲村ヶ崎駅を発車して1分56秒経過した時に，峰ヶ原信号場の下り方にあるセクション（七里ヶ浜2号踏切道付近，5k844 m 地点）を通過する．一方，下り列車が峰ヶ原信号場の上り方にあるセクション（前述のとおり，腰越駅の鎌倉方直近，3k881 m 地点）を通過するのは，江ノ島駅発車後，2分7秒経過時であった．これは，稲村ヶ崎駅～峰ヶ原信号場間上りの運転時分は4分45秒（距離 1k680 m）であるのに対し，江ノ島駅～峰ヶ原信号場間下りの運転時分は6分0秒（距離 1k794 m）と，上りの方が運転時分が短いためである．この条件では，上り列車が11秒以上遅れると，下り列車の進路が先に構成されて逆進入が発生し，上り列車の遅延が拡大する．

この状況を改善するために，信号設備の改修を検討した．そもそも，列車が発車する前（より正確には，停車する前）に，腰越駅にある下り列車用のセクションを通過してしまうことが原因であることから，まず最初に，セクションの移設を検討した．しかし，検討の結果，このセクションを，4両編成の停止位置を考慮した位置に移設することは物理的に困難である*31 ことが判明した．そこで，代案として，下り列車に対する峰ヶ原信号場の信号制御タイミングを遅らせるために，このセクションに時素リレーを設置することとした．実際に設定する時素の値を決めるために現地で計測を実施した結果，以下のとおりとなった．

・下り列車が腰越駅のセクションを通過してから停車するまでの時分：6 秒

・腰越駅停車時分：15 秒

当該セクションに，6 秒＋15 秒の計 21 秒の時素を付加した場合，下り列車に対して峰ヶ原信号場の信号制御を開始するタイミングは，江ノ島駅発車後，2 分 28 秒を経過した時（江ノ島駅～腰越駅間運転時分 2 分 7 秒＋時素 21 秒＝2 分 28 秒）ということになる．一方，上り列車が峰ヶ原信号場の下り方にあるセクションを通過するのは 1 分 56 秒後であることから，上り列車の稲村ヶ崎駅発時点の遅延が 32 秒（2 分 28 秒－1 分 56 秒）以下であれば，逆進入は発生せず，上り列車が先に峰ヶ原信号場に到着できる計算になる．

この検討をもとに，運転，施設部門で協議のうえ，このセクションに 35 秒の時素を付加することで決定した．この結果，通常運転時はもちろん，多客による遅延が発生したときにおいても，逆進入はほぼなくなり，峰ヶ原信号場における遅延発生はほとんどなくなった．

長谷駅～鎌倉駅間は長大軌道回路となっており，この間にはセクションはない．ダイヤ上では，下り鎌倉行きが長谷駅に先着する．まず，上り藤沢行き列車が鎌倉駅を出発し，鎌倉駅場内信号機を通過した時刻から 2 分 30 秒以内に，下り鎌倉行き列車が極楽寺駅上り場内信号機付近にあるセクション（すなわち，長谷駅の上り方にある下り列車用セクション）を通過すれば，そのタイミングで下り列車に対する進路が構成され，ダイヤどおり下り列車が先着となる．しかし，下り列車に遅延が発生して 2 分 30 秒以内にセクションを通過できない場合には，上り列車が長谷駅に先着となり，逆進入となってしまう．この場合，下り列車は長谷駅場内信号機の停止信号現示により，上り列車が駅へ到着するまで機外停止となる．長谷駅では有効長が足りないため，同時進入ができず，これも遅延の原因となっていた．

そこで，前述のように，2019 年のダイヤ修正では，長谷駅での上り列車の機外

＊31　正確にいうと，用地の事情からインピーダンスボンドを移設することが困難であった．

停止を防止するために，下り列車の稲村ヶ崎駅の発車時刻を30秒早めるなどのダイヤの修正を実施した．その結果，大きな遅延時以外は逆進入防止を図ることができている．

鵠沼駅では，江ノ電で唯一，上下列車の同時進入が可能になっている（図5.102）．これは，1984（昭和59）年，境川橋梁架け替え工事完成に伴い，鵠沼駅を島式ホーム一面の高架化として有効長を大幅に延長したためである．これにより，場内信号機を警戒信号現示とすることによって，走行速度に制限は受けるものの，上下列車が同時に進入することができるようになった．ダイヤ上では，上り藤沢行き列車が鵠沼駅の上り場内信号機を進行信号現示にて先着した後，下り鎌倉行き列車が下り場内信号機を進行信号現示で進入するようになっている．上り列車に遅延が発生した場合でも，下り列車は警戒信号現示（制限速度25 km/h）で進入できるので，場内信号機で待たされることなく鵠沼駅へ到着することができる（もう少し正確にいうと，上り下り列車のどちらかがセクションを通過した時点から90秒以内に対向列車がセクションを通過すれば，場内信号機が警戒信号現示となるようになっている）．これによって，場内信号機での機外停止がほぼなくなり，遅延防止に効果が上がっている．

有効長に余裕がある．

鎌倉方の分岐器．鵠沼橋梁の向こうにホームがある．

●図5.102　鵠沼駅

(3) 鎌倉駅での交互発着

鎌倉大仏がある高徳院，紫陽花で有名な長谷寺は，いずれも長谷駅が最寄の駅となる．このため鎌倉駅～長谷駅間を利用する観光客が多い．結果として繁忙期には乗降に時間を要し，列車遅延が発生する．

これに対応するため，年間で最も混雑の激しいゴールデンウィークの乗客の多い時間帯には，鎌倉駅（図 5.103）の 2 本の番線を活用して列車の運行を行なっている．通常時は，図 5.104 左に示すように，鎌倉駅に到着した列車は直ちに折り返すことになっている．これを，図 5.104 右に示すように 2 本の番線を交互に使用して（交互発着），1 本後の列車で折り返すようにする．こうすれば，鎌倉駅で十分な折返し時間を確保することが可能になり，鎌倉駅での乗降による遅延の発生を防ぐことができる．また，下り列車の長谷駅での停車時分の超過による遅延を吸収することができる．さらに，長谷駅，稲村ヶ崎駅などにおける行き違いのための待ち合わせ時分の短縮にも効果がある．

●図 5.103　鎌倉駅―2 面 2 線構造

なお，図 5.104 右のような運用とするためには，6 本の編成では足りず，もう 1 本の編成を投入する必要がある．その手順は次のとおりである．朝方，4 両編成で鎌倉駅に到着した列車を 2 両ずつに分割し，2 両編成の一つを藤沢行きとして発車させる．残るもう一つの 2 両編成は後発の藤沢駅行き列車とする．そして，その直前に到着した 4 両編成の列車を交互発着開始の時間まで鎌倉駅副本線で待機させる（図 5.105）．この手順によれば，余分に回送列車を運転するなどの手段をとることなく，7 本目の編成を投入することができる．これも全線が単線で余裕のないダイヤにおける工夫である．

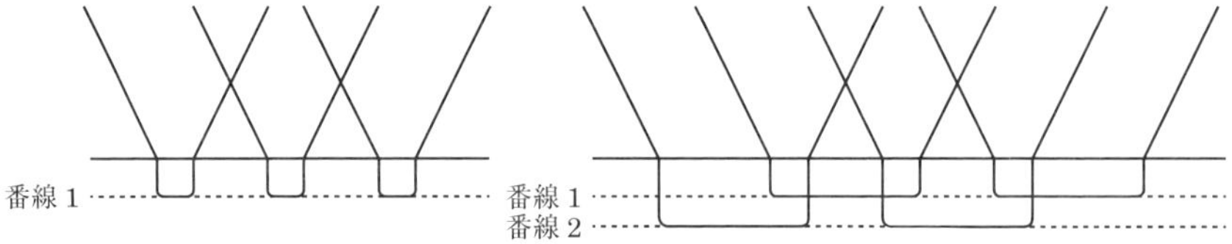

●図 5.104 鎌倉駅での折返し（左：通常時，右：交互発着時）

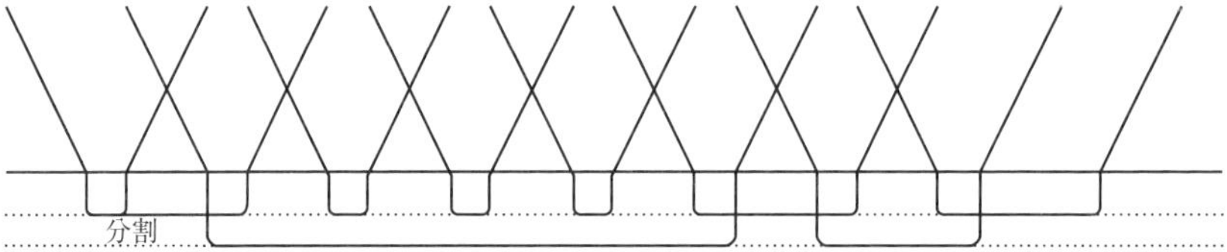

●図 5.105 7本目の編成の投入

(2) 腰越併用軌道における遅延対策

①交通信号機との連動

4か所存在する併用軌道のうち，江ノ島駅〜腰越駅間の併用軌道は全長約500 m と長い．道路の真ん中を電車が走行し，道路の両側には商店が立ち並ぶ．車やバイクとすれ違いながら電車がそろりそろりと走行する場面は，関東の鉄道では軌道法である都電荒川線以外に見ない光景で，これも戦前の軌道法の名残の一つであり，江ノ電の見所の一つであるといえる（図 5.106）．

一方で，列車運行の面からは，この区間は遅延発生の原因となっている．自動車とのすれ違いや，自動車の軌道内への進入などによる遅延が多々発生する．特に，腰越駅付近には交通信号機のある交差点（神戸橋交差点）があり，場合によっては交通信号機によって列車が停止させられる．神戸橋交差点の交通信号機は電車の通過に合わせて制御されるようになっている．具体的には，上り列車に対しては，腰越駅直近の踏切の動作から 60 秒後に青になるように制御されている．下り列車に対しては，江ノ島駅の出発信号機を通過してから 90 秒後に青となるように制御されている[*32]．

その結果，通常は，交通信号機で列車が停止することはない．しかし，腰越駅での乗降や乗客対応，自動車とのすれ違いなどで時間を要すると交通信号機が赤となり，次に青になるまで約 1 分の遅延が発生してしまう．このような状況から，運転士は交通信号が必ずしも青ではないことを意識して運転を行なっている

●図 5.106　腰越併用軌道を走行する 305 号

のが現状である．

②軌道への黄塗色

併用軌道区間における事故防止対策として，車のドライバーへの注意喚起のための対策も行なっている．腰越併用軌道区間は，道路幅も狭く，山側には電車の架線を支持するための江ノ電の電柱が設置してあり，さらに狭くなっている．また，江の島という観光地に近いことから，地元の車だけでなく，東京近郊や地方からの車で不慣れなドライバーが多く，年間何件かの車との接触事故（道路障害事故）が発生している．電車との境界の目安として，軌道の両サイドに白線が引いてあるのは全国でも見受けられるが，1987（昭和 62）年，当時としては全国でも珍しい軌道内の一部を黄色に塗装し，車のドライバーに対して視覚的に軌道が存在することを示すために試行したところ，事故防止に効果があったことから，1989（平成元）年までに腰越併用軌道全区間へ実施した．

＊32　（前頁注）交通信号機の制御をこのようにすることは，所轄警察との協議の中で決定したものである．記録によると，江ノ電としては，列車通過まで優先的に走行できるように交通信号機を制御することを申し出たが，列車を優先しすぎると交差する道路の赤信号の時間が長くなって交通渋滞が発生してしまうため，前述のように時素を入れた優先信号機とすることでまとまったとのことである．

③竜口寺前交差点，神戸橋交差点への大型電光表示器の設置

腰越併用軌道には，大きな交差点が2か所存在する．一つは，前述の神戸橋交差点，もう一つは，江ノ島駅に近い，竜口寺前交差点である．竜口寺前交差点は，県道467号線と3本の市道が交わる変則5差路となっており，その交差点の真ん中を江ノ電が通過する形となっている．県道を通過する車は乗用車から大型トレーラーまで多岐にわたり，さらには交差点ではあるが信号機が設置されていないため，列車の接近を知らせる設備を設置している．以前は，踏切と同様の警報機のみを設置していたが，列車が乗用車や大型クレーン車と接触する事故が発生しており，事故防止対策が検討されていた．所轄警察署，神奈川県警，神奈川県道路管理者と協議を重ねた結果，複雑な交差点であり，交通信号機を設置することは交通渋滞の要因となりかねなく，また，列車運行に支障をきたすことも考えられたため，1998（平成10）年，神戸橋交差点を含め，大型表示器を設置した．その後の2011（平成23）年には，竜口寺前交差点に，踏切で使用する閃光灯と大型表示器を2基増設し，腰越併用軌道における事故防止対策に大きな効果を得ることができた（図5.107）．

また，腰越併用軌道区間にはいくつかの路地があり，この路地から腰越併用軌道へ出てくる際には見通しが悪く，過去には何件かの事故が発生しているため，

●図5.107 縦型の表示器（竜口寺前交差点）

これら路地に対する表示器も設置している．高所設置物に対しての高さ制限のため高所に設置していることから，ドライバーへ気付いてもらうために黄色の回転灯も併設し視認性を高める対策を実施している．

④電柱への注意喚起看板設置

前述のとおり，神戸橋交差点における列車優先信号制御により，列車が通過する直前まで，列車と並行する公道の信号機は「赤」のため，車は停止しているが，列車が接近すると「青」となり，当然，車は動き出す．道路の幅員は狭いため，電柱を避けながら走行するには軌道内に進入する必要があり，後方から接近する列車に気付かず軌道内に進入し接触するといった事故が発生していた．そこで注意喚起として電柱に看板を設置している．これも，ドライバーに気付いてもらいやすいように，黄色地に赤字の看板を設置したが，景観に抵触するため，行政との調整に時間がかかったが，事故防止の観点で了承をいただき設置することができた（図 5.108）．

これらは，本来は事故防止対策として設置したものであるが，結果的には遅延対策にも効果を生むことができた設備である．

●図 5.108　腰越併用軌道の電車注意看板

5.8.5 列車遅延時の運転整理（運転司令の運休対応）

前述のとおり，多客時や腰越併用軌道での渋滞，その他の事象によっては列車遅延が発生することがある．さまざまな遅延状況があり，一概にはいえないが，遅延が5～6分であれば回復することもあるが，10分以上となると回復することはなく，増延した場合は次の列車の時刻までずれ込むこともある．

遅延がちょうど列車の運行間隔と一致する場合，利用者の見かけからすれば時間どおりである．しかし，鉄道会社からするとちょうど1本分遅延していることになる．そこから徐々に回復して，遅延が11分や10分になると，利用者からは早発に見えてしまい，利用者にとってかえって迷惑となる可能性もある．

そのため，運転司令では，「スジを抜く」運休を実施する．ちょうど列車間隔分の遅れで列車が走っているとき，利用者の見かけからは定時運行であり，何ら問題はないわけであるが，乗務員の視点からは，ちょうど1本分遅れた列車に乗務していることとなり，乗り出し・乗り終わり時間の違いから，間違いによる誤乗やホーム出場遅れなどの発生につながりかねない．

そこで，運転司令では，乗務員を基本の乗務行路に戻すための運休を実施する．簡単にいうと1本相当早い列車に乗務させるのだが，車両運用と同じく，パズルを解くように考え抜いた行路変更となる．平常運転のとき，乗務員が交代するのは江ノ島駅のみであるが，列車に遅延が生じたとき，行路によっては，鵠沼駅，長谷駅にて，行き違いの列車に乗り換えて，本来の乗務行路に戻す．また，乗務員が乗り換えることになった方の列車には他の列車の乗務員を充当するが，運休時間によっては予備乗務員で対応する．

運休の判断は運転司令員が行なうが，これも中々判断に難しい面がある．駅の混雑状況にもよるが，一部の列車のみに7～8分の遅延が発生している状況であれば，回復の可能性は大きいが，全線6本の列車が7～8分遅延しており，かつ，駅が混雑している場合には，乗降に時間を要するため，回復は難しく，逆に増延となることもある．そのため，運転司令では，監視カメラで駅の状況を把握したり，電話で駅から情報を得るなどしたうえで，季節や沿線イベントの有無，竜口寺前交差点の混雑状況や日没時間などを考慮して，列車の運休を判断している．ゴールデンウィークや正月などの最混雑時は，運休を判断する間に増延していくという現象も見られるため，早め早めの運休手配を行なっていく．例えば，15分の遅延でも，2 本分（24 分）の運休を行なうこともある．

運転司令では，さまざまな時間帯で運休手配をできるように，1 本，2 本それぞれの運休パターン（運休実行ダイヤ，図 5.109）をあらかじめ作成しており，時間に合わせて適切なパターンを選択して，運転整理を行なっている．

列車を運休した場合，車両運用上では運休したぶんのズレが生じていることになる．日中は等間隔のパターンダイヤであるため，特に問題はない．しかし，夜間には江ノ島駅止まりの列車がある．江ノ島駅構内には，現時点で 3 本の留置線があるが，有効長の問題があり，4 両編成の車両をそのまま留置することはできない[*33]．また，列車検査を実施する編成については，夕方に，極楽寺駅に付属する検車区に入庫させる必要がある．しかし，車両運用を変更できる（いわゆる，運用をヒネる）機会が乏しいため，検査日に入庫できなくなることもある．場合によっては，いったん，車両交換を行なって検車区に入庫させた後，再度，所定の行路に戻すために組成を変えずにそのまま出庫することもある．このように，運休本数によっては，極楽寺駅での車両交換，分割・併合を繰り返して，元の運用に戻す作業を行なうこととなり，指令員の負担となっている．

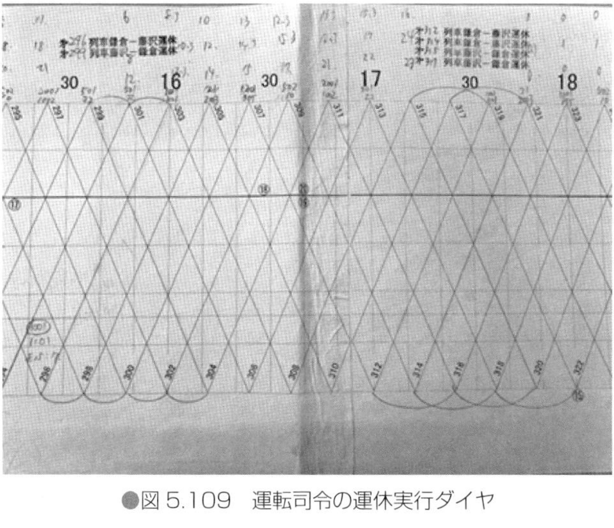

●図 5.109 運転司令の運休実行ダイヤ

＊33 これについては，今後，改修することを検討中である．

5.8.6 コロナ後の列車ダイヤのありかた―14 分間隔ダイヤへ

このように，12分間隔という，江ノ電にとって一つの商品であるダイヤを守るためにさまざまな対策を行なってきた．しかし，2020 年 3 月以降，新型コロナウイルス感染症の拡大によって輸送人員は大きく減少し，過去においても経験がないほど厳しい状況となった．定期外旅客の落ち込みも大きく，これまで多数存在したインバウンド旅行客（図 5.110）も大きく減少した．

このような状況を受けて，2021（令和 3）年 7 月には終電付近の一部列車を繰り上げるダイヤ修正を実施した．特に終電付近の時間帯の利用者の減少が大きいことから繰り上げたものである．

その後（2023 年 3 月現在），コロナ禍は収束に向かい，利用者もある程度戻りつつある．収入の面では喜ばしいことではあるが，今後，従来のように国内・国外の利用者が戻ってきたときには，やはり，多客による遅延の発生が懸念される．その背景には，これまで述べてきたように，全線単線で，使いうる行き違い設備をすべて使った余裕のないダイヤであるという事情がある．そこで，駅の停車時分や折返し時分に余裕をもたせるべく，2023 年 3 月 18 日から，列車の間隔を 14 分としたダイヤを施行することとした．「江ノ電ダイヤ」として，沿線住民

●図 5.110　鎌倉高校前駅付近の踏切．海外からの利用者の人気が高く，非常に混雑する．そのため，警備員を配置している．

にも親しまれた12分間隔ダイヤは，1時間に5本と規則正しく，わかりやすいダイヤであるという評価を得てきた．半世紀以上にわたって親しまれてきたダイヤを変えることは苦渋の決断であったが，これにより列車ダイヤの安定性が増すものと期待している．本節で述べた事柄は，もちろん14分間隔ダイヤにおいても有効に機能するはずである．14分間隔ダイヤ施行後，遅延が大幅に減少しており，多客・道路渋滞による遅延による運休は発生していない．その詳細については，機会を改めてご紹介させていただくこととしたい．

5.9 オランダの鉄道におけるインフラとダイヤの進展－日本から学んだ駅配線の簡素化

5.9.1 はじめに―Spoorslag '70 プロジェクト

オランダは世界で最も人口密度の高い国の一つである[*34]．そのために，常に交通インフラに大きく依存してきた．現在のオランダの鉄道の路線長は約3,000 kmで，駅の数は400である（図5.111）．約5,000本の旅客列車が1日あたり140万人の旅客を運んでいる．また，貨物列車が1日に500本走っており，これらは主にロッテルダム港から発着している．

1960年代には道路が盛んに建設され，自動車やトラックが急速に増加した．また，ほぼ同時期に炭鉱が閉鎖されたことにより，石炭の輸送が急激に減少した．このようなことから，鉄道は脅威にさらされ，コストを意識する必要性に迫られることとなった．鉄道のインフラの建設・維持には，多額の費用を要する．よって，新たに線路を建設するのではなく，既存のインフラを最大限に活用する方向に進むことになった．すなわち，一つの線路の上で，すべての種別の鉄道輸送を実現しようとするものである．ここでいう「すべての種別」には，次がある．

- 都市近郊区間（suburban）の輸送：このために，新しい駅をいくつか建設した．
- 地域内の輸送（regional）：小さな駅でも，1時間に1本の列車頻度を確保するようにした．

＊34 オランダの面積は，約41,850 km^2．面積でいうと，九州とほぼ同じである．

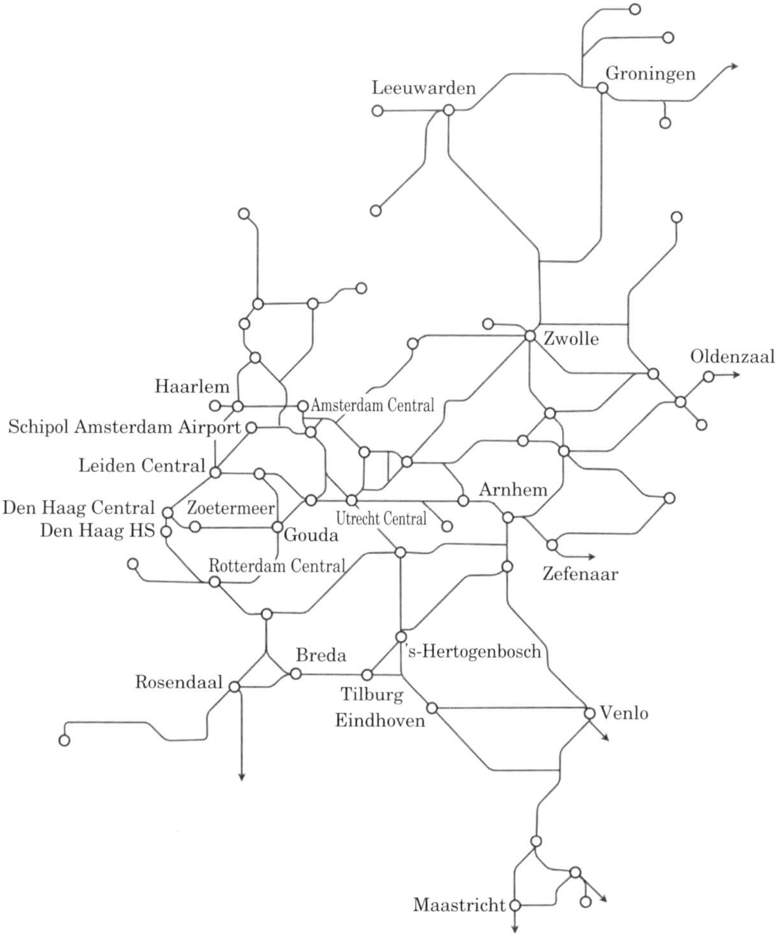

●図 5.111 オランダの鉄道ネットワーク

・国内での都市間（intercity）輸送：これを新たに導入し，到達時間の短縮を図った.
・国際長距離列車（TEE(Trans European Express）を含む）
・郵便物を運ぶ列車
・国際，国内の貨物列車

1970 年 5 月 31 日，オランダ国鉄は，完全な形でのパターンダイヤの導入を実施した．これは世界で初めての実現例であった．パターンダイヤを採用した結果，列車キロは，前年のダイヤと比較して 40 %増加することとなった．しかも，これは要員や車両の増備を伴わずに実現されたものである．また，インフラについては，小規模の改善は実施されたとはいえ，大規模な改善を実施したわけではなかった．

リソースを増強することなく 40 %もの生産性向上を実現できたことから，Spoorslag '70 は，今日まで，ヨーロッパをはじめ世界中に影響を与え続けてきた．

5.9.2 列車ダイヤの成り立ち

(1) ハブシステムとパターンダイヤ

ここで決定された極めて重要なこととして，パターンダイヤが採用されたことが挙げられる．ここでは，1 時間ごとに同じダイヤを繰り返すこととしていた．例えば，A 駅から B 駅への列車の発時刻が 9 時 15 分である場合，他の列車の発時刻は，6 時 15 分，7 時 15 分，8 時 15 分などとなる．

1970 年当時は，ほとんどの路線で，列車の運行頻度は，まだ比較的低く，そのために，いわゆるハブシステムが必要であった．ハブ駅（結節点となる駅）には，各方面からの列車（バスも）がほぼ同時刻に到着し，乗客が乗り換えた後，それらの列車やバスが，ほぼ同時刻に発車する．このパターンは毎時間（または，2 時間ごとや 30 分ごとに）繰り返される．このようにすれば，どの方向に乗り換えるときも乗換え時間が短くてすむ．

(2) なぜパターンダイヤを採用するのか？

パターンダイヤを採用する第一の理由は，当然のことながら，利用者にとって魅力的で使いやすいダイヤを提供できるからである．もう一つの利点として，車両，インフラ，そして，要員を効率的に運用できることが挙げられる．いくつかの例を示すと

- 単線の場合，パターンダイヤを採用すれば，列車は，常に同じ時刻，同じ場所（駅）で行き違うことになる．よって，行き違いに必要な設備が少なくてすむ．また，それらの行き違い設備は，むだになることなく，常に使われることになる．
- 効率的なパターン（折返し時間を短くしたものなど）を一つ作成すれば，こ

れを毎時繰り返すことができる．このようにすれば，最小限の車両と乗務員でダイヤを実現できる．

・パターンダイヤを採用していない鉄道会社では，ピーク時の列車の頻度を上げ，オフピーク時には列車の頻度を下げる傾向がある．ピーク時には列車の頻度が高いことから，より多くの利用者がピーク時の列車を利用することになる．パターンダイヤであれば，1日を通して均質のサービスであるため，オフピーク時においてもサービスが極端に低下することはない．列車を走行させるために必要なコスト（係員，車両，インフラ）は，ピーク時の列車本数で決まる．よって，オフピーク時のサービスを向上するために列車の頻度を上げたとしても，追加で必要となるコストは，さほど大きくはならない．

・パターンダイヤでは，文字どおり，あるダイヤパターンが繰り返されることになる．このことは，インフラや車両への投資の意思決定にも有用である．すなわち，より高速な車両を導入したり，インフラを改良したりすることの効果の検証は，ダイヤパターンに対して（だけ）検討すればよい．よって，この種の検討は，パターンダイヤを採用しない場合よりも容易になる．結果的に運用コストをさらに削減できる可能性がある．

しかし，数学的な素養のある人にとっては，パターンダイヤの採用は納得できないことかもしれない．彼らは，次のようなことを言うかもしれない．「パターンダイヤ化とハブ駅での乗換えを基本とするダイヤに固執すると，画一的なダイヤしかできないのではないか」「より便利なダイヤを思い付かないようになるのではないか」などである．しかし，現実には，パターンダイヤの採用は，ダイヤ作成担当者にとって，作業を構造化するにあたっての非常に有用なガイドラインとなりうる．パターンダイヤ化とハブ駅での乗り換えを前提とすることは，問題を構造化するのにきわめて有用であるといえる．パターンダイヤを採用しなければ，無数ともいえる数のダイヤの案から一つを選択しなければならない．それは，決して容易なことではない．

1970年に行なわれたインフラ改良プロジェクトでは，ハブ駅間の走行時間を短縮して，ハブ駅における列車の接続を確保することに焦点を当てていた．それを実現するために，最高速度を140 km/hに向上した路線もある．

バス会社もハブシステムをうまく活用することとなった．ハブ駅に列車が到着する直前にバスがその駅に到着し，列車が出発した直後にバスが出発する．これによって，バスと列車がうまく接続するようになった．ハブ駅以外においても，バスと列車との接続が比較的容易になった．

5.9.3 1970年から2015年までの展開

Spoorslag '70の根底には，「ワンサイズフィットオール（One size fits all）＝一つのサイズがすべてに適合する，あるいは適合させる」に基づくインフラという考え方があった．オランダのほとんどの鉄道インフラは，この考え方に従って，その上に色々な種類の旅客列車や貨物列車が走行することを想定して設計されていた．

一方で，人口の増加に伴って新しいデマンドが生まれた．主要都市の周辺地域では新しい住宅地の建設につながった．これにより，次のようなことになった．

・鉄道ネットワークの色々な場所で新しい駅が多数開設された．

・旅客列車の頻度が増加した．

もちろん，既にかなりいっぱいになっていたダイヤに対して，新しい列車を設定し，新しい駅を開設することは容易ではなかった．ただ，新しく開設される駅の数は，平均して年に二つ程度であったため，それほど目立った変化ではなかった．進路の競合が無視できない場合には，その都度，インフラの増強を行なった．例えば，4線化，分岐器の新設，立体交差化などである．

貨物輸送は，それほどは増えなかったとはいえ，その性質は大きく変化した．かつては，地方の貨物ターミナルからの短編成の貨物列車が主流であったが，全ヨーロッパを走る長大編成の貨物列車（最大列車長740 m）が主となった．地方の貨物ターミナルの大半は閉鎖されることとなった．一方，ロッテルダム港を含む主要な貨物ターミナルでは大規模な拡張工事が実施された．長大編成の貨物列車を高頻度で組成し，積み込み，荷下ろしするためである．

1970年以降は，インフラの増設と列車の増発が繰り返し実施されることなり，オランダの人口の増加や経済の発展とともに鉄道ネットワークは大きく拡大した．1970年以来の50年間で，280 kmの路線が電化，140 kmの路線が複線化，150 kmの路線が4線化（複々線化）された．また，36の立体交差が建設され，111の新しい駅が開業した．ただし，これらは，すべて「一つのサイズがすべてに合う」インフラの上に成り立っていたものである．

この方法は，一見，費用対効果が非常に良く，線路容量増加のためにうまく考えられたプロセスのように見えるかもしれない．しかし，そこには，二つの誤りがあった．

1. 駅間の線路の改善に重点を置き，駅の配線の改善を忘れてしまっていた．
2. 列車の頻度が増加するにつれて，インフラを（例えば，列車種別ごとに）物理的に分離して対応するべきであったが，そうではなく，相変わらず「一つのサイズがすべてに合う」インフラを拡張し続けた．

5.9.4　2015年から2025年：駅の配線を再設計する

オランダの鉄道の歴史をたどると，インフラの使い方には大きな変化があったにもかかわらず，ほとんどの大規模駅では1970年以降（あるいは，蒸気機関車時代以降），その配線は，ほぼ変わらずであった．そのため，これらの大規模駅は鉄道ネットワークが発展するうえでの障害になっていた．また，大規模駅には多数の分岐器があったこと，それらをメンテナンスする時間を見出すことが困難であったことの二つの理由から，分岐器のメンテナンスも十分に行なわれているとはいい難かった．結果として，分岐器の故障などで線路容量が制限されることとなり，また，増え続けるメンテナンスの費用に苦しむこととなった．

このような事情を背景に，オランダの鉄道インフラ会社であるProRail*35内では，この問題の解決策を見つけるためのベンチマーク調査を行なうこととした．この調査は日本に焦点を当てて行なわれた．日本の鉄道会社は非常に限られたインフラの上に多数の列車を正確に運行していることで知られているためである．2010年には，日本で1年間にわたるベンチマーク調査を設定し，ほぼすべてのJR会社，東京と大阪周辺のほとんどの大手民鉄と東京メトロを訪問した．ProRailとNSの各分野の専門家グループが来日し，いろいろな側面に焦点を当てて分析を行なった．具体的には，信号，土木，運行管理，運転整理，インフラの保守，日常の列車運行，車両，ダイヤ作成などである．

訪日前には，それほど大きな余裕（margin）を保持していないように見えるにもかかわらず，日本の鉄道システムが非常にうまく機能している理由は，関係係員がオランダよりもずっと一生懸命働いているためではないかと考えていた．し

＊35　2003年，旧オランダ国鉄が上下分離されて，インフラ会社のProRailとTrain Operating Company（旅客）のNS（Nederlandse Spoorwegen）が設立された．

かし，ベンチマーク調査を始めて数か月が経過した頃，驚いたことに，私たちが当初想定していたこととは真逆の結論を得ることになった．実は，日本の鉄道システムは，オランダの鉄道システムよりも大きな余裕（margin）をもって運営されている．にもかかわらず，日本では同様のインフラの上でオランダよりも多くの列車が運行されている．その理由は，日本のインフラ（信号，曲線，配線，分岐器など）は，とにかく線路容量を大きくすることに焦点が当てられて設計されていること，それから，駅の配線が，駅の中の任意の2点間に進路が存在するようにはなっておらず，列車種別や運行系統ごとに，使用する進路を限定するというコンセプトに沿っていることにあると気づいたのである．

ちなみに，東京駅とユトレヒト中央駅を比較したところ，ユトレヒト中央駅には，東京駅の10倍の数の分岐器があることが判明した（図5.112～5.116，ユトレヒト中央駅には280個の分岐器，一方，東京駅には28個の分岐器）．しかも，東京駅に発着する列車の本数は，ユトレヒト中央駅の3倍であった．この大きな相違の主な理由としては，次の六つが挙げられる．

1. インフラが極力簡素化されている．
2. 信号システムは，当該路線を走行する種別の列車に対して最適化されている．
3. ごく低速で走行する列車がない．
4. 路線ごとに完全に列車の運行系統を分離している．
5. 折返し時分と停車時分がごく短い．
6. 係員すべてに対して，情報が提供されている（よって，係員は，常に，自分が次に何をしなければならないかを認識している）

ユトレヒト中央駅の問題は，その配線についての明確なビジョンがなかったことにある．この駅については，過去175年間にわたって何度も改修が加えられてきた．しかし，その内容は，常に，既存のものに何かを積み増すというものであった．インフラの改修には費用を要するため，その時に必要な部分のみを改修してきたというのがその理由である．しかし，これは誤りであった．輸送サービスの向上に有用とはいえない古い設備を保持することは，長い目で見れば，むしろコストがかかるからである．

結局，175年にわたる「カリフラワー化」の結果として，線路容量の不足が深刻な問題を引き起こしていた．そして，もう一つのより重要な問題は，列車運行の安定性の欠如であった．低速での走行と長い閉そく区間のため，いったん遅延が発生すると，吸収されることはなく，むしろ他の列車に波及していた．また，番線使用に関する「柔軟性」が高いことが，さらに事態を悪化させていた．乗客は，駅での乗換えのためにホーム間を行き交うことになり，さらに遅延を発生させていた．ある路線で小規模のトラブルが発生した場合，列車は，駅の手前で数

●図 5.112　1976 年のユトレヒト中央駅の光景

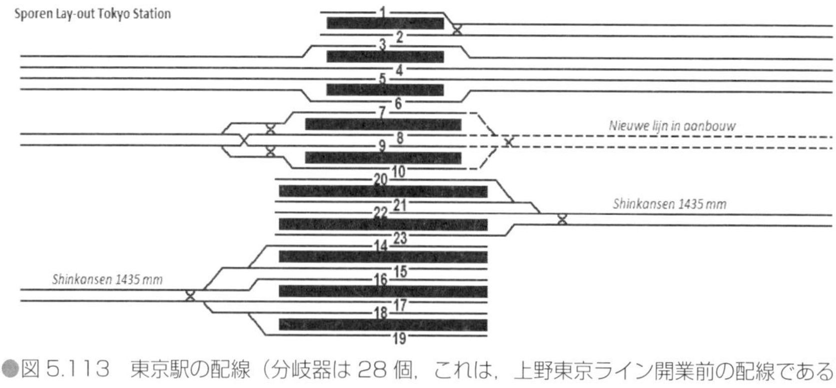

●図 5.113　東京駅の配線（分岐器は 28 個，これは，上野東京ライン開業前の配線である）

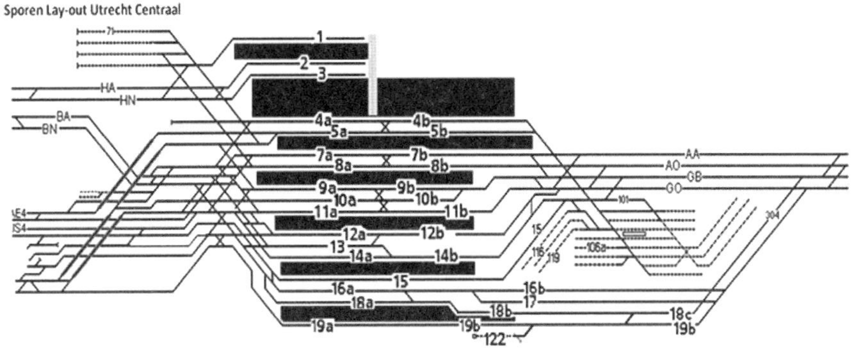

●図 5.114　ユトレヒト中央駅の配線（改良前）（分岐器の数は 280 個）

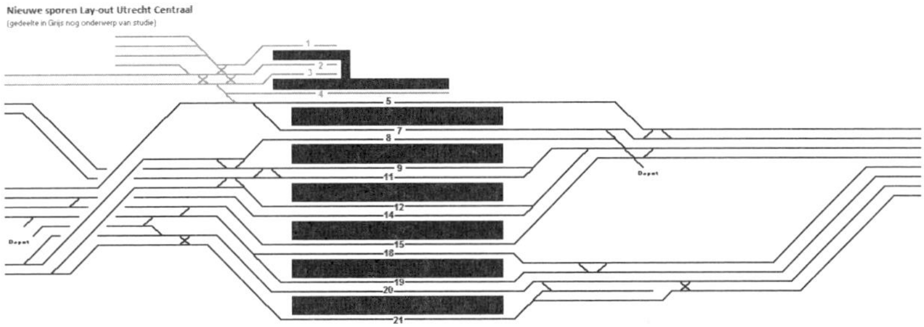

●図 5.115　ユトレヒト中央駅の配線（改良後）（分岐器の数は約 60）

●図 5.116　2016 年のユトレヒト中央駅の光景

珠繋ぎに停車することとなり，30分も経たないうちに，その駅全体がブロックされてしまうという事態が発生していた．

そこで，ユトレヒト中央駅の配線を改良するにあたっては，線路容量に気を配るとともに，列車の進路を互いに干渉させないようにすることに意を用いた．具体的には，旅客列車と貨物列車それぞれに対して，通常使用する進路を定め，これらの進路は，原則として，その種別の列車だけが使用することとした．そして，これらの進路の間に交差支障が発生しないようにするために，北側にある既存の高架設備（fly-over）を使用することとし，南側には新たに立体交差（dive-under）を建設した．この基本的な構造を決定したうえで，次に，信号機の建植位置を決定し，その後，トラブル発生時の対応や，三つの車両基地への進路を考慮した分岐器を設置した．

もちろん，この過程においては，さまざまな議論があった．実は，柔軟さ（flexibility）を確保することを重視すべきではないかと主張する人が多かった[*36]．しかし，筆者らは，十分な線路容量を確保し，列車運行の安定性を増すためには，これが唯一の方策であるという主張を繰り返した．何度もシミュレーションを繰り返し，結局，関係者すべてから，この設計方針への合意を取り付けることができた．かつて，ユトレヒト中央駅は定時性の点からはオランダ最悪のハブ駅であったが，今では最良のハブ駅となった．実際，2015 年には，地上設備の故障が 83 件発生し，平均遅延は 20.085 分であったところ，2018 年には，それぞれ 10 件，2.9464 分となった．いずれも 85 %の改善になる．

以上の議論をまとめると，表 5.11 になる．

ユトレヒト中央駅で実施した配線の簡素化は，現在では，成功例として全国に展開されている．六つ以上分岐器がある駅については，すべて，多かれ少なかれ，改良を行なった．2030 年までには，全国の 3 割の分岐器がなくなる予定である．

改良の内容は，次のとおりである．

・分岐器の設計を標準化し，4～5 種類に限る．

・最新の軌道構造

＊36　聞いたところによると，「こんなことを言うやつはクビにしてしまえ」との意見もあったらしい．

■表 5.11 駅配線簡素化の考え方と効果

従来の考え方	新しい考え方
多数の平行ルート	主要な進路については交差支障なし
列車系統への番線の割当ての自由度高	列車系統への番線の割当ては限定的
信号機間の距離は長い	信号機間の距離は短い（運転時隔の短縮）
運転速度は 40 km/h	運転速度は 80 km/h
運行管理上，高い柔軟性を保持	運行管理上の柔軟性は低い
多数の分岐器	分岐器の数を制限
ダイアモンドクロッシング（信頼性低）	標準化された分岐器の使用

・コンクリート枕木のみとし，木枕木は今後，使用しない．

これにより，分岐器のメンテナンスの労力は，30 %以上削減されることとなる．

5.9.5 2025 年以降にむけて：線路容量の増強とインフラの分離の推進

(1) 全体の構想

列車の種別が異なれば，インフラに対する要件も異なる．例えば，都市近郊区間では，駅が多数存在し，駅間の距離は短い．よって，高加速・高減速の車両が必要になる．しかし，前述のように，Spoorslag '70 では，鉄道のインフラのほとんどは，近郊区間の列車から長距離を走行する 4,000 トンの貨物列車まで，あらゆる種類の輸送に対応するように設計されていた．現実には，これらすべての異なる種別の列車に対してインフラを最適化することは不可能である．結局，何に対しても「特にはよくない」インフラになってしまっていた．許容軸重は高重量の貨物列車には低すぎ，速度（および架線の電圧）は高速・都市間列車には低すぎ，そして，最小運転時隔は通勤列車には大きすぎた．

もちろん，すべての路線を 6 線（貨物列車用 2 線，高速・都市間列車用 2 線，通勤列車用 2 線）に拡張できればベストではあるが，それはコストの面でも用地などの点からも現実的ではない．とはいえ，過去 50 年間における鉄道や都市鉄道への投資額を考えると，もっと良い選択肢があったのではないかと考えられる．

現在のインフラを改善するために，その第一歩として，路線を，その主たる機能に基づいて区別することから始めるべきであろう．具体的には，次の六つが考えられる．

・ロッテルダム港からの高積載貨物列車のためのネットワーク

・既存および計画中の metro*[37]/light rail 路線を中心に構成される都市内ネットワーク
・4大都市を中心に構成された包括的な都市近郊ネットワーク
・これらの大都市とオランダの他の地域を結ぶ中核都市間ネットワーク
・ヨーロッパの主要都市への高速サービスを提供する高速で高フリークエンシーのネットワーク
・人口の少ない地域へのアクセスを保証するための，低廉な運用コストに重点を置いた地域ネットワーク

もちろん，これらのネットワークは，完全にそれぞれの用途ごとに分離できるわけではない．しかし，このように区別することによって，鉄道の能力と定時性をさらに改善するためには，今後，どこに集中して投資すべきかを明確に示すことができる．

(2) 貨物ネットワーク

・最重要の貨物専用線は，ロッテルダム港とドイツ国境のゼーフェナールを直結するベトウェルルートである（2007年開通．1時間あたり6本の貨物列車を運転することができる）．また，ロッテルダム港を起点とする主要3回廊線においても，貨物運送に焦点を当てる必要がある（1時間あたり2本の貨物列車を運転することができる）．
・ローゼンダールのベルギー国境への路線．この路線は貨物専用ではないが，旅客列車の本数はあまり多くない（1時間あたり4～6本）．したがって，この路線は，貨物列車のためにインフラを最適化できる余地がある．
・ドイツ国境のフェンロへの路線．この路線は非常に混雑しており，特にブレダとティルブルフの間の区間はボトルネックとなっている．そのため，2030年までに複数の投資が計画されており，ベトウェルルートを経由して分岐し，南に向かってヘルトーヘンボスを経由するルートを変更することが検討されている．
・ドイツ国境のオルデンザールへの路線．この回廊には現在二つのルートがあり，ロッテルダムとアムステルダムの旅客列車が頻繁に走る路線と，ベト

＊37 metroは，かならずしも地下鉄に限らず，地下鉄のように（ほぼ）同一種別の列車（通常は電車）ばかりが高頻度で走行する路線という意味で使われることが多い．

ウェルルートを経由して北に分岐するルートがある．後者のルートの方が旅客列車との競合が少ない．現在，このルートへの投資が検討されており，将来的にはゼーフェナールからオルデンザールまでの新しい貨物専用線が建設される可能性がある．

この四つの回廊線ネットワークにより，オランダの貨物列車の約 90 %が迅速に運行されるようになる．その他の路線は（一部の路線では，時として，例外的に貨物列車を優先することもあるが）旅客列車に優先的に使用されることになる．

(3) 都市内ネットワーク

21 世紀に入ってからは，「一つのサイズがすべてに合う」とする傾向には，多少の変化が見られた．現在は，都市交通（都市圏内で約 25 km まで）については，通常の鉄道（heavy rail infrastructure）ではなく，専用に建設した metro/light rail インフラで扱うという傾向になっている．これは，ここ数年，ロッテルダムとデン・ハーグ地域で実現されている．ここでの都市交通システムは，既存の三つの（従来の）鉄道路線を引き継ぎながらも，完全に「都市内鉄道」の基準に合わせて再建された．

ロッテルダムの都市内鉄道は，デン・ハーグ行きの路線とホーク・ファン・ホランド行きの路線を引き継いで拡張された（図 5.117）．その路線長は，100 km を超えることとなった．一方，デン・ハーグのライトレールネットワークは，デン・ハーグからズートルメールまでの「プレッツェル」形状の路線を引き継いだもので，現在はオランダで最大のライトレールネットワークになっている．また，アムステルダム市内および周辺地域では，都市内交通は，現在も従来型の鉄道に依存している．2018 年にはノース・サウスメトロが開業したが，まだ，重要な部分が 2 か所欠落している．

1. アムステルダム中央駅とイゾレートルヴェッフ/スローテルダイクのメトロ環状線の連絡
2. 市内中心部とスキポール空港との連絡

ともに連絡線は存在するが，従来の鉄道によるものである．ノース・サウスメトロラインをスキポール空港まで延長すれば，これらの連絡の問題は解消される．この空港延伸が実現すれば，スキポール空港とアムステルダム中央駅間の（通常の）鉄道の列車は不要になる．これにより，アムステルダム中央駅の西側の二つの鉄道路線をメトロ運行に転換することが可能になり，メトロ環状線の隙

●図 5.117 ロッテルダムの都市内鉄道（RandstadRail）

間を埋めることができる.

(4) 都市近郊のネットワーク

ミュンヘン（1972 年），チューリッヒ（1968 年）の S バーン[*38] ネットワークやパリ（1969 年）の RER[*39] ネットワークは，1 日あたり数百万人もの乗客を輸送している．これらは，将来のオランダの都市近郊交通を考えるうえで，大いに参考になる．いずれも，始まったのは 1970 年頃であるが，オランダでは，まだ前述の One size fits all に悩んでいた時代であった.

今では，S バーンや RER は 1 日に何百万人もの乗客を運んでいる．他方，オランダの地方自治体は，今に至るまで，とりわけ住宅地へのアクセスを改善するために，既存の鉄道ネットワークの上に駅を新設したり，列車を高頻度で運転することを望んでいる．ここでも，オランダの鉄道ネットワークは歴史上の転換点を逃してしまったといえるだろう.

現在，オランダは，西ヨーロッパで唯一，大都市における地下鉄道トンネルを

＊38 S バーン：ドイツ語圏で用いられる都市近郊鉄道に対する用語．チューリッヒ（スイス）でも用いられている.

＊39 RER：フランス語圏（特に，パリ）で用いられる都市近郊鉄道に対する用語

もたない国である[*40]．また，今後数十年にわたって，トンネルを建設する計画はない．それでも，この都市近郊交通での大きな遅れを取り戻したいと考えている．専用のトンネルはないかもしれないが，主要都市を通る四つの線路の鉄道路線がある．これらの線路のうち二つを，CitySprinter（図 5.118）専用にすることができる．

このアイデアは，現在，地方政府や市政府の緊密な協力のもとで ProRail 内でさらに発展しつつある．その最初の結果として，ユトレヒトからアムステルダム，デン・ハーグ，ロッテルダム，ドルトレヒトに至る馬蹄形の専用の近郊ネットワークがある．また，アルメレ，ウィフヘス，ザントフォールトに支線がある．主要路線では，1 時間あたり最大 16 本の列車の運転が想定されている．このシステムは，オランダの都市近郊交通を支えることになるだろう．図 5.119 にオランダの都市近郊鉄道のネットワークを示す．

●図 5.118　オランダ CitySprinter（近距離を走る列車）

＊40　一般に，S バーンや RER の線路は，郊外では地上に，都市中心部では地下にある．

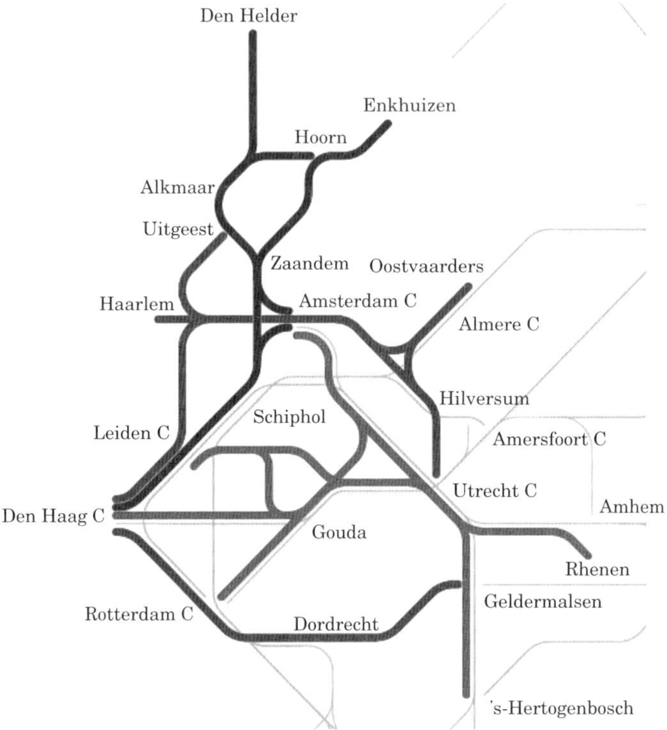

●図 5.119 オランダの都市近郊鉄道のネットワーク

(5) 都市間交通のネットワーク

インターシティネットワーク（都市間交通）は，オランダ鉄道の「金の卵」である（図 5.120）．このサービスは全国をカバーし，高頻度（1 時間あたり 2～6 本）で早朝から夜遅くまで運行されている．時として満員になることもあり，最大 12 両の 2 階建車両で運行されている．都市間を結ぶ列車については，大半の乗客が乗り換えなくてすむように運行系統が決められている．なお，2025 年には，アムステルダム地域で大規模な改良が予定されている．その後，列車の頻度は徐々に増加する予定である．

ユトレヒト-アムステルダムは，最も極端な例といえる．1 時間あたり 12 本の IC（InterCity）列車が運行されている．ヨーロッパで最も混雑している都市間路線であり，また，オランダで最も急速に成長している路線でもある（図

●図 5.120 オランダ—InterCity Train

5.121). そのため, 今後の10年間には, 1時間あたり16本または20本への増発を検討中である.

他の都市間路線でも, 列車の増発を検討中である. 前述の貨物, 都市, 郊外のネットワークの最適化, 運行経路の再編, 投資によって産み出される線路容量の拡大などによって, このような列車頻度の増加が可能になる.

(6) 高速鉄道ネットワーク

オランダには, アムステルダムを始点としてヨーロッパの都市間輸送／高速鉄道*41 ネットワークの一部を形成する主要路線が三つある (図 5.122).

最初の路線は, 東に向かってドイツのハノーファーとベルリンに至るもので, ハンブルク, スカンディナビア各国, ポーランド, チェコ共和国と接続する. これは高速鉄道ではないが, 迅速に投資が進められており, これができれば, アムステルダムからベルリンまで, 5.5時間で到達できるようになる.

---

*41 高速鉄道：日本でいう新幹線に近い. ただし, 既存の路線と軌間が同じであることから, 新たに建設された高速鉄道の専用線路と既存の線路を直通して走行することが可能になっている.

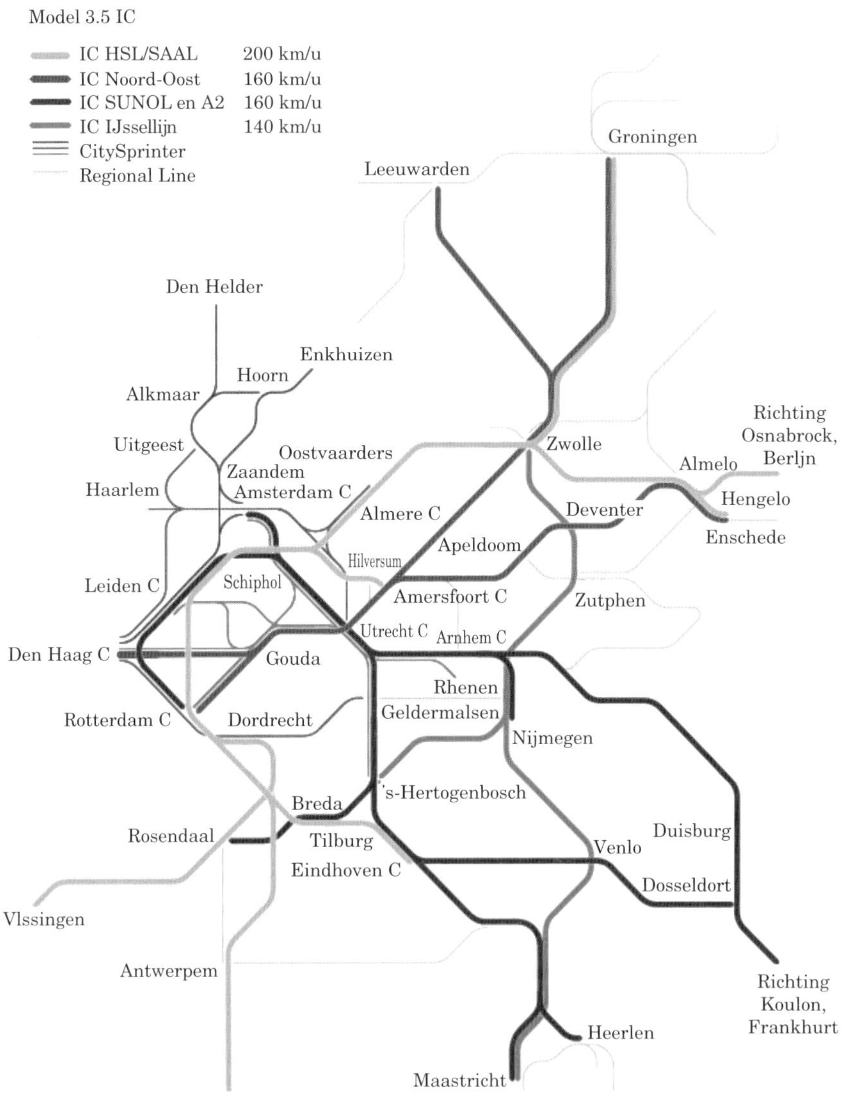

●図 5.121　オランダーInterCity（太線），CitySprinter（細線），Regional Line（極細線）の運行経路

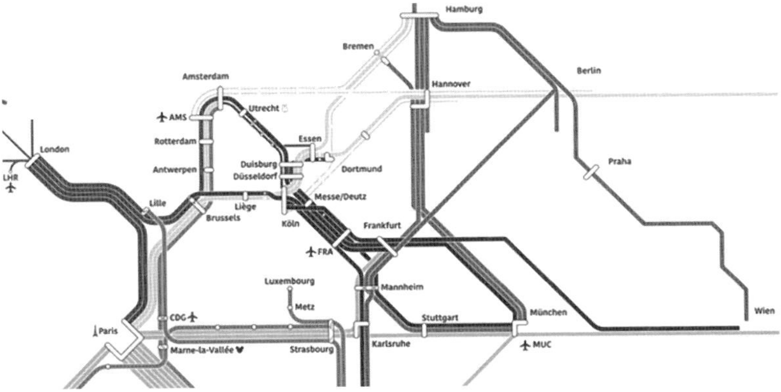

●図 5.122　オランダ一高速鉄道のネットワーク

もう一つは，2029 年に予定されているドイツとデンマークの間の鉄道トンネルの開通である．このプロジェクトにより，ハンブルクとコペンハーゲンの間の所要時間が現在の 4.5 時間から 2.5 時間短縮されて 2 時間となり，オランダからスカンディナビア各国への鉄道旅行がより魅力的なものになる．

ドイツに向かうもう一つの路線は，南東に向かって，デュッセルドルフ，ケルン，そして，さらに，フランクフルト，ミュンヘン，スイス，イタリア，オーストリアに至る路線である．この路線は，ドイツの高速鉄道ネットワークに直接接続しており，いくつかの目的地への昼行列車や夜行列車が走る．この路線で重要なことは，列車頻度の増加である．これによって，色々なところに，直通もしくは乗換えによって，より便利に到達できるようになる．

3 番目の路線は，オランダに唯一存在する高速鉄道路線で，最高速度 300 km/h でブリュッセル，ロンドン，パリの間を走行している．この路線の国際需要は非常に高い．かつ今も増加しているため，ここでも列車の運転頻度の増加や，パリ以降の列車が南フランス，スイス，おそらくはスペインまで延長される可能性が期待されている．

6章 AIはダイヤをつくれるか？

6.1 はじめに

列車ダイヤに対する一般の方のイメージは，列車ダイヤは経験を積んだ専門家（スジや）によって「人手で」作られているというものだろうか．もちろん，この認識は正しい．また，洋の東西を問わない．しかし，昨今のAIの進歩をみていると，いずれ列車ダイヤもAIで作られるようになるのではないか，スジやの仕事はなくなるのではないかとお思いの方もおられると思う．一方で，特に，5章の記述などを読むと，いやいや，そう簡単ではないだろうとお思いの方もおられるに違いない．本章では「AIはダイヤを作れるか？」というタイトルのもとに，今後のダイヤ作成の姿を考えてみたい．ただ，本章で，この問いに対する明確な回答を提示しているわけではない．単純な未来予想をしても意味はないと思うし，また，そもそもYes, Noで答えられる問題でもない．それよりは，「AIはダイヤをつくれるか？」と聞かれたときに，何をどのように考えるべきかという視点を提供させていただきたい．

6.2 何を考えるべきか？

抽象的，あるいは，漠然とした問いではなく，具体化・細分化して考えていきたい．とすると，次のようなことになるだろう．

6.2.1　なぜ，AIで作るのか？

AIでダイヤを作れたとして，そのときのメリットは何だろうか？逆にいうと，どういうメリットを期待してAIを適用しようとするのだろうか？

「AIでダイヤを作る」と聞いたときに最初に浮かぶイメージは「**効率化**」ということになるだろう．さらにいうと，今までより少ない人数でダイヤ改正ができるとか，いままでより短い期間でダイヤ改正ができるなどということになるだろう．これらの視点で考えるとき，前者については，投資効果が問題になる．AIによるダイヤ作成システムを開発するために，さらに数億円の投資が必要であるとして，それに見合う効果（一般には，要員削減）が見込めるかということになる．また，後者が実現できれば，例えば，現状よりも頻繁にダイヤを変えることができる．そのときの需要にあったダイヤを迅速に提供できるだろう．あるいは，運転整理を例に取ると，効率化で浮いた時間を，旅客案内のための部内・部外へのきめ細かい情報提供にあてることができるなどのメリットが考えられるだろう．これらをサービス向上につなげることができるかということになる．ただ，鉄道は，社会的使命が大きいとはいっても，慈善事業を営んでいるわけではない．とすれば，サービス向上の結果として，直接・間接にでも収入の増加を期待したいところだ（現実的すぎる話だとお思いの方もおられると思うが，これが実態だ）．なお，前者の拡張形，あるいは極端な形として，そもそも，人（スジや）をなくしてしまうとか，現在のスジやのノウハウをAIに組み込んで，経験を積んだスジやを不要にするという考え方もあるかもしれない．しかし，筆者としては，その考え方には与《くみ》しない．その理由は，後述する．

「AIでダイヤを作る」と聞いたときに「**高品質化**」を思い浮かべられる方もおられると思う．人間が思いもしなかった，あるいは気付かなかった視点を提供してくれる可能性がある，そして，そういう視点からよりよいダイヤを作ってくれるのではないかというイメージだろう．これは，確かに可能性としては，あるいは事の大小を問わなければ十分にありうる．経験を積んだ専門家とはいっても，すべてのことを知っているとは限らないし，見落としもあるだろうからだ．

6.2.2　なにを作るのか？

鉄道では，オペレーション部門に限定したとしても，作るべきものはいろいろある．列車ダイヤ，車両運用計画，乗務員運用計画などだ．あるいは，ダイヤ改正時のダイヤもあれば，事故や災害が起こったときのダイヤの変更（運転整理）という業務もある．そのうちのどれを作るのか？図 6.1 を見ていただきたい．おおまかにいって，この図の中の太線の四角が「なにを作るのか？」を考えるときの対象になる．

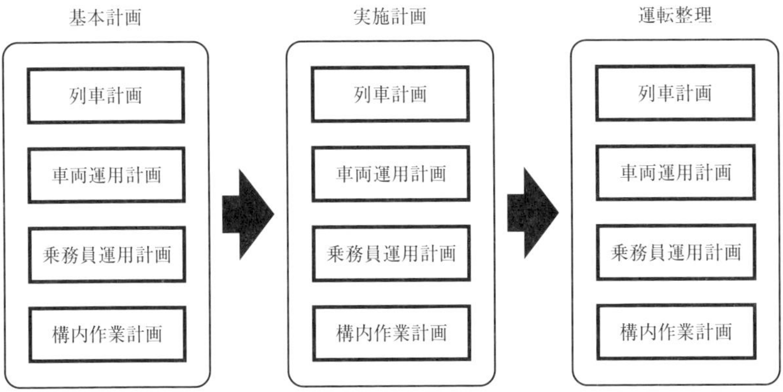

●図 6.1　鉄道の計画

図 6.1 を横方向に見ると，基本計画，実施計画，運転整理では，問題としての性格が異なる．結果的に，問題としての難しさも異なる．基本計画の列車計画では，本来は白紙の状態からダイヤを作ることになる[*1]．他の計画の影響を受けることはない[*2]．自由度が高いぶん，問題としては難しくなる．実施計画では，臨時列車を設定するなど，基本計画に対する追加と修正が主たる作業となる．一般論としては，基本計画よりは問題としては容易だと考えていいだろう．運転整理も（実施計画の）変更作業という性格を有するが，時間に追われているという難しさがある．

図 6.1 を縦方向に見ると，列車計画とそれ以外の計画の性格の違いもある．列

＊1　現実には，前回のダイヤ改正で作成したダイヤの微修正になることも多いが，これは「その程度にとどめておこう」とする判断が必要であることを意味していると考えるべきだろう．

＊2　細かい点では影響を受ける．例えば，車両や乗務員が足りないので列車の増発ができないとか，乗務員が交代する駅ではダイヤ上の停車時間を長めに設定しておくなど．

車計画が対象とするのは，乗客（それも極めて多数の）である．その巧拙は，利用者の満足・不満足に直結する．しかし，車両運用計画であれば，対象は部内（車両基地の作業計画とか）だ（もちろん，車両形式や編成両数など，利用者に関連する事柄もないわけではない）．また，乗務員運用計画であれば，対象は乗務員だ．よく「車両は文句を言わないが，乗務員は文句を言う」といわれる．「文句を言う」という表現がいいかどうかはともかくとして，確かに，運転士や車掌の疲労などを考慮する必要があることは間違いない．運転整理にしても，大きなダイヤ乱れと小規模のダイヤ乱れ（前者は1時間あるいはそれ以上の運転中止のイメージ，後者は数分程度の遅れのイメージ）でも，その難しさは全く異なる．このようなことから，それぞれの計画によって，その問題としての性格はずいぶん異なることをご理解いただけると思う．

もう一つ，この図には描ききれていないが，会社・線区ごとの事情によって，問題としての難しさが変わる．代表的なものとして，ダイヤの複雑さ（列車の頻度，駅の数，列車種別，相互直通運転の有無など）があるだろう．設備の条件（単線か複線か，交差支障の有無など）も重要な要因だ．問題が複雑になれば，やはり解くのも難しくなる．これらを無視して「AIはダイヤを作れるか」を議論することは意味がないだろう．

6.2.3 どういうものを作りたいのか？

例えば，列車ダイヤを作るときには，当然，「よい列車ダイヤ」を作りたい．では，どういう列車ダイヤが「よい列車ダイヤ」なのだろうか？「**よい列車ダイヤ**」を判断するためには，その基準が必要だ．**評価尺度**という．いろいろな側面がありうるだろう．速達性だろうか，混雑だろうか，待ち時間だろうか，乗換えの便利さだろうか，頑健性だろうか，コスト（≒列車本数*3）だろうか．ただ，利用者は一人ではない．だれ（どういう人）にとっての評価尺度だろうか．頑健性とはいっても，小規模の遅延に対してなのだろうか，あるいは事故が起こったときのことだろうか．

車両運用計画でいえば，基本的には，必要となる編成数が最小である計画が望ましい．しかし，頑健性を増すためには（折返し時分を確保するなどすると），さ

*3 もう少し精度を上げるためには，トレインアワー，カーアワー．

らに 1 編成必要になるなどということがありうる．では，それはどう判断すべきなのだろうか．頑健性を増すために編成を増備するとすれば，数十億円以上の投資が必要になることになり，経営判断になるだろう．

6.2.4　どういうふうに作るのか？どの範囲を「自動化」するのか？

例えば，AI に向かって「来年の○○線のダイヤを作りたい」といえば，AI が将来の利用人数など必要なデータをネットなどから収集したうえで，それに基づいて作成したダイヤを提示してくれるというイメージもあるだろう．そのようなイメージだろうか？

実は，今のダイヤ作成システムにも「自動作成機能」がないわけではない．それは AI とは呼ばれないが，インテリジェントな機能ではある．例えば，特急列車のスジを設定した後で各駅停車列車の始発駅の時刻と行き先を入力すると，自動的に待避関係を決定して，各駅停車列車の時刻と番線を決定してくれる．図 6.2 でいうと，3 本の特急列車（太線）を設定した後，左図の細線のように各駅停車列車の始発駅・始発時刻を指定すると，右図のように，待避関係を考慮して各駅停車列車の時刻と番線を自動的に決定してくれる．

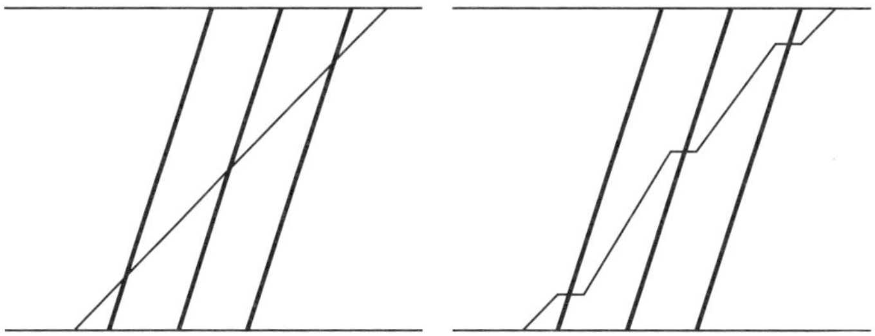

●図 6.2　各駅停車列車の時刻・番線が自動的に設定される

前者は，いわば「ボタン 1 発のシステム」で，後者は「電卓代わりのシステム」ということになるだろうか．そして，その中間に色々なバリエーションがありうる．列車ダイヤの作成を例に取ると，最終的には，次を決定する必要がある．

（1）運転系統（始発駅・終着駅，列車種別，ルート）

（2）列車本数（頻度）

（3）初列車・終列車の時刻

(4) 優等列車の停車駅

(5) 各駅の停車・発車・通過の時刻，番線

これらすべてをAIが決めてくれることを期待するのだろうか，あるいは，これらのうちのどれかは人間が与えるとするのだろうか（ちなみに，4.3でも述べたように，現在のダイヤ作成システムでは，おおまかにいって，(1)，(2)，(3)，(4) は人間が指定し，(5) はダイヤ作成システムが決定するという分担になっている）．

あるいは，運転整理を例にとると，特に事故や災害の規模が大きい場合には，まず必要になるのは，運転再開が可能になる時刻である．そして，どの列車を運休するのか（しないのか），あるいは，臨時列車を運転するのか，運転するとすれば，何本運転するのか，それぞれの臨時列車の運転区間と時刻と停車駅はどうするのかを決める．では，運転再開時刻の予測や運休・臨時列車にかかわる決定もAIに求めるのだろうか？

「自動化」という言葉が使われることが多いが，「何を」自動化するのかを定めてから議論を始める必要がある．

6.2.5 AIとは，そもそも何か？

現時点でAIが使われていると理解されているアプリケーション，例えば，画像の認識（類似の写真を見つけてくるとか），英文などの翻訳，将棋などのゲーム，あるいは，ChatGPTなどの生成AIと呼ばれる技術のベースになっているのは，深層学習（Deep Learning）である．その結果，AI＝深層学習と見なされている傾向も見られる．しかし，これは歴史的にみれば正しくない[*4]．では，AIという言葉にこだわらず，前述したように列車ダイヤやその他の計画の作成を効率化・高品質化するための技術としては，何があるのだろうか？

今，ヨーロッパや中国では，列車ダイヤや車両運用計画，乗務員運用計画，運

＊4 AIとは，ごく簡単にいうと，コンピュータを人間のように（あるいは人間を凌駕するほど）知的にする試み一般ということになるだろう（よって，深層学習はその手段の一つに過ぎない）．ただ，AIとは何かという問いは，人間の知能とは何かという問いと同義となり，哲学的な議論になることもある．本文で述べている「混合整数計画法」は，与えられた条件のもとで最適解を見出す手続きとしては，明らかに人間を凌駕しているのだが，一般にはAIとはみなされていない．

転整理などに対する「自動化」アルゴリズムの研究が盛んである．前述のように，「自動化」の範囲に注意する必要はあるが，「現時点では人間が定めているものの一部をコンピュータに自動的に作成させる研究」と解釈してよいだろう．そのような研究において，現在，大多数の研究者が用いている手法は，混合整数計画法である．混合整数計画法では，制約（例えば，列車は駅間で先行列車を追い越せないとか，駅間の走行時分は基準運転時分以上でないといけないとか）をある種の数式で表す．そして，上述の評価尺度も数式で表し，この数式を最大（設定の方法によっては最小）にするような変数の組合せ（ダイヤ作成の場合，変数は各列車の各駅の着時刻，発時刻，番線など）を決定する．ただし，すでにお気づきのように，このときに考えないといけない重要なことが三つある．

(1)　現実世界を正しく表しているか？

一般に，現実世界のすべての制約を数式にできるとは限らない．しかし，そこから洩れたものが，非常に重要であるということもありうる．重要なものを洩らすはずはないではないかと思われるかもしれないが，普段は重要ではないが，ある状況のときだけ無視できないといった制約もありうる．あらゆる状況に対応可能なモデルを作ることは容易ではない．

(2)　評価尺度を（単純な）数式で表せるのか？

列車ダイヤを例に取ると，先ほども述べたように，その評価尺度としては，速達性，混雑，待ち時間，乗換えの便利さ，頑健性，コストなどがありうる．そして，利用者は一人ではない（例えば，特急の停車する駅の利用者にとっては便利であるが，特急が停車しない利用者にとっては便利でないダイヤなどがありうる）．とすると，これらを考慮した評価尺度を数式で表すことができるだろうか．

(3)　選択の基準を明確にできるか？

今，列車ダイヤの案が三つできたとする．そして，それらは，次のような性格であったとする（前述のように，そもそもこの点数をつけることが難しいわけであるが，話を簡単にするために，点数をつけることができたとする）．

・ダイヤ案 1：利便性　90 点，頑健性　60 点，経済性　80 点
・ダイヤ案 2：利便性　60 点，頑健性　90 点，経済性　80 点
・ダイヤ案 3：利便性　70 点，頑健性　70 点，経済性　90 点

では，ダイヤ案 1，2，3 のうち，どれを選ぶべきだろうか．その根拠はなんだろうか？

列車ダイヤの基本計画の作成において（これに限るわけではないが），高度な意思決定が必要とされる理由は，これら3点にある．

6.2.6 どういうものを作りたいのか？（再び）

実は，公共輸送機関である鉄道の利便性を高めるために一番重要なことは，現時点の条件のもとで問題を解決することではなく，将来に向けて「条件」を改善することではないだろうか．例えば，列車ダイヤでいえば，線路や配線などの条件，駅間の基準運転時分や運転時隔，優等列車の停車駅などの条件のもとで，列車ダイヤを作るわけであるが，列車ダイヤを改善するためには，どの条件をどのように変えればいいのかを考え出すことが重要だ．もう少し説明すると，理想とする列車ダイヤのイメージが最初にあり，それを実現するためにはどうすればいいのか，具体的には，配線を変更して交差支障の発生をなくすとか，ドア幅の広い車両を導入して停車時分が拡大しないようにするとか，信号機を移設して列車が速度制限を受けずに走れるようにするなどを考える．そして，あえていえば，考えるだけでなく，それを実行に移す必要がある．そのためには，工期や予算の検討，社内の調整（説得）なども必要だ．

これは，AIにできるだろうか？あるいはAIに任せていいのだろうか？さきほど，「そもそも，人（スジや）をなくしてしまうとか，現在のスジやのノウハウをAIに組み込んで，経験を積んだスジやを不要にするという考え方もあるかもしれない．しかし，筆者としては，その考え方には与《くみ》しない」と書いた．その第一の理由は，ここにある．

6.3 AIは，どのように応用されるのだろうか？

これは筆者の要望なのだが，AIが今以上に発展を遂げるとしても，列車ダイヤ（など）の作成をAIに丸投げすべきではないと思う．役割分担に関する基本的な枠組みは，高度な意思決定は人間，機械的な作業はコンピュータというのが現在の考え方だが，その考え方を変えるべきではない．ただし，ここでいう「高度な意思決定」と「機械的作業」の境界は，今後，ずいぶん変わっていくだろうし，また，積極的に変えていく努力も必要だと思う．10年後も今のままでいいとは思わない．

さきほど述べたように，対象とする問題によっても，路線の複雑さによっても，その難しさは大きく異なる．一般に，列車ダイヤ，特に基本計画を一から作成する（白紙改正）とか，大幅に変えようとする場合は難しい．経営判断が必要なこともあるし，他部門との協力が必要になることも多い．一方で，比較的簡単なところ，言い換えれば，意思決定を機械的作業にしてしまう（正確にいうと，意思決定を機械的作業にするのではなく，現時点で意思決定と考えられている業務のうちから，機械的作業部分を抜き出し，それをコンピュータで自動化するイメージ）ことができれば，自動化を進めることができるだろう．基本計画よりは実施計画，列車計画よりは，車両運用計画や乗務員運用計画の方が取組みは容易だと思う．また，シンプルなダイヤの路線の方が実現しやすいだろう（しかし，例えば—あくまでも例えばだが—山手線「だけ」のダイヤを自動的に作れるシステムができたとして，JR東日本はそれを買うだろうか？といった疑問は残る）．

もう一つ，忘れてはならないことは，何をもって「できた！」とするかだ．スジを並べるだけなら，今のコンピュータでもできる．しかし，現時点では，それをもって「できた！」とは判断されない．さきほどの評価尺度の点で，スジ屋を満足させる水準に達していないからだ．ここで，筆者には一つ懸念事項がある．今後，例えば，10年後をイメージしてみると，最終的な意思決定は人間に任されるとしても，その前段階では自動化が進むだろう．そのとき，今と同様に，ダイヤ（などの運行計画）の良否，さまざまな視点からの良否を評価できる人は残っているだろうか．それができなければ，コンピュータが作ってきた列車ダイヤ（などの運行計画）をそのまま採用することになり，恐らく輸送サービスの質は今よりも落ちるだろう．なんだか妙に不便なダイヤだったり，頻繁に遅延が発生したり，発生した遅延がなかなか回復しなかったりということになりかねない．昔のことを知っている人からは「10年前はこんなんじゃなかったのに」という声が聞かれるかもしれない．しかし，客観的な証拠はないし，あったとしても，色々環境が変わっているだろうから単純な比較もできない．まして，その頃を知らない人は，「まあ，こんなもの」という反応で，場合によっては他の交通機関を利用することになるかもしれない．再びで恐縮だが，「そもそも，人（スジや）をなくしてしまうとか，現在のスジやのノウハウをAIに組み込んで，経験を積んだスジやを不要にするという考え方もあるかもしれない．しかし，筆者としては，その考え方には与《くみ》しない．」と書いたもう一つの理由は，ここにある．

6.4 結局どうなるのだろうか？

将来（5年後から10年後くらいのイメージ），どうなるのかは，正確にはわからない．特に，ChatGPTに代表される生成AIと呼ばれる技術は，完全にパラダイムシフトを起こしたと思う．ただ，生成AIが列車ダイヤ（などの運行計画）の作成に利用されるかどうかは，現時点ではなんともいえない．今，多くの企業では，生成AIをどのように業務に活かすかの検討が盛んに行なわれている．そのような試みの中で，新しい使い方も出てくるだろう．そして，世界的視野で見れば，AIによるかどうかはともかくとしても，列車ダイヤ（などの運行計画）の作成の自動化が進んでいくことは間違いない．日本においても，その方向に研究開発を進めていくことが必要だと思う．それによって，効率化と高品質化を目指すべきだと思う．10年後も「日本では，ダイヤは人手主体で作っています」では，世界に大きく遅れる．本章で述べたように，まずは，取り組みやすい問題から順に研究開発を進めていくべきだと思う．ただし，これまで繰り返し述べたように，その程度・内容はさまざまであろうが，いずれの場合も「高度な意思決定」の必要性，それをする人が必要であることを忘れてはならない．

7章 新型コロナウィルスへの対応

7.1 COVID-19 の影響

2020年3月頃から，鉄道の輸送量に大きな変化があった．すでにご承知のとおり，新型コロナウィルス（COVID–19）の蔓延によるものである．緊急事態宣言，まん延防止等重点措置が発令され，極力外出を控えるように要請された（つい最近のことなのだが記憶も薄れたという方も多いと思う．この間の主な出来事を表7.1に示す）．企業では在宅勤務が普及し，大学などでもオンライン授業が広く行なわれた．その結果，鉄道の利用者は大きく減少することとなった．一時は，ラッシュ時にもかかわらず，ガラガラの列車が走っていた．

これに対して，鉄道側でもさまざまな対応が行なわれた．一つは，感染防止のための対策である．当初，ラッシュ時の満員電車はクラスタ発生の原因になるのではないかと疑われた．そのため，適切に窓開けをするとか，車内などの消毒を徹底するとか，あるいは列車の混雑状況の情報を提供して比較的空いている列車・車両を案内するなどの措置がとられた．また，社員の感染防止にも注意が払われた．もし，多くの運転士や車掌が感染すれば，あるいは濃厚接触者とされて出勤できなくなれば，所定の本数の列車を運転できない．これは指令員などについても同様である．この点についても十分な注意が払われた[*1]．また，乗務員に感染者や濃厚接触者が出た場合，勤務の変更，場合によっては，勤務地の変更（ふだん担当する路線とは異なった路線を担当するなど）を行なって，所定の本数の列車を運転するような措置がなされた．実際，日本では，COVID–19が猛威

＊1　特集 新型コロナ感染症対策，JREA，Vol.64，No.6，2021.

■表 7.1 新型コロナウィルス関連のできごと（期日は，東京を対象）

日　付	事　象
2020/2/3	ダイヤモンドプリンセス号が横浜港に入港
2020/2/27	政府が全国の小中高校に 3 月 2 日から春休みまで休校にするよう要請
2020/3/9	政府専門家会議が「3 密」を避けるよう要請
2020/3/25	東京都が平日の在宅勤務，夜間・週末の不要普及の外出を控えるよう要請
2020/3/28	国内の感染者数 1,500 人を超える
2020/4/7-5/25	首都圏など 7 都道府県に緊急事態宣言
2020/4/9	国内の感染者数 5,000 人を超える
2020/4/10	東京都が休業を要請する六つの業態・施設を公表
2020/5/1	政府専門家会議が「新しい生活様式」を提言
2020/5/3	国内の感染者数 15,000 人を超える
2020/5/4	緊急事態宣言を全国一斉に 5 月末まで延長
2020/5/14	39 県で緊急事態宣言解除．8 都道府県は継続
2020/5/25	首都圏を含む全域で緊急事態宣言解除
2020/7/22	Go To トラベルキャンペーン開始
2020/7/26	国内の感染者数 30,000 人を超える
2021/1/8	東京，神奈川，埼玉，千葉に緊急事態宣言
2021/3/13	多くの鉄道会社でダイヤ改正．終電繰上げなど．
2021/4/12-4/24	まん延防止等重点措置
2021/4/25-6/20	緊急事態宣言
2021/6/21-7/11	まん延防止等重点措置
2021/7/12-9/30	緊急事態宣言
2022/1/21-3/21	まん延防止等重点措置
2022/3/12	多くの鉄道会社でダイヤ改正．減便など．
2022/10/11	全国旅行支援開始
2023/3/18	多くの鉄道会社でダイヤ改正
2023/5/8	5 類感染症に移行

をふるっていた頃でさえも，乗務員の感染が原因となって列車を運休せざるを得なくなった鉄道会社は，ごく一部にとどまった*2．都市圏の鉄道会社では，感染症などの流行によって多くの乗務員が出勤できなくなった事態を想定して，運転

*2　ヨーロッパでは，多くの列車を運休せざるを得なかったこともあったらしい．

する列車の本数を削減したダイヤを用意している（パンデミックダイヤなどと呼ばれる）．一時は，ついにパンデミックダイヤの出番か！と思われていた時期もあったのだが，幸い，前記以外の会社では使われることはなかった．

コロナ禍と乗務員の日常

鉄道会社の運転関係部門（だけではないが）では，人と人のつながりを重視する．よって，社内・社外の懇親会を重視する．しかし，当然のことながら，長期間にわたって懇親会のたぐいが開かれることはなかった．また，同様の理由で，特に，乗務員などは，face to face の指導が重視される．しかし，この頃，管理者からは，「最近運転士になった人たちは，マスクを外した顔を見たことがない」などという声が聞かれた．新人の乗務員の指導にも多大な苦労があったものと思われる．また，運転士や車掌になるためには，実車での教育を経ることになる．都心の鉄道会社で，コロナ禍の頃に車掌になった人たちは，混雑がほとんどなかったころに実車での教育を受けている．しかし，独り立ちしたころにはコロナ禍がひと段落して混雑が戻ってきており，ドアを閉めるタイミングに戸惑ったなどという話を聞いたこともある．

7.2　ダイヤ改正

COVID–19 へのもう一つの対応は，激減した輸送量への対応である．需要に見合った輸送量という名目のもとで，コスト削減のために列車本数の削減が行なわれた．具体的には，まず，夜間の列車の運転取りやめ（いわゆる，終電繰り上げ）である．深夜の列車は乗車率が低いとして運転が打ち切られた．その結果，路線によるが，従来よりも 20 分とか 30 分とか早い列車が終電となった．ただし，終電繰り上げのそもそもの発端は COVID–19 ではない．一部の会社では，それ以前から，深夜の保守作業（軌道や電力・信号設備など）の効率を向上するために，まとまった保守の時間を確保するための手段としての終電繰り上げが議論されていた．COVID–19 によって，それが各社で実現されることとなった．

鉄道の輸送量については，当初，COVID–19 の収束とともに元に戻るのではないかという意見と，通勤輸送については，テレワークの普及によってコロナ前の状況には戻らないのではないかという意見があった．現在（2023年5月）の状況からは，やはり元には戻らないだろうと考えられている（定期券の利用者の数については，コロナ前の状態には戻っていない会社が多いようである）．このような状況から，2022年3月のダイヤ改正では，通勤時間帯においても列車本数を削減する会社も出現した．この間に実施されたダイヤ改正の概要を表7.2に示す．

■表7.2　ダイヤ改正

2021年3月13日改正	都市圏の多くの路線で終電繰り上げ
2022年3月12日改正	新幹線，都市圏を含む多くの路線で減便
2022年8月27日改正	東京メトロ銀座線，丸ノ内線などで，日中時間帯の列車を減便．
2023年3月18日改正	相鉄・東急新横浜線開業，JR西日本うめきたエリア開業，新横浜始発のぞみ運転開始，各社で運転本数見直し（基本は減便）
2023年4月29日改正	東京メトロ銀座線で，平日日中時間帯などに増便

特に首都圏では，相互直通運転（相直）が広く行なわれている．本書5.2で詳しく述べているように，相直のダイヤ作成にあたっては，会社間の協議・調整が欠かせない．しかし，COVID-19が蔓延していた頃には，まとまった人数での社外との打合せが禁じられるなど，いろいろな困難があった．実際，リモートでのダイヤの調整作業も容易ではなく，また，当初は必ずしも環境が整っていなかったなどの理由で，結局メールベースのやりとりになるなど，色々な苦労があったようである．

7.3　データの分析からみたCOVID-19の影響

前述のように，COVID-19は鉄道の輸送に大きな影響を与えたわけであるが，これをデータで見ると，いろいろ興味深いことがわかる．

7.3.1　輸送量の変化

図7.1に，首都圏のある鉄道会社の2020年1月から2022年9月の平日の朝ラッシュ時間帯の利用者の数の推移（8時から8時半までの入出場者の数（薄い灰色）と8時30分から9時までの間の入出場者の数（少し濃い灰色））を示す[*3]．

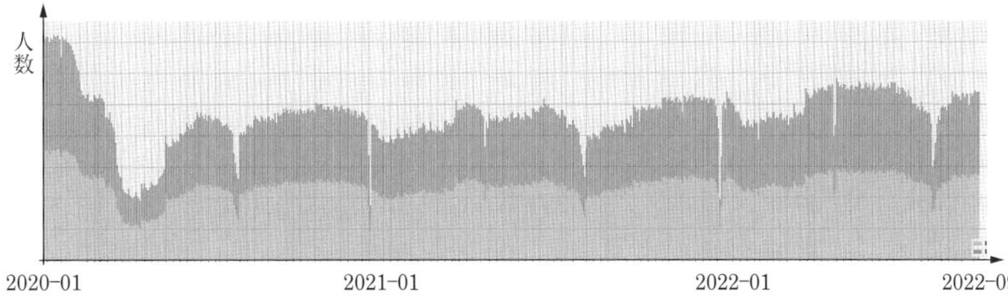

●図 7.1　朝の通勤時間帯（平日）の利用人数の変化（首都圏）

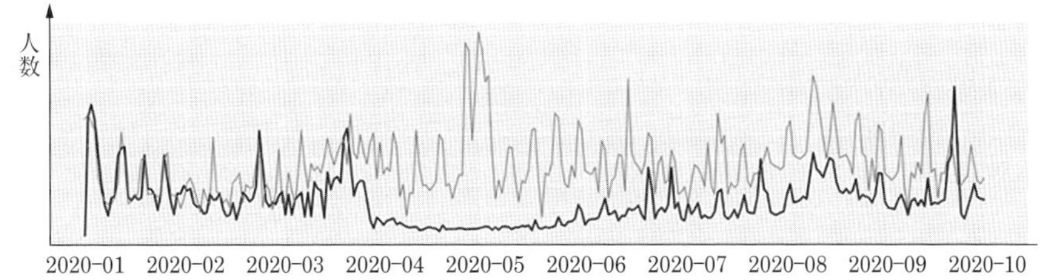

●図 7.2　利用人数の推移（観光地）

この時間帯については，2020 年 4 月下旬頃には，それ以前の 2 割強程度まで落ち込み，その後回復したものの，長期にわたって平常時の 6 割程度にとどまっていたこと，その後，やや回復基調ではあったが，2022 年 8 月ころの蔓延とともに再び低迷したことなどがわかる．

図 7.2 に，関東地方の郊外の観光地の最寄駅の日ごとの利用者の人数（2019 年と 2020 年の 1 月から 9 月）を示す．黒色の線は 2020 年，灰色の線は 2019 年の値である．これをみると，観光地の方が低迷期間が長引いていたことがわかる．この駅は海外からの旅行者も多い駅だったのだが，2020 年 2 月以降はインバウンド客はいなくなり，もちろん，国内からの利用者も激減した．例年であれば，5 月の連休などには多くの人で混雑するが，2020 年にはそれもなかったことがわかる．

＊3　（前頁注）富井規雄，パンデミック後の鉄道旅客の動向をデータで読み解く，J-RAIL2022—第 29 回鉄道技術連合シンポジウム，東京，2022.

7.3.2 行動の変容

図 7.1 を仔細に分析すると，これまでは見られなかった利用者数の日々の変動が出現したことがわかる．例えば，2020 年 4 月 1 日，2020 年 6 月 1 日の利用者の数は，その前後の日よりも多い．2020 年 4 月 1 日は年度初め，2020 年 6 月 1 日は，緊急事態宣言解除後の最初の月替わりの日ということで，それまで在宅勤務だった人も出社を余儀なくされたのではないかと推察される．さらに，利用者の数が激減していた期間においても，利用者の数には差異がある．例えば，月曜日の利用者の数は他の曜日よりも大きい傾向がある．週のはじめには出勤したほうがよいという判断が働いた人がいたと考えられる．駅ごとのデータからは，駅によって増減の度合いに大きな違いがあることもわかっている．

時間帯については，従来よりも早い時間の利用者が増えたことがわかる．これについては，さらに詳細な分析を待つ必要があるが，混雑を避けるなどの理由で，それまでよりも早い時間帯の列車を利用する人が増えたとか，あるいは早い時間帯の利用者はそれほどは減らなかったが，遅い時間帯の利用者が大きく減少したなどの可能性があると考えられる．

さらに，2020 年 12 月の都心の鉄道会社の深夜近くの利用者の数を分析してみたところ，金曜日の深夜は，他の曜日に比べて，利用者がかなり多かった（週によっては 40 %程度も）ことも判明した．このころは，東京都において感染者数が急激に増加していたころであった（表 7.1 にあるように，その直後の 2021 年初頭には緊急事態宣言が発令された）のだが，それにもかかわらず，金曜日の夜には，（恐らく）飲み歩いていた人が多かったということになる．

7.3.3 定期券比率の変化

テレワークやオンライン講義の普及に伴って，定期券利用者の数にも変化があった．例えば，JR 東日本の津田沼から東京駅までの 1 か月の通勤定期券は 14,640 円である（通常の通勤定期）．これに対して，片道の運賃は 483 円（IC）である．このことから，月の出勤日数が 15 日以下であれば，すなわち，週に 1 日から 2 日，在宅勤務とするのであれば，その都度運賃を支払った方が安いことがわかる．このようなことから，在宅勤務を開始するにあたって定期券を解約した人が多かったと思われる．

図7.3と図7.4は，二つの駅A，Bに対して，横軸をその駅の利用者の数（2020年1月初旬の値を100とした指数），縦軸を定期以外の乗車券の利用者の比率（定期外利用率）とし，2020年1月から2021年6月について，その値の週ごとの推移を表したものである．図7.3に示す駅（駅A）では，元々定期外利用率が駅Bよりも高かったこと，COVID–19のまん延に伴って利用者の数が大きく減少し

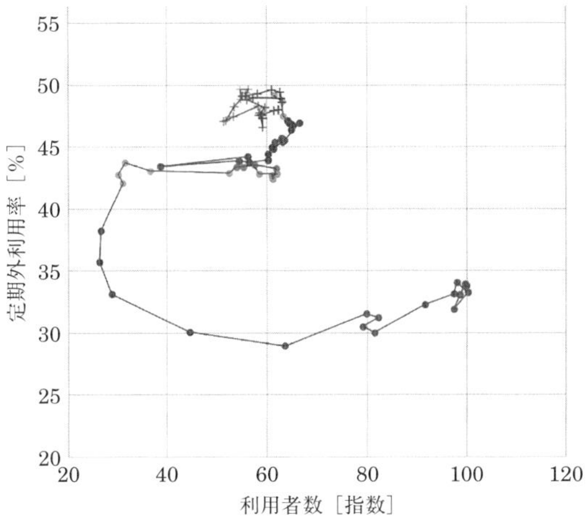

●図7.3　利用者数と定期外利用率の変化（駅A）

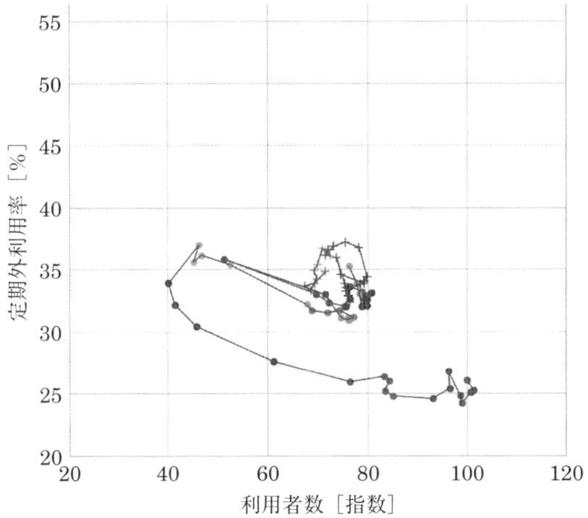

●図7.4　利用者数と定期外利用率の変化（駅B）

たこと（コロナ前の25 %程度まで落ち込んでいる），定期外利用率は，その間，徐々に減少していくが，その後徐々に増加していくこと，その後，利用者の数は元に戻っていくが，従来の60 %で足踏み状態になっていることがわかる．また，定期外利用率は，（このグラフでの）最終的な値は，約50 %になっていることがわかる．一方，図7.4の駅（駅B）では，元々定期外利用率は駅Aよりも低かったこと，利用者の数の減少率は，駅Aほどではなく（コロナ前の約40 %でとどまっている），また，この間，定期外利用率は徐々に増加し，その後，利用者の数が増えていき，従来の80 %程度まで回復している．また，この間，定期外利用率は徐々に低下していき，（このグラフでの）最終的な値は，約35 %であったことがわかる．

これらについては，いくつかの解釈がありうるだろう．駅Aに対しては，利用者数が減少していることから，多くの人が在宅勤務に移行したであろうと結論づけていいだろう．また，定期外利用率が一時減少したことについては，定期券を保持しない利用者が多く在宅勤務に移行したという推定がありうるだろう．また，定期外利用率の最終的な値が従来の値よりも大きくなっていることから，従来は定期券を保持していたが，定期券の購入を取りやめた人が多かったのではないかと推察される．駅Bに対する解釈としては，在宅勤務に移行した人は，（比率でいうと）駅Aほどではなかったこと，COVID-19の蔓延が治まるにつれて，ふたたび，定期券を持って（つまり，ほぼ毎日）通勤する人が多かったという推測が成立するだろう．

また，駅は，ここで示した駅A，駅Bを含むいくつかのパターンに分類できることも判明した．そして，同じパターンのグループ内の駅では，この散布図の形は非常によく似ていることもわかった．なお，駅Aのパターンは周辺にIT企業などが多い都心の駅，駅Bのパターンは下町にある駅に見られた*4．

7.3.4 利用者の数と遅延の関係

特に東京圏の通勤路線においては，COVID-19の蔓延以前は，朝ラッシュ時に小規模の遅延が慢性的に発生していた．しかし，利用者の数が激減したときに

*4 毛利裕馬，米元和重，富井規雄，COVID-19の影響の視点から見た駅の特性の可視化と特徴の分析，J-Rail2021-第28回鉄道技術連合シンポジウム講演論文集，2021

は，遅延は大きく減少した．すなわち，利用者の数と遅延の間には，何らかの関係があると推察される．そこで，利用者の数と遅延との関係を分析してみた．図7.5に，首都圏のある駅における利用者の数と遅延の関係を示す[*5]．具体的には，日ごとに，朝ラッシュ時間帯（7時から9時）を対象として，横軸を，その日の当該時間帯の全駅の利用人数（COVID-19以前を100とする指数），縦軸を，その日の対象時間帯の当該駅での列車の平均遅延としている．横軸を全駅の利用人数としたのは，次のような理由による．

- これらの列車を利用した利用者の数が推定できればそれにこしたことはないが，利用したデータの性質から，それを正しく推定することは不可能であった．
- 仮に，これらの列車を利用した利用者の数が推定できたとしても，遅延は，これらの列車だけが原因になるわけではなく，それ以前の列車，あるいは相互直通運転先などの路線の遅延が持ち込まれることが多い．したがって，こ

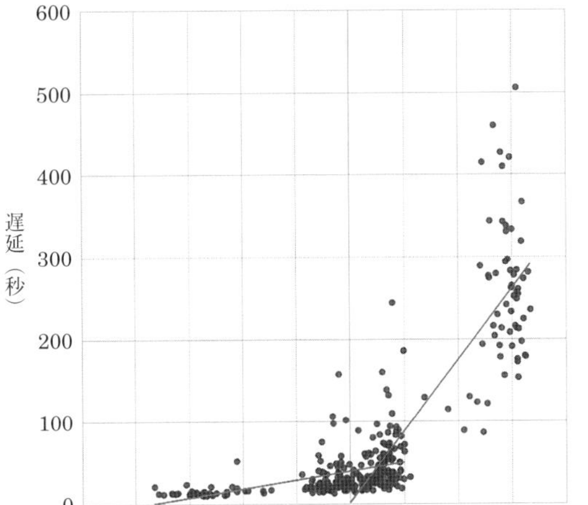

●図7.5　利用者の数と遅延の関係

＊5　Yuma Mouri, Kazushige Yonemoto, Norio Tomii, Investigation of relationship between volume of passengers and train delays, *STECH2021–Speed–up and Sustainable Technology for Railway and Maglev Systems*, Chiba, Japan（2021.11）

れらの列車の利用者のみを使用することは，適切ではない．

- このグラフは，過去の事例の分析というよりは，今後，同様の事態が発生したときの遅延の推定に用いることを意図している．そのためには，x 軸に用いるものとしては，今後の動向を推定しやすいものが適している．
- 都市圏の列車が稠密に走行する路線では，小規模の遅延の原因は，ほぼすべて，混雑に起因する事象による停車時間の増加である．また，混雑に起因する事象の発生状況は，乗降客数，車内の混雑，ホームの混雑などの要素で決まる．これらの要素の状況は，会社内の全路線で共通していると推測できる．

図 7.5 からは，利用者の数がある値（しきい値）を超えると，遅延が急激に大きくなることがわかる．また，利用者の数が多いときには，列車運行が不安定になる（日によって遅延が小さいこともあれば，非常に大きな遅延が発生する日もある）ことがわかる．停車時分についても，同様の傾向があることが判明していることから，利用者の人数が，あるしきい値を超えると，再乗車（その駅で降りる人に道をゆずるために，本来，その駅で降りない乗客が一旦車外に出た後，再び乗車する）が発生し，その結果として停車時分が増加することが，この現象の背景にあると考えられる．また，列車運行が不安定になる要因としては，混雑の増加に伴って，小規模のトラブル（急病人，ドアに荷物が挟まれるなど）の発生確率が上がることが一因ではないかと考えている．

この結果は，混雑率を考慮して遅延の発生状況を推定する機能を有するシミュレータ*6 に活かされている．

鉄道にとって，需要に見合った輸送力を提供することは，非常に重要である．これまで，都市圏の鉄道においては，短期間に需要が激変することはほとんどなかった．また，鉄道会社側としても，通勤路線においては，仮に需要が変動することが事前にわかったとしても，それに応じて運行計画を変更することは（スポーツや花火などのイベントへの対応を除くと）難しかった．しかし，COVID-19 の影響によって，鉄道の需要が大きく変わることになり，鉄道事業者も，それへの対応を迫られることになった．

*6　Yuma MOURI, Kazushige YONEMOTO, Masahito KORESAWA, Evaluation of Delay Reduction Measures based on Visualization of Historical Train Traffic Records and Data-Driven Simulation, *RailBelgrade2023*, Belgrade, Serbia, 2023.

今後とも，社会の状況や利用者の嗜好にさまざまな変化が予測される中で，利用者が混雑に対する不安や遅延に対する不満をもつことがなく，かつ鉄道会社のリソースを効率的に使用した輸送サービスが求められる．一方で，利用者の理解を得つつ，行動の変容を促す絶好の機会と考えることもできる．したがって，今後は，次のようなことを検討する必要がある．

- 朝ラッシュ1時間の利用者の集中を，他の時間帯に分散させる．COVID-19を奇貨ととらえて，社会的コンセンサスのもとに，必要に応じて自治体などとの連携のもとに，集中を緩和したい．
- 列車ごと，編成内の混雑率の偏りを少なくする．データ分析の結果に基づき，明示的に混雑率を平準化することを目指した列車ダイヤの作成方法，運行管理のありかたを検討する必要がある．
- 利用者への混雑情報提供のあり方を再検討する．利用者均衡は利用者全員がすべての情報を所持しているという前提のもとで成立する．駅のポスターやHPの情報だけでなく，利用者が自らの便益を意識できる個々人にパーソナライズした情報を提供する必要がある．
- 機械学習などを応用した効率的な分析手法を考案する．本章で紹介したものは，ほぼデータの可視化にとどまっている．データ分析を効率化するために，各種の機械学習のアルゴリズムの適用を検討する必要がある．

7.4 今　　後

2023年5月8日，新型コロナウィルスは，5類感染症となった．これを受けて，国内外での移動に対する制限もなくなった．実際，2023年のゴールデンウィークには，各地の観光地は多くの客で混雑していたようである．一方で，通勤輸送については，すでに述べたように，多くの会社では，利用者の数は旧に復することはなく，おそらく，このまま定着するのではないかという意見もある．今後は，ここで示したように日頃から各種のデータを取得し，迅速に分析を行なって，適時的確に対策をとることが必要になるだろう．

あ と が き

随分前の話なのだが，友人の大学入学直後の経験談である．友人とその同級生が，大学の講義が終わって，最寄りの京王井の頭線の駅に向かって歩いていた．駅に近づいたとき，電車が来ることに気づいた同級生は，突然，駅に向かって走り出したそうだ．実は，同級生は地方の出身で，彼の地元では電車を1本逃すと次が来るまで長い時間待たなければならない．その意識がしみついていたがための行動だったという．

このように，日本の中においても，その地域地域によって鉄道のありようは大きく異なる．2･3分おきに列車が走っている路線もあれば，次の列車がくるまで数時間待たなければならない路線もある．また，通勤・通学客で混雑する地域もあれば，鉄道など普段は利用しないとする人が多い地域もある．そして，自分が普段利用する路線以外については，「よく知らない」人が多い（これは，編著者とても決して例外ではない）．

本書の5章では，このような事情を鑑み，さまざまな地域，さまざまな大きさの鉄道会社に，最近の課題とその解決策について書いていただいた．4章までの記述を基礎知識として，5章を読んでいただきたい．読んでいただければわかるが，その記述は，きわめて具体的である．本章を読んでいただければ，最近の日本の鉄道が抱えている問題，それに対して鉄道会社がどのようにしてその問題を解決しようとしてきたかをご理解いただけると思う．また，5章では，特にお願いして，オランダ ProRail 社の Klaas Hofstra 氏にご寄稿をいただいた．これからは，今までに増して海外の鉄道との連携が必要だと思う．かつては，日本の鉄道が世界一であって海外から学ぶことはない，あるいは，そもそも置かれた状況が異なるから海外の事例は参考にならないと思っている人もいたようだが，もちろんそんなことはない．また，逆に，日本のダイヤ作成などの手法を海外に移植する試みも有益だろう（詳しくは，曽根悟著，鉄道技術との60年—民鉄技術の活用と世界への貢献—，成山堂書店，2023をぜひご参照いただきたい）．Hofstra氏の稿は，こういう動きを触発するものであると確信している．

本書では，最近の問題として，すべての鉄道会社が大きな影響を受けた新型コロナウィルスへの対応についても1章を設けて記述させていただいた．さらに，最近話題を集めるAIがダイヤ作成に与えるであろう影響についても記述させていただいた．あわせてお読みいただければと思う．

5章は，5.5を除いて，鉄道会社において，実際にダイヤの作成に携わっておられる方にご執筆いただいたものである．執筆者（敬称略）を以下に示す．

5.1：JR東海　篠山 直人

5.2：東京メトロ　米元 和重

5.3：西武鉄道　植松 晃（現在，伊豆箱根鉄道）

5.4：小田急電鉄　落合 康文

5.5：富井 規雄

5.6：JR北海道　加藤 真一

5.7：JR四国　石村 朋久

5.8：江ノ島電鉄　早川 忠義

5.9：オランダ　ProRail　Klaas Hofstra

（1，4章のジンクスのコラム：東京メトロ　牛田 貢平）

5章については，よりわかりやすくすることを重視して，執筆者と協議のうえ，いただいた原稿に編著者が少し手を入れさせていただいた．また，5.9については，いただいた英文の原稿を編著者が翻訳した．これらの作業においては，メールなどでのやり取りのほか，直接の面談，現地におもむいての調査なども併せて実施した．これらは各社ごとに直列に実施するしかなく，完成までに相当の時間を要してしまった．結果として，当初想定した出版時期がかなり遅れることとなった．関係の方々にお詫び申し上げる次第である．

なお，本書で用いている用語について，一言お断りをさせていただきたい．鉄道会社では，「お客様」，「ご利用」などという用語を使う．5章においても，いただいた原稿では，当然，そのような用語が使われていた．ただ，一般の方の中には，このような用語に違和感を感じる方も多いと思う．そこで，本書では，特に雰囲気を残したい場合を除いて，原則として，「乗客」（あるいは，利用者），「利用」という言葉に修正させていただいている．ご理解をいただければと思う．

日本の鉄道は，いま，変革期にある．一つは，大都市の鉄道が抱える問題である．これについては，従来から，混雑や遅延などについて，さまざまな「ご意見」（ありていにいうと「苦情」）がある．しかも，本文でも述べたように，今に至るまでCOVID-19の影響下にある．COVID-19については，「いつか来ると思っていた未来が突然来てしまった」という声も聞かれる．そして，もう一つは，地方の鉄道である．ご承知のように，最近になって地方の鉄道のあり方についての議論が始まろうとしている．そこでは，鉄道会社と地元自治体などとの協議が開始されることになっている．

このような変革期において，今後の鉄道のあり方についての議論を始めるにあたっては，鉄道の仕組みを広く知っていただくことが必要であると思う．本書がそのきっかけになって，日本の鉄道がさらに良いものに発展することを切に希望する次第である．

2023年10月　金木犀のかをりの中で

著者を代表して　富井規雄

索　　　引

ア　行

カ　行

サ　行

タ　行

ナ　行

ハ　行

ヤ　行

ラ行・ワ行

英数字

〈編著者略歴〉
富井　規雄（とみい　のりお）
日本国有鉄道 本社運転局列車課，東京システム開発工事局などを経て，(財)鉄道総合技術研究所．運転システム研究室長，輸送情報技術研究部長など．2007 年千葉工業大学情報科学部情報工学科教授．2019 年より日本大学総合科学研究所教授，鉄道工学リサーチセンター副センター長．2023 年より東京工業大学データサイエンス・AI 全学教育機構客員教授．専門は，鉄道のスケジューリングアルゴリズム，データ分析技術の列車運行品質向上への応用．京都大学博士（情報学）．国際鉄道運輸学会（International Association of Railway Operations Research）Honorary Member，交通政策審議会臨時委員，国土交通省技術基準検討会委員，日本鉄道運転協会理事など．これまで，国際鉄道運輸学会 President，運輸安全委員会委員（非常勤），航空・鉄道事故調査委員会委員（非常勤）などを務める．
著書：「列車ダイヤのはなし」（成山堂書店，2022 年），「鉄道ダイヤ回復の技術」（オーム社，2010 年）など．

鉄道ダイヤのつくりかた（改訂２版）

2012 年 3 月 20 日　第 1 版第 1 刷発行
2023 年 11 月 20 日　改訂 2 版第 1 刷発行

編著者　富井規雄
発行者　村上和夫
発行所　株式会社 オーム社
郵便番号　101-8460
東京都千代田区神田錦町 3-1
電話　03(3233)0641(代表)
URL https://www.ohmsha.co.jp/

印刷・製本　美研プリンティング
ISBN978-4-274-22972-5　Printed in Japan